Excel

建模活用範例集

財務管理 與 投資分析

推薦序一

《財務管理與投資分析－Excel 建模活用範例集》這套書寫得好。從字裡行間可以看出作者是用心在寫。相對抽象的財務決策模型，其應用場景以對話的方式來寫是比較新穎的。許多枯燥的財務管理理論被作者消化吸收、融匯貫通後，又以一種全新方式呈現了出來，生動活潑，又沒有牽強附會之感。

本書 48 個用 Excel 試算表設計的財務和投資決策模型，每一個都很精緻。這些模型是整本書的凝固劑，使得作者在寫作過程中，思維既能放得開，也能收得住；這些模型是整本書的主幹，作者用資訊化知識和範例充實了骨架，內容與結構渾然一體，有根有據，有血有肉。

遠光軟體是一家知名上市公司，長期致力於財務及企業管理軟體的研發。三十年來，一直是先進思維的熱情傳播者，財務革新的積極推動者，先進技術的大力實踐者。透過自主研發的 ECP 平臺建立了功能強大的參考模型庫，提供了組織建模、流程建模、規則建模、行為建模、資料建模、訊息建模等一系列業務建模工具；同時提煉出成熟先進的解決方案，在集團帳務、集團報表、預算管理、資金管理、風險管理、稅務管理、產權管理等領域提供了一系列應用模型。本書展現了模型在其中財務、投資與經營管理決策領域的應用和客戶價值。

感謝作者犧牲個人時間，為大家做出的無私奉獻。也期待著作者新的著作，為大家帶來新的分享。

遠光軟體股份有限公司副總裁

李美平

推薦序二

程翔是我們優秀團隊的眾多專家之一，這本書記錄了他多年來在財務管理及分析領域累積的所思所得。書中的很多內容都在他的專業部落格上發表過，被眾多網友點「讚」，被很多網站轉載，也為其部落格帶來上百萬的點擊量。

這是一本實實在在的書。

書中的每個模型實例，作者都已在試算表中新建，並經過了反覆地檢查和驗證。這些模型的試算表，全部附在光碟裡，有興趣的讀者可以一邊看書學習，一邊拿著這些實例在電腦上進行偵錯和驗證，何嘗不是一件樂事？對於在實際工作中需要用到這些模型的讀者，則更是方便，試算表中各種模型的表格、圖形、文字一應俱全，有極高的參考價值，有些甚至可以直接拿來套用。

這是一本誠懇的書。

本書並不是單純羅列難懂的公式和艱澀的理論，而是結合作者的實踐經驗，將這些模型置於實際應用環境中。書中的每個模型介紹，作者都用了生動活潑的 CEO 與 CFO 對話的形式，讓讀者更容易理解各種模型的應用場景。用直觀易懂的模型輸入、加工、輸出實例及圖表展示，使讀者能夠很快地掌握這些模型的精髓，同時對模型有一個直觀和立體的認識。

感謝程翔的用心總結和分享。本書對於那些正在學習和應用這些理論的人，有很強的參考和實用價值。

遠光軟體股份有限公司產品經理 資訊系統專案管理師
盧海強

前言

模型在各行各業有著廣泛應用。例如軍事部門進行軍事演習時的空襲作戰模型，電信部門推出流量套餐前的行銷預演模型。這些模型的應用，使戰爭尚未打響，勝負已判；方案尚未實施，得失已明。

在企業財務管理的實務中，讓財務人員深感困難的，一是財務建模，二是演算法實作。本書以 Excel 試算表為工具，提供了建模的一般方法，掃清了演算法的數學障礙，滿足了財務人員的管理需要。

模型的建立，是一個從具體到抽象的過程，是具體業務的抽象化。在實際場景中，影響決策的變數無比眾多，變數之間的關係極其複雜，不從具體的業務抽象出來，就不可能建立模型。即，沒有抽象就沒有模型，沒有模型就沒有決策。

模型的完善，是一個循序漸進的過程。模型展現的因果，只是變數窮舉、演算法有效條件下特殊的相關。今天的因果關係，隨著變數的新發現，演算法的新突破，明天可能只是相關關係。模型展現的完美，只是時間固化、空間局限條件下特殊的表現。今天的完美關係，隨著時間的推移，空間的拓展，明天將可能只是缺陷關係。模型的不完善，是不容回避的現實，儘管無可奈何；模型的完善，是我們不斷追求的目標，儘管道路艱辛，但應該理性而不是理想化對待模型。

模型的運用，是一個從抽象到具體的過程，是抽象模型的具體化。我們進行的業務實踐豐富多彩，所處的經營環境錯綜複雜。抽象化的模型，必須結合豐富多彩的業務實踐和錯綜複雜的經營環境，才能更好地運用，否則，就是閉門造車，就是紙上談兵。而且，透過 Excel 試算表建立的模型，解決了財務管理的演算法實作問題，對使用者的數學要求降低了，反過來，對使用者的業務要求就更突出了。

本書提供的財務、投資和經營決策模型，初看精彩紛呈，再看眼花撩亂，而在具體應用時，幾乎都需要變通。例如信用期決策模型，假定了信用期與銷量的相關關係並擬合出了迴歸方程式。而在實際業務中，這種迴歸方程式可能因銷量的區間不同而不同。再如應收策略模型，我們假定了收帳策略與信用策略、折扣策略是彼此獨立的，而在實際業務中，這些策略可能相互影響。

結合具體場景，改造、完善相對固化的模型，就必須掌握建立模型的基本工具。

本書提供的財務、投資和經營決策模型，應用的基本工具包括相關、平衡、敏感、模擬和規劃等 5 類。

相關：即萬物相關論，認為萬事萬物是有相互聯繫的，並在此基礎上應用迴歸分析這一計量經濟學最基本的分析方法。

在本書的財務決策模型中，可以看到大量的相關分析。例如折扣決策、證券組合決策、成本性態分析等。

在日常生活中，相關分析隨處可見。例如沃爾瑪發現啤酒與尿布相關，據此改進商品陳列以促進銷售；上班族發現天氣與交通擁塞相關，據此做為外出的決策；醫學發現人的情緒與生物鐘相關，據此提供作息時間建議。

平衡：即雙向平衡論，認為決策是雙向的，是一個問題的兩種思考方式，一件事情的兩個方面。

在本書的財務決策模型中，可以看到大量的平衡分析。例如投資盈虧平衡分析、成本數量盈虧平衡分析、桿杆平衡分析等。

在日常生活中，平衡分析隨處可見。例如為了實作加薪升職的目標，應該如何去努力；為了降低高血脂，應該如何注意飲食，鍛鍊身體；為了宏觀經濟健康發展，如何處理各部門、各地區、各環節、各要素的綜合平衡。

敏感：即因素敏感論，認為影響決策目標的多個因素，其敏感程度各不相同。

在本書的財務、投資和經營決策模型中，可以看到大量的敏感分析。例如投資敏感分析、成本數量敏感分析、期權價值敏感分析等。

在日常生活中，敏感分析隨處可見。例如醫學中的藥物敏感分析，痛感或快感的人體區域分佈分析，人際交往中的敏感行為分析。

模擬：即情景模擬論，認為在不確定條件下，透過「If-Then」機制，應用決策樹、聯合機率或蒙地卡羅模擬，決策目標是可以預測的，預測風險是可以度量的。

在本書的財務決策模型中，可以看到大量的模擬分析，例如存貨組合模擬、投資淨現值模擬、成本數量利潤模擬等。

在日常生活中，模擬分析隨處可見，例如升學考試前，各學校自行組織的模擬考試；在股指期貨正式推出前，交易所組織的模擬交易；在正式上線前，會計人員的模擬作帳等。

規劃：即最優規劃論，認為為取得最大利益或最小風險，可求解變數的特定值或變數組合的特定比例。

在本書的財務、投資和經營決策模型中，可以看到大量的規劃分析，例如經濟訂貨量決策、安全儲備量決策、最佳資本結構決策等。

在日常生活中，規劃分析隨處可見，例如銷售管理，如何在交期限制條件下進行銷售排期；生產管理，如何在資源限制條件下進行生產排程；倉庫管理，如何在空間限制條件下進行商品排位；物流管理，如何在運能限制條件下進行運輸排徑；人員管理，如何在工時限制條件下進行人員排班。

將相關、平衡、敏感、模擬和規劃等分析工具，綜合應用於財務決策模型的建立和完善，拔開層層迷霧，走出深深迷宮；讓我們的思維，插上騰飛的翅膀，在茫茫的資料海洋上自由飛翔；讓決策之花，盛情綻放。

本書的財務、投資和經營決策模型，可作為軟體或顧問公司資金管理整體解決方案的重要組成部分。不僅產品功能可達到全新應用高度，而且操作介面可帶來全新使用者體驗。透過圖、文、表三位一體，可將紙質模型發展為電子模型；並進一步透過視覺、聽覺、觸覺三位一體，將電子模型發展為實物模型，讓資金不再是一堆冰冷的數字，而是有血有肉、有聲有色的存在。軟硬結合的資金沙盤模型，將給使用者帶來強大的視覺衝擊力、聽覺感染力和心靈震撼力，從而加強決策號召力和業務執行力。

模型在企業實務中的應用，生動展現了業務執行與決策支援的互動；模型在企業資訊化中的應用，生動展現了 ERP 與 BI 的循環。

ERP 等業務處理系統，是「單據+流程」模式。單據是資訊載體，流程是傳遞管道，目標是資訊共用。

BI 等決策支援系統，是「模型+演算法」模式。模型是業務抽象，演算法是數學實作，目標是決策支援。

模型與流程的結合，描繪了新的應用場景：業務處理系統收集資訊，傳遞到決策支援系統；決策支援系統進行資料加工整理、分析回饋，控制和改進業務處理。循環往復，以至無窮。業務發展步步向前，決策模型步步完善。流程優化的征途永無止境，決策優化的腳步永不停息。這是企業實務中決策與執行互動的真實寫照，也是企業資訊化中 ERP 與 BI 閉環的宏偉藍圖。

本套書以 Excel 試算表為工具，提供了 88 個財務決策模型。與市面其他 Excel 試算表工具書相比，本書有以下特點：

1. 專注應用場景

書是以應用為目標，以軟體為工具，專注於應用場景而不是軟體功能。

Excel 試算表功能之強，已是登峰造極，介紹其功能的書籍也多如牛毛。然而，其功能再強，也只是工具，是拿來解決實際問題的。我們不是為學習功能而去學習功能，而是為解決應用場景中面臨的問題去學習功能。Excel 試算表之「矢」，只有找到應用場景之「的」，才能發揮作用。

2. 專注企業財務

Excel 試算表可應用於各行各業，包括行政單位、事業單位、企業和個人。在企業中，可應用於人事管理、行政管理、生產管理、計畫管理、銷售管理、財務管理等各方面，本書專注於企業財務。

3. 專注決策模型

Excel 試算表在企業財務工作中，可應用於會計核算、出納登記、比率計算、報表彙總、資料樞紐分析、排序篩選等各方面，本書專注於決策模型。

本書自身的顯著特點如下：

1. 內容有很強的系統性

書使用財務人員最熟悉的結構、最常用的概念、最典型的思維，以最嚴密的邏輯建構最普遍的應用模型。

2. 模型有很強的擴展性

本書提供的決策模型，應用於企業財務管理領域。這些模型的擴展性很強，掌握了模型的建立方法，就可很方便地進行模型的變通、改造和完善，應用於其他特定場景或其他特定領域。

3. 範例有很強的實用性

這套書的 Excel 範例檔案可從出版社網站下載，包含了書中介紹的所有模型的 Excel 實用檔案，是一個完整的模型庫和強大的工具集，讀者在實務工作中可直接使用。

4. 介面有很強的友好性

這套書中的 Excel 財務決策模型檔案，活頁簿之間沒有連結，工作表之間沒有引用，欄列沒有隱藏，儲存格沒有鎖定；相關內容盡量放在單個螢幕畫面，不換介面，方便讀者學習和使用。

5. 結構有很強的層次性

為方便讀者閱讀和使用，書中範例所講解的財務決策模型的編寫結構基本相同，包括以下各層次：

應用場景：介紹模型在什麼時候用到。
基本理論：介紹模型的決策目標及目標函數、決策變數及變數關係。
模型建立：介紹模型的建立過程，包括輸入、加工和輸出三部分。
表格製作：介紹表格的製作過程，包括輸入、加工和輸出三部分。
圖表生成：介紹圖形的生成過程。
操作說明：介紹模型的操作注意事項。

6. 編寫有很強的通用性

各模型的應用場景，全部以 CEO 與 CFO 的對話方式展開，避免枯燥乏味；各模型的基本理論，由於有對應的理論書籍進行專門介紹，本書力求簡潔；模型

建立、表格製作和圖表生成，全部以操作步驟的記錄方式展開，方便讀者理解，力求使專業書籍同樣能給人以良好的閱讀體驗。

7. 讀者有很強的針對性

本書也適用於會計資格相關考試人員。現在的資格或就職考試，題量越來越大，難度越來越高，要求考生要對模型能更加熟練地運用。而由於計算過程太長或太過複雜，財務管理的教科書，有些內容無法深入講解。本書對財務管理教科書涉及到的模型，提供了很詳實的說明，實作了由紙質模型導向電腦試算表模型的轉變，因而更加具體、生動、直觀，對考生無疑是有幫助的。

本書適用於企業財務管理人員，不要求財務管理人員對程式設計有任何瞭解，模型不涉及 VBA 和巨集；也不要求財務管理人員對數學、統計學、運籌學、計量經濟學有很深瞭解，模型內建了各類函數，讀者可以直接應用，或稍加變通後應用。

本書適用於企業資訊化從業人員，例如 ERP 顧問或實施專案，需要建立客戶、供應商、物料等基礎檔案，還需要設定信用期、折扣、經濟訂貨量、安全儲備量等基本屬性。利用本書提供的決策模型，即使沒有很強的財務專業背景，也能輕鬆完成；再如 BI 資料採擷項目，可以在本書提供的財務決策模型的基礎上進行改造，以建立符合客戶特定需求的業務模型。

另外，本書還適用於各教育訓練機構和顧問公司。

8. 作者有很強的開放性

本書作者提供了有很好的分享，製作的財務決策模型，最早陸續發佈在部落格（http://blog.vsharing.com/chengxiang）上，有數十家網站轉載，合併點擊量達上百萬。關於財務決策模型的建立、完善和應用，讀者也可以透過線上通訊工具（QQ：2785358027）與作者交流。

在此，感謝模型製作過程中，廣州凱聯董事長吳正州先生和眾多網友的熱情幫助和鼓勵。也懇請讀者對本書的疏漏、錯誤之處進行指正。

編者

致謝

本書編排時使用到的插圖取用自 http://www.freepik.com。

Designed by Freepik.com

本書範例下載

本書所介紹的模型 Excel 範例檔，讀者可於下列網站下載：

Excel 範例檔：http://books.gotop.com.tw/download/ACI027600

目錄

第1章　杜邦分析模型

1.1　傳統杜邦分析模型............1-2

1.2　改進的杜邦分析模型........1-8

第2章　財務預測模型

2.1　銷售預測模型 2-4

長期趨勢模型........................2-6

季節變動模型........................2-15

循環變動模型........................2-18

2.2　融資需求預測模型..........2-22

銷售百分比模型....................2-23

迴歸分析模型........................2-30

平衡分析模型........................2-40

敏感分析模型........................2-55

2.3　可持續成長分析模型......2-68

權益乘數策略模型................2-72

資產周轉率策略模型................2-82

收益留存率策略模型................2-90

銷售淨利率策略模型................2-97

第3章　財務估價模型

3.1　貨幣的時間價值模型 3-2

複利時間價值模型......................3-3

年金時間價值模型......................3-17

3.2　風險和報酬模型 3-35

證券組合決策模型....................3-35

多證券組合決策模型................3-49

3.3　資本資產定價模型 3-60

第4章　證券估價模型

4.1　證券價值模型 4-2

股票價值模型........................4-3

債券價值模型........................4-9

4.2　證券收益率模型 4-16

股票收益率模型....................4-16

債券收益率模型....................4-22

第 5 章 資本成本模型

5.1 個別與加權資本成本模型 5-2

5.2 邊際資本成本模型 5-10

5.3 資本概算模型 5-17

第 6 章 企業價值評估模型

6.1 現金流量模型 6-4

6.2 經濟利潤模型 6-13

6.3 相對價值模型 6-20

第 7 章 資本預算模型

7.1 專案可行性分析模型 7-3

7.2 互斥專案優選模型 7-12

7.3 總量有限時的資本分配模型 7-20

7.4 投資淨現值預測模型 7-27

7.5 投資平衡分析模型 7-34

7.6 投資因素敏感分析模型 . 7-51

7.7 確定條件下的投資預測模型 7-70

第 8 章 固定資產決策模型

8.1 固定資產更新決策模型 8-2

8.2 固定資產經濟壽命模型 8-9

第 9 章 期權估價模型

9.1 期權到期日價值模型 9-2

買入看漲期權模型 9-2

賣出看漲期權模型 9-8

買入看跌期權模型 9-12

賣出看跌期權模型 9-16

9.2 期權投資策略模型 9-20

保護性看跌期權策略模型 9-20

拋補看漲期權策略模型 9-26

多頭對敲策略模型 9-32

空頭對敲策略模型 9-38

9.3 二元樹模型 9-43

9.4 布萊克－休斯期權模型 ..9-53

9.5 期權價值敏感分析模型 ..9-69

附錄 A Excel 相關函數介紹

後記

第 1 章
杜邦分析模型

CEO：據我所知，美國杜邦公司已有 200 多年歷史。以前主要生產火藥，現在主要生產化學製品、材料和能源；業務遍及 90 多個國家，全球擁有 6 萬多名員工；是財富 500 強之一。所謂杜邦分析，就是對杜邦公司的光輝創業史和野蠻成長史進行分析嗎？

CFO：不是。我們所說的杜邦分析，是一個財務分析體系。它利用財務比率之間的內在關係，對企業財務狀況和經營成果進行綜合評價。杜邦分析模型，以股東報酬率為龍頭，以資產淨利率和權益乘數為分支，表明獲利能力，衡量桿杆影響，揭示比率關係。這一分析方法最早在杜邦公司成功應用，所以叫杜邦分析。

CEO：新的管理思維或理論，往往出自顧問公司，並以相應的顧問公司命名，例如麥肯錫 7S 模型、蓋洛普模型。

CFO：是的。以非顧問公司來命名一種理論，比較少見，杜邦分析就是其中之一。

1.1　傳統杜邦分析模型

應用場景

CEO：看來當杜邦公司的業務部門進行市場開拓，研發
部門進行產品創新時，財務部門也沒閒著，進行
著管理優化，作出來一套風靡世界的分析方法。
杜邦分析模型，為何以股東報酬率為龍頭，以資
產淨利率和權益乘數（槓桿比率）為分支？其他
還有那麼多財務比率，如資產負債率、流動比率
等，成為龍頭無望，連分支都算不上？

CFO：股東報酬率這一比率，有很好的可比性，可作為投資風向標，資本指揮棒。股
東報酬率高的地方，資本就會蜂擁而進；股東報酬率低的地方，資本就會抽身
而退。資本的進退之間，就是市場的起伏之日，就是行業的興衰之時，就是企
業的成敗之際。

CEO：個人的榮辱得失也盡在其中了。逐利的資本自然是無利不起早，看到了回報率
的資本，就猶如聞到了血腥味的鱷魚。杜邦分析模型以股東報酬率為龍頭，除
了有很好的可比性，還有其他原因嗎？

CFO：股東報酬率這一比率，還有很好的綜合性。它可以分解為銷售淨利率、資產周
轉率、權益乘數等三個比率。

CEO：這點確實與資產負債率、流動比率等比率不同。資產負債率的分析，就是對構
成比率的資產和負債進行分析；流動比率的分析，就是對構成比率的流動資產
和流動負債進行分析；而股東報酬率的分析，既可以是對構成比率的權益和淨
利進行分析，也可以是對銷售淨利率、資產周轉率、權益乘數等三個分解比率
進行分析。

CFO：是的。為了加以區分，對構成比率的權益和淨利進行分析，我們叫股東報酬率
的比率分析；對銷售淨利率、資產周轉率、權益乘數等三個分解比率進行分
析，我們叫杜邦分析。

CEO：反正都是財務分析。

CFO：我們可以把財務分析分為 4 個層面。1.會計核算的會計科目分析，2.財務報表的報表項目分析，3.財務比率分析，4.評價模型分析。這 4 個層面是層層遞進的關係：會計科目來源於不同記帳憑證的彙總；報表項目來源於不同會計科目的取數；財務比率來源於不同報表項目的計算；評價模型來源於不同財務比率的加權。

CEO：這麼一說就區分開了。股東報酬率的比率分析，屬於財務比率分析，是財務分析的第 3 個層面；杜邦分析，屬於評價模型分析，是財務分析的第 4 個層面。第 1 個層面的會計科目，第 2 個層面的報表項目，我們都比較熟悉。第 3 個層面的財務比率，主要有哪些比率？第 4 個層面的評價模型，主要有哪些模型？

CFO：財務比率主要包括：1.短期償債能力比率，如流動比率、速動比率、現金比率；2.長期償債能力比率，如資產負債率、負債權益比率、權益乘數；3.營運能力比率，如應收帳款周轉率、存貨周轉率、流動資產周轉率；4.盈利能力比率，如銷售淨利率、總資產淨利率、股東權益報酬率；5.市價比率，如本益比、股價淨值比、股價營收比。

CEO：理論上，拿著不同的報表項目進行計算，就可得到一個新的財務比率。而且，幾乎每個這樣的新的財務比率，我都可以說出它的業務意義。再談談財務評價模型吧？

CFO：評價模型主要包括：1.杜邦分析模型；2. Z 計分模型；3.國有資本金績效評價模型等。理論上，拿著不同的財務比率進行加權，就可得到一個新的評價模型。可是，幾乎每個這樣的新的評價模型，要證明比率選擇的科學性、權重賦予的客觀性、評價結果的權威性，都比較困難。

CEO：杜邦分析模型，可以分解為銷售淨利率、資產周轉率、權益乘數等三個比率，然後呢？這三個比率，應該還會繼續向下分解吧？

CFO：是的。銷售淨利率和資產周轉率，反映企業的經營策略；權益乘數，反映企業的財務策略。這三個比率繼續向下分解，可以清楚地看到公司的經營策略或財務策略發生了什麼變化，帶來了什麼收益，存在著什麼風險。

CEO：這麼看，杜邦分析模型是一個金字塔式的、多層次的財務比率分解體系。可以透過層層分解，找到資料的來龍去脈；可以透過連環替代，找到變化的前因後

果。問題是怎麼產生的；在問題產生的多種因素中，誰是最主要的因素。這些都可透過杜邦分析找到答案。在杜邦分析模型裡，還有類似於探尋的思維。

CFO：是的。包括後面的可持續成長分析，是從一個比率分解到多個比率。在我看來，這裡面就借鑒了杜邦分析的這種順藤摸瓜、追根溯源、類似於探尋的思維。

基本理論

傳統杜邦分析模型

股東報酬率（ROE）
$$=\text{淨利潤/銷售收入} \times \text{銷售收入} \div \text{總資產} \times \text{總資產/股東權益}$$
$$=\text{銷售淨利率} \times \text{資產周轉率} \times \text{權益乘數}$$

連環替代法

定量分析各項目變動對銷售淨利率變動的影響程度：

淨利潤變動的影響
$$=（本期－上期）淨利潤 \div 本期收入$$
收入變動的影響
$$=上期淨利潤 \div （1 \div 本期收入－1 \div 上期收入）$$

定量分析各項目變動對資產周轉率變動的影響程度：

收入變動的影響
$$=（本期－上期）收入 \div 上期資產$$
資產變動的影響
$$=本期收入 \div （1 \div 本期資產－1 \div 上期資產）$$

定量分析各指標變動對股東報酬率變動的影響程度：

銷售淨利率變動的影響
$$=（本期－上期）銷售淨利率 \times 上期資產周轉率 \times 上期權益乘數$$
資產周轉率變動的影響
$$=本期銷售淨利率 \times （本期－上期）資產周轉率 \times 上期權益乘數$$

權益乘數變動的影響

　＝本期銷售淨利率 × 本期資產周轉率 ×（本期－上期）權益乘數

模型建立

📁……\chapter01\01\傳統杜邦分析模型.xlsx

輸入

1）　在工作表中輸入文字相關資料，並格式化，例如加上框線、合併儲存格、調整
　　　列高欄寬、選擇填滿色彩、設定字體字型大小等。詳細內容可參考本章下載的
　　　Excel 範例檔。如圖 1-1 所示。

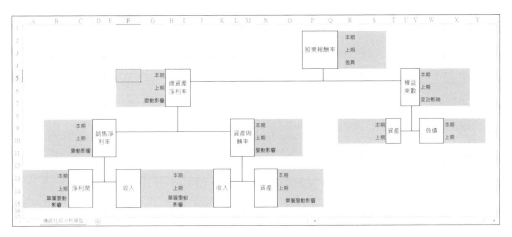

圖 1-1　在工作表中輸入資料及進行格式化等作業

2）　在 B13、B14、I13、I14、O13、O14、X9、X10 新增微調按鈕。按下「開發人
　　　員」標籤中的「插入→表單控制項」，選按「微調按鈕」項，並在要插入微調
　　　按鈕的儲存格拖曳拉出適當大小的按鈕，然後對微調按鈕按下滑鼠右鍵，選取
　　　「控制項格式...」指令，進行屬性的設定，如輸入儲存格連結、目前值、最小
　　　值、最大值等。例如，B13 儲存格的微調按鈕設定儲存格連結為$A$13，其他
　　　的則如圖 1-2 所示。

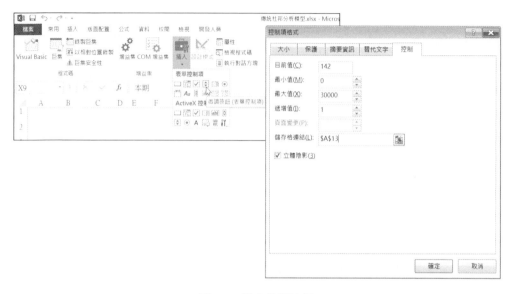

圖 1-2　設定微調按鈕

加工

在工作表儲存格中輸入相關公式：

S2：=F5*X5

S3：=F6*X6

S4：=S2-S3

F5：=B9*O9

F6：=B10*O10

F7：=(F5-F6)*X6

X5：=R9/(R9-Y9)

X6：=R10/(R10-Y10)

X7：=(X5-X6)*B9*O9

B9：=A13/G13

B10：=A14/G14

B11：=(B9-B10)*O10*X6

O9：=J13/P13

O10：=J14/P14

O11：=(O9-O10)*B9*X6

R9：=P13

R10：=P14

A15：=(A13-A14)/G13

G15：=A14/G13-A14/G14

J15：=(J13-J14)/P1

P15：=J13/P13-J13/P14

輸出

完成後的模型工作表如圖 1-3 所示。

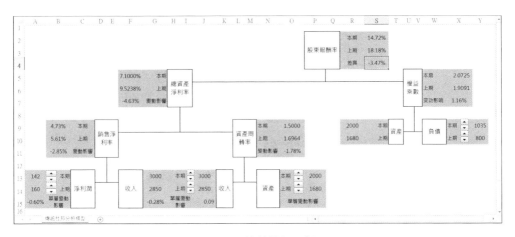

圖 1-3　傳統杜邦分析

點選 S4 儲存格，按下「公式」標籤下的「公式稽核→追蹤前導參照」鈕，多按幾次可直接查詢各個公式中資料的來龍去脈，介面如圖 1-4 所示。

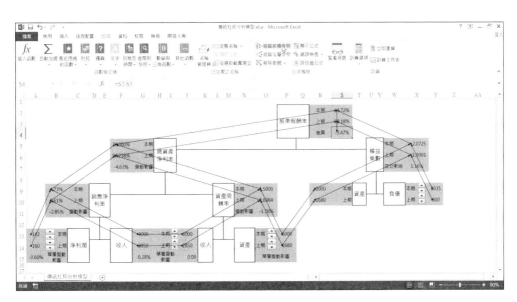

圖 1-4　傳統杜邦分析的公式追蹤

操作說明

■ 在本模型中，變數為淨利潤、收入、資產、負債，其餘指標均計算產生。

■ 本模型所說明的「單層變動影響」，是指由於自身的變動，造成頂層上級的變動數。例如銷售淨利率由淨利潤和收入構成，淨利潤的單層變動影響為 -0.8%，而收入的單層變動影響則為 -0.28%，兩者合計造成銷售淨利率變動 = -0.8%-0.28%= -1.08%。

■ 本模型所說明的「變動影響」，是指由於自身的變動，造成頂層上級的變動數。例如股東報酬率由總資產淨利率和權益乘數構成，總資產淨利率又由銷售淨利率和資產周轉率構成。銷售淨利率的變動影響為 -3.5%，是指由於銷售淨利率的變動造成股東報酬率的變動數，而不是造成總資產淨利率的變動數。

■ 銷售淨利率的變動影響，加上資產周轉率的變動影響，等於總資產淨利率的變動影響；總資產淨利率的變動影響，加上權益乘數的變動影響，等於股東報酬率的差異。

■ 調整微調按鈕，改變淨利潤、收入、資產、負債等變數的「本期」數值或「上期」數值，銷售淨利率、資產周轉率、總資產淨利率、權益乘數、股東報酬率等指標的「本期」計算結果或「上期」計算結果將隨之變化，股東報酬率的「差異」將隨之變化，總資產淨利率、權益乘數、銷售淨利率、資產周轉率的變動影響將隨之變化，淨利潤、收入、資產的單層變動影響將隨之變化。

1.2 改進的杜邦分析模型

應用場景

CEO：傳統杜邦分析，是以傳統財務比率為基礎；而傳統財務比率，則又以傳統財務報表為基礎。但我們知道，傳統財務報表主要是用於對外披露的，而不是用於對內管理的。更多更有價值的資訊，存在於對內管理的報表中。

CFO：是的。近些年，儘管《企業會計準則》對傳統財務報表作出了部分改進，但還是不能完全滿足財務分析和內部管理的需要。傳統財務報表的問題依然存在，基於傳統財務報表進行的傳統杜邦分析，相對的，缺陷依然存在。正所謂「皮之不存，毛將焉附」，若想改進杜邦分析這根「毛」，先要改造財務報表這張「皮」。

CEO：在改造財務報表之「皮」前，讓我們先看看杜邦分析之「毛」存在什麼問題。這樣，我們的改造才有針對性。

CFO：傳統杜邦分析主要有三大問題：1.計算總資產淨利率用到的總資產與淨利潤，口徑不匹配。總資產為全部資產提供者享有，包括債務人；而淨利潤為部分資產提供者，即股東專門享有，不包括債務人。由此導致投入與產出不匹配，總資產淨利率不能反映實際報酬率；2.沒有區分經營活動損益和金融活動損益；3.沒有區分經營負債和金融負債。

CEO：也就是說，鬍子眉毛一把抓，不能滿足精益分析的需要。

CFO：是的。改造的基本措施，就是對傳統財務報表的報表項目進行深加工、再分類和重展現，形成新的管理用財務報表。具體來說，就是透過區分經營資產和金融資產，區分經營負債和金融負債，形成管理用資產負債表；透過區分經營損益和金融損益，相對應的分攤所得稅，形成管理用利潤表；透過區分經營現金流量和金融現金流量，形成管理用現金流量表。基於這三大新的管理用財務報表，形成改進型的杜邦分析模型。

CEO：傳統的現金流量表，不是已經把企業活動劃分為經營活動、投資活動和籌資活動了嗎？

CFO：傳統現金流量表的「經營」與管理用財務報表的「經營」不是一個概念。傳統現金流量表的「經營」不包括投資；管理用財務報表的「經營」包括生產性資產的投資。

CEO：我們從事實業，應該沒有金融業務吧？

CFO：同樣的存貸款業務，對金融企業例如銀行來說，是經營業務而不是金融業務；對實體企業例如我們來說是金融業務而不是經營業務。

CEO：同樣一個東西，例如一輛車，在汽車廠商那裡，就是存貨；在我們這裡，就是固定資產。管理用財務報表為什麼要劃分經營業務與金融業務，並在此基礎上對資產、負債、損益和現金流量進行重新分類呢？

CFO：開展經營業務的目的是獲利，開始金融業務的目的是籌資，兩者目的不同，所以要劃分，以便對管理者的經營業績進行正確考核。資產、負債與損益的劃分界限是一致的。經營資產、經營負債形成的損益，就是經營損益；金融資產、金融負債形成的損益，就是金融損益。

基本理論

改進的杜邦分析模型

股東報酬率

　　＝稅後經營淨利潤　÷　股東權益　－　稅後利息費用　÷　股東權益

　　＝稅後經營淨利潤　÷　淨經營資產　×　淨經營資產　÷　股東權益

　　　－稅後利息費用　÷　淨負債　×　淨負債　÷　股東權益

　　＝淨經營資產淨利率　＋（淨經營資產淨利率－稅後利息率）×　淨財務桿杆

連環替代法

定量分析各指標變動對股東報酬率變動的影響程度：

稅後利息率變動影響

　　＝稅後利息率單層變動影響　×　經營差異率變動影響

　　÷（本期－上期）經營差異率

稅後利息率單層變動影響＝－（本期－上期）稅後利息率

第 4 層淨經營資產淨利率變動影響

　　＝淨經營資產淨利率單層變動影響　×　經營差異率變動影響

　　÷（本期－上期）經營差異率

第 4 層淨經營資產淨利率單層變動影響＝（本期－上期）淨經營資產淨利率

經營差異率變動影響　＝（本期－上期）經營差異率　×　上期淨財務桿杆

淨財務桿杆變動影響　＝（本期－上期）淨財務桿杆　×　本期經營差異率

桿杆貢獻率變動影響　＝（本期－上期）桿杆貢獻率

第 2 層淨經營資產淨利率變動影響＝（本期－上期）淨經營資產淨利率

模型建立

……/chapter01/02/改進的杜邦分析模型.xlsx

輸入

1） 如圖上一個範例，在工作表中輸入文字相關資料，並格式化，例如加上框線、
合併儲存格、調整列高欄寬、選擇填滿色彩、設定字體字型大小等。詳細內容
可參考本章下載的 Excel 範例檔。如圖 1-5 所示。

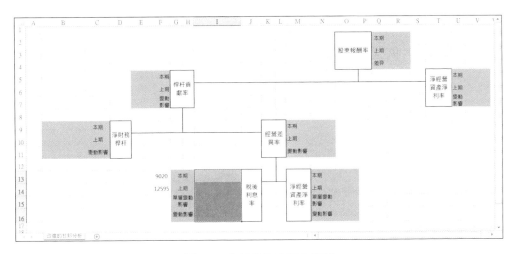

圖 1-5　在工作表中輸入資料

2） 在 B9、B10、I13、I14、P13、P14 新增捲軸。按下「開發人員」標籤中的「插
入→表單控制項」，選按「捲軸（表單控制項）」按鈕項，並在要插入捲軸的儲
存格拖曳拉出適當大小的捲軸鈕，然後對捲軸按下滑鼠右鍵，選取「控制項格
式…」指令，進行屬性的設定，如輸入儲存格連結、目前值、最小值、最大值
等。 例如，B9 儲存格的捲軸設定儲存格連結為$A$9，其他的則如圖 1-6 所示。

3） 隨後在下列儲存格輸入基本的公式。

B9：＝A9/10000
B10：＝A10/10000

I13：=F13/100000

I14：=F14/100000

O13：=R13/100000

O14：=R14/100000

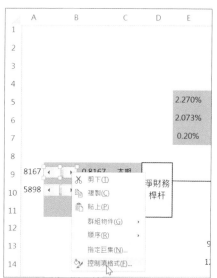

圖 1-6　設定捲軸

加工

在工作表儲存格中輸入公式：

R2：=E5+V5

R3：=E6+V6

R4：=R2-R3

E5：=B9*N9

E6：=B10*N10

E7：=(E5-E6)

V5：=O13

V6：=O14

V7：=(V5-V6)

B11：=(B9-B10)*N9

N9：=O13-I13

N10：=O14-I14

N11：=(N9-N10)*B10

I15：= -(I13-I14)

I16：=I15/(N9-N10)*N11

O15：=O13-O14

O16：=O15/(N9-N10)*N11

輸出

完成的模型工作表如圖 1-7 所示。

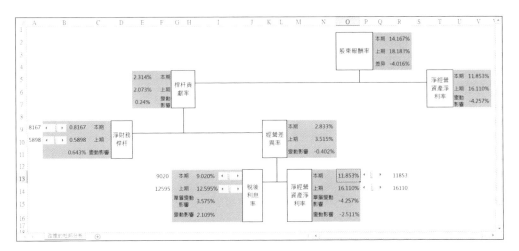

圖 1-7　改進的杜邦分析

選取 R4 儲存格，按下「公式」標籤中的「公式稽核→追蹤前導參照」鈕，多按幾下可直觀查詢公式資料的來龍去脈，介面如圖 1-8 所示。

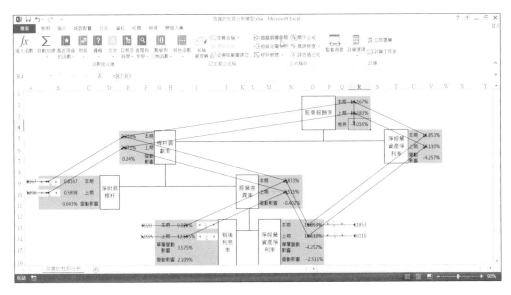

圖 1-8　改進的杜邦分析模型的公式追蹤

操作說明

- 在本模型中，變數為稅後利息率、淨經營資產淨利率、淨財務桿杆，其餘指標均計算產生。

- 本模型所說明的「單層變動影響」，是指由於自身的變動，造成頂層上級的變動數。例如經營差異率由稅後利息率和淨經營資產淨利率構成，稅後利息率的單層變動影響為 3.575%，其淨經營資產淨利率的單層變動影響為 -4.257%，兩者合計造成經營差異率變動 =3.575%-4.257%= -0.682%。

- 本模型所說明的「變動影響」，是指由於自身的變動，造成頂層上級的變動數。例如股東報酬率由淨經營資產淨利率和桿杆貢獻率構成，桿杆貢獻率又由淨財務桿杆和經營差異率構成，經營差異率又由淨經營資產淨利率和稅後利息率構成。稅後利息率的終極變動影響為 2.109%，是指由於稅後利息率的變動，造成股東報酬率的變動數，而不是造成經營差異率或桿杆貢獻率的變動數。

- 稅後利息率的變動影響，加上第 4 層的淨經營資產淨利率的變動影響，等於經營差異率的變動影響；經營差異率的變動影響，加上淨財務桿杆的變動影響，等於桿杆貢獻率的變動影響；桿杆貢獻率的變動影響，加上第 2 層的淨經營資產淨利率的變動影響，就等於股東報酬率的差異。

- 拖動捲軸讓數值變動，改變稅後利息率、淨經營資產淨利率、淨財務桿杆等變數的「本期」數值或「上期」數值，經營差異率、桿杆貢獻率、股東報酬率等指標的「本期」計算結果和「上期」計算結果將隨之變化，股東報酬率的「差異」將隨之變化，桿杆貢獻率、經營差異率、淨財務桿杆的變動影響將隨之變化，稅後利息率、淨經營資產淨利率的單層變動影響和變動影響將隨之變化。

第 2 章
財務預測模型

CEO：杜邦分析模型，是基於財務報表進行的，有助於我們瞭解企業的過去。我們要總結歷史，這很重要，但更重要的，是立足現實，著眼未來。

CFO：是的。所以我們要做預測。

CEO：我們很多人，對做預測孜孜不倦、樂此不疲，例如鋪天蓋地的足球、股票、黃金和外匯預測。它和算命有什麼不同嗎？

CFO：預測和算命有相同的地方，都是面對未來。但算命較沒有歷史和現實依據，預測則有從歷史中發現的規律做指導。時間是永恆的，歷史、現在和未來是連續的。歷史，是已經過去的現在；現在，是已經到來的未來。在某種意義上，當我們面對現實感到迷茫，面對前景感到困惑時，可以參照歷史，尋找答案。

CEO：企業財務部門也做預測嗎？預測什麼？

CFO：財務預測，不是財務部門做的預測的縮寫，也不是對財務部門本身的工作進行預測的簡稱。我們說的財務預測，就是估計企業未來的融資需求。例如，銷售增加時，要對應增加流動資產，有時還需增加固定資產。為取得所需增加的資

產，就要籌措資金。這些資金，一部分來自保留盈餘，一部分來自外部融資。通常，保留盈餘是不能滿足資金需要的，即使獲利良好的企業也需要外部融資。而對外融資，需要尋找提供資金的機構，向他們介紹前景，作出承諾，使之相信投資是安全的，獲利是有保障的。這個溝通過程需要投入精力，投入時間。

因此，我們需要預先知道自己的融資需求，提前安排融資計畫。如果平時不燒香，臨時抱佛腳，屆時遠水不解近渴，就很容易發生資金周轉問題。

CEO：這麼說，財務預測就是估計企業未來需要多少錢，這不就是我們現在做的資金計畫嗎？

CFO：我們現在做的資金計畫，是將採購、銷售、費用報銷等流程包含的業務單據，依據其不同的收付款預期，投射到未來的時間軸上，犬牙交錯地形成各時點的現金預計流入和預計流出，從而計算時間軸上各時點的資金結餘或短缺。

例如銷售流程，100 張銷售訂單，其中有 70 張已經發貨，其中又有 20 張已經開票。那麼，根據 30 張銷售訂單，50 張發貨單，20 張銷售發票，各自的金額以及對應的收款期，就能知道未來各時點的現金流入。

我們現在做的資金計畫，就是不斷向前滾動的短期計畫；財務預測為財務計畫服務，而財務計畫是依據企業發展戰略和經營計畫制定的，一般為期較長。

CEO：從一個較長的時期來看企業需要多少錢，這確實重要。平時也燒燒香，抱抱佛腳。但佛腳怎麼抱呢？祂會顯靈嗎？

CFO：企業未來需要多少錢，也就是外部融資需求。它等於預計經營資產總量，減去已有的經營資產、減去自發成長的經營負債、減去可動用的金融資產、減去內部提供的保留盈餘。

CEO：聽上去簡單易懂。這個演算法中，已有的經營資產、可動用的金融資產，這兩項好說。而預計經營資產總量、自發成長的經營負債、內部提供的保留盈餘，這三項如何確定？

CFO：預計經營資產總量，是根據預計銷售收入，以及經營資產與銷售收入之間的函數關係確定的；預計銷售收入，是根據銷售預測來的；經營資產與銷售收入之間的函數關係，可以根據歷史資料分析出來。

自發成長的經營負債，是根據預計銷售收入，以及經營負債與銷售收入之間的函數關係確定的；經營負債與銷售收入之間的函數關係，可以根據歷史資料分析出來。

內部提供的保留盈餘是根據預計淨利潤和股利支付率確定的；預計淨利潤是根據銷售收入和預計費用確定的；預計費用是根據費用與銷售收入之間的函數關係確定的；費用與銷售收入之間的函數關係，可根據歷史資料分析出來。

CEO：歸根究底，預計經營資產總量、自發成長的經營負債、內部提供的保留盈餘，這三項的確定，全都依靠函數關係。而函數關係，則根據歷史資料分析出來，這樣分析出來的函數關係可靠嗎？不確定因素那麼多，必然會使財務預測的依據不像想的那麼可靠，必然會使財務預測的工作不像想的那麼簡單，必然會使財務預測的結果不像想的那麼準確。

CFO：從表面看，不準確的預測會導致不準確的計畫，從而使預測工作失去意義。但從更深的層面看，不準確的預測，展現了我們所處市場環境的變幻莫測，反映了我們未來發展前景的吉凶難料，這更說明我們需要預測。預測不可能很準確，但預測的價值，不是用準確性作為衡量標準的，而是用前瞻性作為衡量標準的。

CEO：也就是說，財務預測的價值，不在於提供一個融資需求數字，而在於財務預測的過程本身。進行財務預測的過程，就是超前思考的過程。超前思考越有力度，越有深度，越有廣度，就越有價值。

CFO：是的。財務預測的真正目的是有助於應變。當企業發展一帆風順時，我們不至於忘乎所以；當企業遭遇突發事件時，我們不至於手足無措。我們可以對歷史檢討，也可以對未來嘗試。透過對未來的嘗試和預判，估計各種可能的前景，制定出對應的計畫，從而提高對不確定事件的反應能力，減少不利事件帶來的損失，增加有利機會帶來的收益。

2.1　銷售預測模型

CEO：進行財務預測，第 1 步是銷售預測；第 2 步是找出經營資產、經營負債、費用等項目與銷售的函數關係；第 3 步，就是根據銷售預測值，以及各項目與銷售的函數關係，預計財務報表各項目金額；第 4 步，就是根據預計的財務報表各項目金額，計算融資需求。

CFO：是這樣的。

CEO：這麼說，銷售預測的準確性，對融資需求預測的品質就影響重大了。

CFO：是的。銷售預測是財務預測的起點，銷售預測完成後才能開始融資需求預測。儘管銷售預測不是財務管理的本職，但由於它是融資需求預測的基礎，所以財務也很關注。

CEO：銷售預測的準確性，對生產經營也非常重要。有時銷售的實際狀況超出預測很多，卻沒有儲備足夠的存貨，無法滿足客戶需要，坐失盈利機會，從而喪失市場份額；有時銷售的實際狀況低於預測很多，卻已經儲備大量的存貨，造成庫存嚴重積壓，資源大量閒置，從而造成資金周轉困難。

CFO：我們不能苛求銷售預測的準確，就像不能苛求融資需求預測的準確一樣。由於銷售預測的不準確而對生產經營造成的嚴重後果，在引入 MRP 後，幾乎可以降低到忽略不計的地步。MRP 的機制是這樣的：

1）凍結時柵，相當於固定提前期（例如 5 天），表示該產品已經開始生產，需求不應改變；5 天的時間，近在眼前，實際需求已經完全發生；因此，沒有必要考慮主觀銷售預測，需求來源僅考慮客觀銷售訂單。

2）協議時柵，相當於累計提前期（例如 30 天），表示該產品雖然還未開始生產，但相關材料已經開始採購，需求經協商可以變更；5~30 天的時間，不近不遠，實際需求只是部分發生；因此，有必要結合考慮主觀銷售預測和客觀銷售訂單。

3）　30 天以外的時間，表示該產品既未開始生產，相關材料也未開始採購，需
　　　求可以任意變更；30 天以外的時間，比較遙遠，實際需求幾乎沒有發生；
　　　因此，沒有必要考慮客觀銷售訂單，需求來源僅考
　　　慮主觀銷售預測。

CEO：5 天以內的，只考慮客觀銷售訂單；30 天以外的，只考
　　　慮主觀銷售預測，這好理解。5~30 天之間的，結合考慮
　　　主觀銷售預測和客觀銷售訂單，怎麼個結合法？簡單相
　　　加嗎？

CFO：簡單相加會使需求虛增，肯定不行，這就產生了消抵和均化的概念。消抵，就
　　　是用客觀的、客戶下達的銷售訂單，去修正、抵消主觀的、頭腦想像的銷售預
　　　測，以達到逼近真實需求的目的。

CEO：8 月 8 日有張銷售訂單 120 個，8 月份的銷售預測是 3000 個，這兩者如何抵消？

CFO：8 月份的銷售預測是 3000 個，按日均化後為每天 100 個。

　　　8 月 1 日，需求是 100 個，就會生產 100 個，形成庫存。

　　　8 月 2 日，需求是 100 個，考慮到已有庫存 100 個，就不會再生產。

　　　……

　　　8 月 8 日，需求是 120+100=220 個，考慮到已有庫存 100 個，只會再生產 220-
　　　100=120 個，滿足了客戶，消化了舊有庫存 100 個，產生了新的庫存 100 個。

　　　8 月 9 日，需求是 100 個，考慮到已有庫存 100 個，就不會再生產。

　　　……

CEO：看來，MRP 的需求管理是非常嚴密的，它正視銷售預測不可能完全準確的現
　　　實。準確當然更好，不準確也沒多大關係。較實際太小了，對外銷售訂單的交
　　　付，至少它也能起到作用。例如剛才介紹的例子，銷售訂單 120 個，至少 100 個
　　　能馬上滿足；較實際太大了，短期會錯誤的增加少量庫存，但不會使這種錯誤
　　　擴大，並且這種錯誤可以被源源不絕的銷售訂單消化掉。例如剛才說明的例
　　　子，銷售預測 3000 個，至多產生 100 個多餘庫存，且這個多餘庫存會被源源來
　　　到的銷售訂單消化掉。

CFO：是的，我們不應誇大銷售預測不準確的後果。當然，銷售預測的準確性，我們不強求，但不代表不力爭。而準確地進行銷售預測，除了對市場趨勢的敏銳判斷，對客戶需求的精準把握，還需要掌握一些統計學工具。

CEO：統計學工具對做銷售預測是非常有幫助的，特別是在海量資料的情況下。相關、迴歸、機率這些東西都是統計學，現在被各行各業大量應用。沃爾瑪的「啤酒＋尿布」的案例，就是基於相關分析做銷售預測的經典案例。大資料時代，把當年門可羅雀的冷門統計學，變成了現在炙手可熱的熱門顯學。

CFO：是的。塔吉特的預測懷孕的案例，也是基於相關分析做精準行銷的有趣案例。

對商家來說，預測顧客懷孕是重要的，這是夫妻改變消費觀念的開始。他們會光顧以前不去的商店，關注以前不看的商品，逐步形成對新品牌的忠誠。

曾有一位顧客，跑到美國第二大零售商—塔吉特，氣憤的投訴商場給他還在上中學的女兒郵寄嬰兒用品的優惠券。但經過進一步調查，發現自己女兒真的懷孕了。一名女孩懷孕，塔吉特是怎麼知道的呢？這就建立在資訊收集和資料分析基礎上。

每位到塔吉特的顧客，都有唯一的 ID 號。塔吉特為每一個 ID 都收集了所有可能收集的資訊，包括姓名、住址、電話、信用卡卡號、電子郵件、撥打熱線、登錄網站、消費時間、消費內容、消費金額等，形成了一個龐大的資料庫。塔吉特對這個資料庫進行分析，發現了孕婦的一些消費規律，如懷孕 3 個月左右時，會購買大量無味的潤膚乳；懷孕 5 個月左右時，會購買鈣、鎂、鋅等營養素；預產期快到時，會購買無味肥皂和特大包裝棉球，以及洗手液和毛巾。

塔吉特依據消費規律，精選出 25 種商品。同步分析這 25 種商品的消費情況，基本就可以判斷出顧客是否為孕婦，以及孕期的長短。然後，在適當的時間，寄合適的優惠券給她們。

長期趨勢模型

應用場景

CEO：做銷售預測，要找出影響銷售的變數並做相關分析，擬合出迴歸方程式。「迴歸」這個詞，仔細嚼，有味道。

CFO：迴歸，就是從資料的表現形式，找出內在規律。規律是客觀的、穩定的，同時也是隱蔽的，我們只能從其作用的結果，即表現形式來發現它、認識它。這與根據後代的情況判斷祖先的情況相似，所以稱為「迴歸」。迴歸分析是計量經濟學最基本的分析方法。

CEO：銷售預測模型可大可小，可繁可簡。最簡單的銷售預測，就是以時間為變數了？

CFO：是的，即時間序列。在時間序列中，各時期的銷售額是受各種因素共同影響的結果。歸納起來，這些影響因素可以分為 4 類：長期趨勢、季節變動、循環變動和不規則變動。

CEO：長期趨勢？陋室空堂，當年笏滿床；衰草枯楊，曾為歌舞場。這裡面，反映出來的長期趨勢，就是逐漸沒落？

CFO：是的。長期趨勢，是時間序列在較長時期表現出來的總態勢。它受某種根本性因素支配，呈現出各時期發展水準不斷遞增、遞減或水準變動的基本趨勢。例如，在大城市，由於居民生育觀念的轉變，生育率的下降呈現長期遞減趨勢；再如，由於消費升級，我們公司的產品銷量呈現長期遞增趨勢。

CEO：長期趨勢如何測定呢？難道只能是遞增或遞減這樣的定性描述嗎？有沒有定量描述方法？

CFO：有。對長期趨勢的定量描述，就是用一定的方法對時間序列進行修勻，使修勻後的數列排除季節變動、循環變動和不規則變動等因素的影響，顯示出現象變動的基本趨勢，從而作為預測的依據。

CEO：修勻？如何修勻？

CFO：修勻的方法包括移動平均法、指數平滑法和趨勢方程式法。

基本理論

移動平均法

是對原數列按一定時距擴大，然後採用逐期遞推移動的辦法計算出一系列擴大時距的序時平均數，將這一系列移動平均數作為對應時期的趨勢值，形成新的派生序時平均數時間序列。

N 期的三項移動平均預測值

　　＝[(N-1)期的實際值＋N 期的實際值＋(N+1)期的實際值] ÷ 3

N 期的四項移動平均預測值

　　＝{[(N-2)期的實際值＋(N-1)期的實際值＋N 期的實際值＋(N+1)期的實際值] ÷
　　4＋[(N-1)期的實際值＋N 期的實際值＋(N+1)期的實際值＋(N+2)期的實際值]
　　÷ 4}÷2

　　＝[(N-2)期的實際值÷2＋(N-1)期的實際值＋N 期的實際值＋(N+1)期的實際值
　　＋(N+2)期的實際值÷2]÷4

指數平滑法

也稱指數修勻預測法。在時間序列中，以本期的實際值和本期的預測值為依據，然後給予不同的權數，求得下一期預測值。

下一期的預測值

　　＝平滑係數 × 本期的實際值 ＋（1－平滑係數）× 本期的預測值

指數平滑法最初的預測值，採用三項移動平均法計算。

指數平滑法最初的預測值

　　＝第 2 期的預測值

　　＝（第 1 期的實際值＋第 2 期的實際值＋第 3 期的實際值）÷ 3

平滑係數：介於 0~1 之間。指數平滑法中平滑係數的確定是關鍵。確定平滑係數前，通常可以先取各種值進行測算，然後再作出決定。

應用指數平滑法預測，要預測下一期的數值只需要利用本期實際值和本期預測值即可，不必知道整個長時期的時間序列，計算簡便。同時，為了減少誤差，還可以透過平滑係數的調整選擇來使得預測值適應實際值的變化。這種方法較適合於短期預測。

趨勢方程式法

即迴歸方程式法，根據時間序列的變化趨勢建立線性方程式，消除其他成分變動，推算各時期的趨勢值，從而揭示出數列長期直線趨勢。

迴歸方程式法：根據一系列時間與銷售額擬合迴歸方程式。

例如，現有 n 期時間與銷售額，分別為 x_i 和 y_i。

迴歸方程式為：y=a+bx

a 與 b 的計算公式如下：

$$a = \frac{\sum x_i^2 \sum y_i - \sum x_i \sum x_i y_i}{n \sum x_i^2 - \left(\sum x_i\right)^2}$$

$$b = \frac{n \sum x_i y_i - \sum x_i \sum y_i}{n \sum x_i^2 - \left(\sum x_i\right)^2}$$

模型建立

📂……\chapter02\01\長期趨勢模型.xlsx

輸入

開啟 Excel，新增活頁簿。活頁簿包含以下 3 個工作表：移動平均法、指數平滑法、趨勢方程式法。

「移動平均法」工作表

1) 在工作表中輸入文字和數字相關資料，進行格式化，如調整列高欄寬、填滿色彩、框線、設定字體字型大小等，如圖 2-1 所示。

	A	B	C	D	E	F	G	H
1		歷史資料				計算結果		
2		年份	主營業務收入			三項移動平均	四項移動平均	
3		2003	32					
4		2004	40					
5		2005	61					
6		2006	28					
7		2007	41					
8		2008	51					
9		2009	74					
10		2010	36					
11		2011	57					
12		2012	65					
13		2013	93					
14		2014	57					
15								
16								

移動平均法

圖 2-1　在「移動平均法」工作表中輸入及設定資料

「指數平滑法」工作表

1） 在工作表中輸入文字和數字相關資料，進行格式化，如調整列高欄寬、填滿色彩、框線、設定字體字型大小等，如圖 2-2 所示。

	B	C	F	I	J
1	歷史資料		計算結果		
2	年份	主營業務收入	預測值	平滑係數	0.9
3	2003	450.5			
4	2004	536.9			
5	2005	603.2			
6	2006	716.6			
7	2007	842.6			
8	2008	921.8			
9	2009	995.1			
10	2010	1030.5			
11	2011	1096.8			
12	2012	1120.3			
13	2013	1220.7			
14	2014	1210.6			
15	2015				
16					

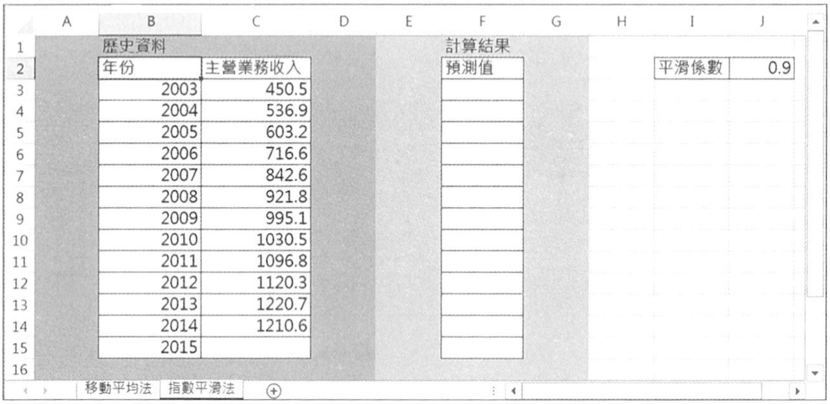

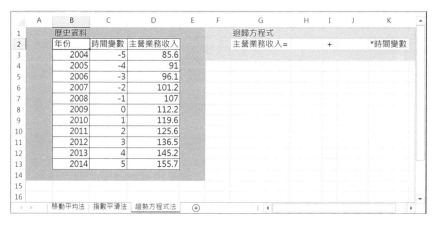

圖 2-2　在「指數平滑法」工作表中輸入資料

「趨勢方程式法」工作表

1） 在工作表中輸入文字和數字相關資料，進行格式化，如調整列高欄寬、填滿色彩、框線、設定字體字型大小等，如圖 2-3 所示。

	B	C	D	G	I	K
1	歷史資料			迴歸方程式		
2	年份	時間變數	主營業務收入	主營業務收入=	+	*時間變數
3	2004	-5	85.6			
4	2005	-4	91			
5	2006	-3	96.1			
6	2007	-2	101.2			
7	2008	-1	107			
8	2009	0	112.2			
9	2010	1	119.6			
10	2011	2	125.6			
11	2012	3	136.5			
12	2013	4	145.2			
13	2014	5	155.7			
14						
15						
16						

圖 2-3　在「趨勢方程式法」工作表中輸入資料

加工

在工作表儲存格中輸入公式。

「移動平均法」工作表

F4：=AVERAGE(C3:C5)
選取 F4 儲存格，按住右下角的控點向下
拖曳填滿至 F13 儲存格。

G5：=(SUM(C3:C6)/4+SUM(C4:C7)/4)/2
選取 G5 儲存格，按住右下角的控點向
下填滿至 G12 儲存格。

「指數平滑法」工作表

F4：=SUM(C3:C5)/3

F5：=$J$2*C4+(1-$J$2)*F4
選取 F5 儲存格，按住右下角的控點向下
填滿至 F15 儲存格。

「趨勢方程式法」工作表

H2：=INTERCEPT(D3:D13,C3:C13)

J2：=LINEST(D3:D13,C3:C13)

輸出

「移動平均法」工作表，如圖 2-4 所示。

	A	B	C	D	E	F	G	H
1		歷史資料					計算結果		
2		年份	主營業務收入				三項移動平均	四項移動平均	
3		2003	32						
4		2004	40				44.33		
5		2005	61				43.00	41.38	
6		2006	28				43.33	43.88	
7		2007	41				40.00	46.88	
8		2008	51				55.33	49.50	
9		2009	74				53.67	52.50	
10		2010	36				55.67	56.25	
11		2011	57				52.67	60.38	
12		2012	65				71.67	65.38	
13		2013	93				71.67		
14		2014	57						
15									

圖 2-4　移動平均法

「指數平滑法」工作表，如圖 2-5 所示。

歷史資料 / 計算結果

年份	主營業務收入	預測值
2003	450.5	
2004	536.9	530.20
2005	603.2	536.23
2006	716.6	596.50
2007	842.6	704.59
2008	921.8	828.80
2009	995.1	912.50
2010	1030.5	986.84
2011	1096.8	1026.13
2012	1120.3	1089.73
2013	1220.7	1117.24
2014	1210.6	1210.35
2015		1210.58

平滑係數	0.9

移動平均法　指數平滑法　趨勢方程式法

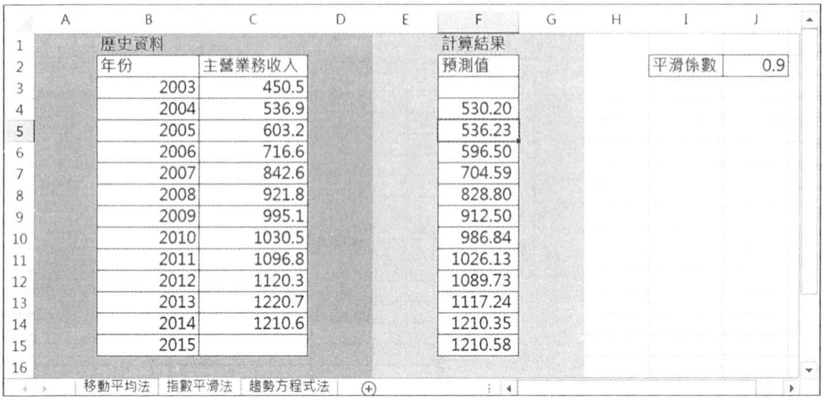

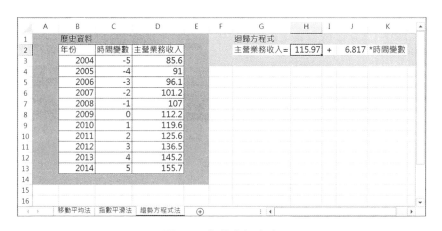

圖 2-5　指數平滑法

「趨勢方程式法」工作表，如圖 2-6 所示。

歷史資料

年份	時間變數	主營業務收入
2004	-5	85.6
2005	-4	91
2006	-3	96.1
2007	-2	101.2
2008	-1	107
2009	0	112.2
2010	1	119.6
2011	2	125.6
2012	3	136.5
2013	4	145.2
2014	5	155.7

迴歸方程式

主營業務收入= 115.97 + 6.817 *時間變數

移動平均法　指數平滑法　趨勢方程式法

圖 2-6　趨勢方程式法

圖表生成

「移動平均法」工作表

1）　選取 C2：C14，然後按住 CTRL 鍵再選取 F2：G14 區域，按下「插入→插入折線圖」，選取「平面折線圖→含有資料標記折線圖」圖示項。

2）　使用者可按自己的意願或需要來修改圖表。如調整大小和位置。

移動平均模型的最終介面如圖 2-7 所示。

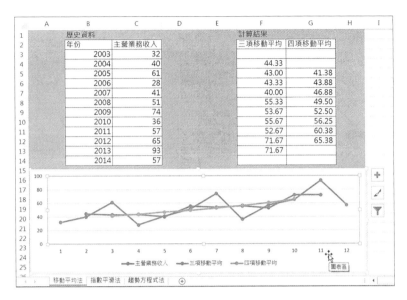

圖 2-7　移動平均模型

「指數平滑法」工作表

與「移動平均法」圖表生成過程相同。指數平滑模型的最終介面如圖 2-8 所示。

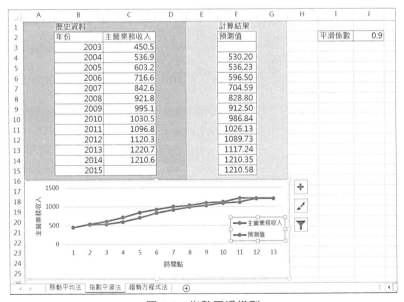

圖 2-8　指數平滑模型

「趨勢方程式法」工作表

1) 選取 C3：D14 區域，按下「插入→插入折線圖」，選取「其他折線圖」項，然後選「含有資料標記折線圖」中第二項的圖表。

2) 圖表建立後加入「趨勢線」，然後可按自己的意願或需要來修改圖表格式。趨勢方程式模型的最終介面如圖 2-9 所示。

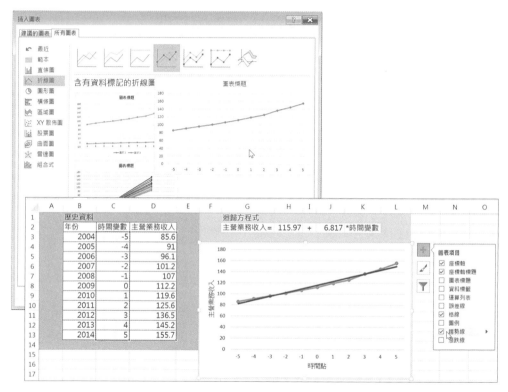

圖 2-9　趨勢方程式模型

操作說明

■ 在「移動平均法」工作表中，使用者可輸入年份及各年份對應的主營業務收入。輸入年份時，應按從前到後的順序輸入。本模型支援輸入 12 年的年份及對應的主營業務收入。輸入年份及各年份對應的主營業務收入時，模型的計算結果將隨之變化，圖形將隨之變化。

■ 在「指數平滑法」工作表中，使用者可輸入年份及各年份對應的主營業務收入。輸入年份時，應按從前到後的順序輸入。本模型支援輸入 12 年的年份及對應的主營業務收入。輸入年份及各年份對應的主營業務收入時，模型的計算結果將隨之變化，圖形將隨之變化。

■ 在「趨勢方程式法」工作表中，使用者可輸入年份、時間變數及各年份對應的主營業務收入。輸入時間變數時，應由小到大等距設定，具體數值不影響計算結果；輸入年份時，應按從前到後的順序輸入，本模型支援輸入 11 年的年份及對應的主營業務收入。輸入年份、時間變數及各年份對應的主營業務收入時，模型的計算結果將隨之變化，圖形將隨之變化。

季節變動模型

應用場景

CEO：季節變動，顧名思義，就是春夏秋冬，常說的淡季旺季？

CFO：開始，季節變動是指受自然界季節更替影響，發生的年復一年的有規律的變動；後來，這一概念有了擴展，是指一年內受社會、政治、經濟、自然因素影響，形成有規律的週期性的重複變動。

CEO：季節變動與循環變動兩個概念，為什麼是並列關係？季節變動，不就是春夏秋冬的循環變動嗎？

CFO：季節變動的最大週期為一年。所以，以「年」為最小單位的數列不可能有季節變動。這是它與循環變動的區別。季節變動有三個明顯特徵：1.有規律的變動；2.按一定的週期重複進行；3.每個週期變化大體相同。例如，由於學校的寒暑假制度，客運部門的客流量在一年中呈現的規律性變化；再如，由於單位的上下班制度，公交地鐵的客流量在一天中呈現的規律性變化。

CEO：季節變動如何定量描述呢？

CFO：對季節變動的定量描述，主要用趨勢剔除法。

基本理論

趨勢剔除法：在具有明顯的長期趨勢變動的數列中，為了測定季節變動，必須先將趨勢變動因素在數列中加以剔除。這種事先剔除趨勢變動因素，而後計算季節比率的方法，就是趨勢剔除法。

趨勢剔除法計算步驟如下：

1） 計算移動平均數。

2） 計算季節比率，即將原數列各項除以對應時間的移動平均數。

3） 計算季節比率的同季平均數，例如 98 年與 99 年同為三季度的季節比率的平均數。

4） 計算同季平均數之和，例如一季度、二季度、三季度、四季度的季節比率平均數之和。

5） 計算季節指數，即將季節比率的同季平均數除以同季平均數之和。

模型建立

📁 ……\chapter02\01\季節變動模型.xlsx

輸入

1） 在工作表中輸入文字和數字相關資料，進行格式化，如調整列高欄寬、填滿色彩、框線、設定字體字型大小等，如圖 2-10 所示。

	歷史資料					計算過程			計算結果					
	年份	季度	主營業務收入			四季移動平均			年份	第一季度	第二季度	第三季度	第四季度	合計
	1998	1	32						1998					
		2	40						1999					
		3	61						2000					
		4	28						同季平均					
	1999	1	41						季節指數%					
		2	51											
		3	74											
		4	36											
	2000	1	57											
		2	65											
		3	93											
		4	57											

圖 2-10　在工作表中輸入資料及格式化

加工

在工作表儲存格中輸入公式：

G5：=(SUM(D3:D6)/4+SUM(D4:D7)/4)/2
選取 G5 儲存格，按住右下角的點向下拖曳填滿至 G12 儲存格。

H5：H12 區域：=D5:D12/G5:G12
選擇 H5:H12 區域，輸入上述公式後，按 Ctrl+Shift+Enter 複合鍵。

M3：=H5
N3：=H6
K4：=H7
L4：=H8
M4：=H9

N4：=H10
K5：=H11
L5：=H12

K6：=SUM(K3：K5)/2
選取 K6 儲存格，向右拖曳填滿至 N6 儲存格。

O6：=SUM(K6:N6)/4

K7：N7 區域：=K6:N6/$O$6*100
拖曳選取 K7：N7 區域，輸入上述公式後，按 Ctrl+Shift+Enter 複合鍵。

輸出

此時，工作表如圖 2-11 所示。

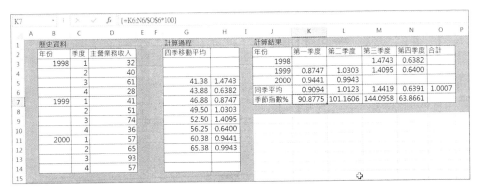

圖 2-11　季節變動公式加入

圖表生成

圖表生成過程，季節變動模型與長期趨勢模型相同。此圖表是以選取 K2:N2 和 J7:N7 範圍來製作折線圖的。當圖表完成後季節變動模型的最終畫面如圖 2-12 所示。

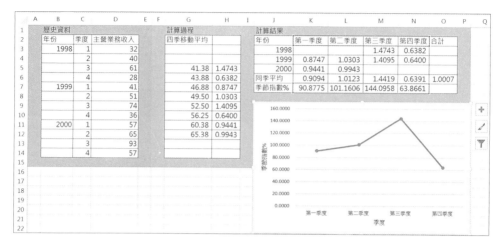

圖 2-12　季節變動模型

操作說明

■ 使用者可輸入年份、季度及各年份各季度對應的主營業務收入。輸入年份、季度時，應按從前到後的順序輸入，本模型支援輸入 3 年 12 季的年份、季度及相對應的主營業務收入。輸入年份、季度及各年份、季度相應的主營業務收入時，模型的計算結果將隨之變化，圖形將隨之變化。

循環變動模型

應用場景

CEO：昨日黃土隴頭埋白骨，今宵紅綃帳底臥鴛鴦。這屬於循環變動嗎？

CFO：這是輪迴，不是迴圈。循環變動，是變動週期大於一年的有一定規律性的重複變動。例如，在市場經濟條件下，商業週期的繁榮、衰退、蕭條和復甦 4 個階段的循環變動。

CEO：循環變動與長期趨勢有何不同？

CFO：長期趨勢呈現的，是各時期的發展水準不斷遞增、不斷遞減或水準變動的基本趨勢；循環變動呈現的，不是朝著某一個方向持續上升或下降，而是從低到高，又從高到低周而復始的近乎規律性的變動。

CEO：循環變動與季節變動有何不同？

CFO：季節變動一般以一年、一季或一月為週期，規律明顯，可以預見；循環變動沒有固定的週期，一般都在數年以上，規律不明顯，很難預知。對循環變動的分析，不僅要借助於定量的統計分析，還要借助於定性的政治經濟分析。

CEO：循環變動如何定量描述呢？

CFO：對循環變動的定量描述，主要用剩餘法。

基本理論

剩餘法：也稱分解法。其基本思考方式是：利用分解分析的原理，在時間序列中剔除長期趨勢和季節變動，然後再剔除不規則變動，從而揭示循環變動的特徵。

剩餘法計算步驟如下：

1）　計算各時間的季節指數。例如，以 1997 年 1 月、1998 年 1 月、1999 年 1 月、2000 年 1 月的數據之和，除以 1997 年、1998 年、1999 年、2000 年的資料之和，得到 1 月份的季節指數。1 月份的季節指數，是 1997 年 1 月、1998 年 1 月、1999 年 1 月、2000 年 1 月共同的季節指數。

2）　計算剔除季節變動後的數值。即將原數列各項除以對應時間的季節指數。

3）　計算長期趨勢值。預設已擬合出趨勢方程式，依此計算各時間的長期趨勢。

4）　計算剔除趨勢變動後的數值。即用剔除季節變動後的數值，除以長期趨勢值。

5）　計算循環變動值。即對剔除趨勢變動後的數值進行三項移動平均，剔除不規則變動。

模型建立

📂……\chapter02\01\循環變動模型.xlsx

輸入

1）　在工作表中輸入文字和數字相關資料，進行格式化。如調整列高欄寬、填滿色彩、框線、設定字體字型大小等，如圖 2-13 所示。

	A	B	C	D	E	F	G	H	I	J	K	L
1		歷史資料					計算					
2		年	月	營業收入			季節指數	剔除季節變動	長期趨勢	剔除趨勢變動	循環變動	
3		1997	1	40								
4			2	50								
5			3	41								
6			4	39								
7			5	45								
8			6	53								
9			7	68								
10			8	73								
11			9	50								
12			10	48								
13			11	43								
14			12	38								
15		1998	1	43								
16			2	52								
17			3	45								
18			4	41								
19			5	48								
20			6	65								
21			7	79								
22			8	86								
23			9	64								
24			10	60								
25			11	45								

循環變動

圖 2-13　在工作表中輸入資料與格式化

加工

在工作表儲存格中輸入公式：

G3：=(D3+D15+D27+D39)*12*100/SUM($D$3:$D$50)
選取 G3 儲存格，向下填滿至 G14 儲存格。

G15：=(D3+D15+D27+D39)*12*100/SUM($D$3:$D$50)
選取 G15 儲存格，向下填滿至 G26 儲存格。

G27：=(D3+D15+D27+D39)*12*100/SUM($D$3:$D$50)
選取 G27 儲存格，向下填滿至 G38 儲存格。

G39：=(D3+D15+D27+D39)*12*100/SUM($D$3:$D$50)
選取 G39 儲存格，向下填滿至 G50 儲存格。

H3：H50 區域：=D3:D50*100/G3:G50
選取 H3：H50 區域，輸入上述公式後，按 Ctrl+Shift+Enter 複合鍵。

假設長期趨勢估值方程式為：Y=43.24+0.7385*T（T 為時間）

N3：=0

N4：=1

選取 N3：N4 區域，向下填滿至 N50 儲存格。

I3：=43.24+0.7385*N3

選取 I3，向下填滿至 I50 儲存格。

J3：J50 區域：=H3:H50*100/I3:I50

選取 J3：J50 區域，輸入上述公式後，按 Ctrl+Shift+Enter 複合鍵。

K4：=(J3+J4+J5)/3

選取 K4，向下填滿至 K49 儲存格。

輸出

此時，工作表如圖 2-14 所示。

	G3			× ✓	fx	=(D3+D15+D27+D39)*12*100/SUM($D$3:$D$50)				
	A	B	C	D	E F	G	H	I	J	K	L M	N
1	歷史資料					計算						Y=43.24+0.7385*T
2	年	月	營業收入			季節指數	剔除季節變動	長期趨勢	剔除趨勢變動	循環變動		(T為時間)
3	1997	1	40			72.55	55.13	43.24	127.50			0
4		2	50			97.01	51.54	43.98	117.20	117.96		1
5		3	41			83.97	48.83	44.72	109.19	111.26		2
6		4	39			79.89	48.82	45.46	107.39	106.83		3
7		5	45			93.75	48.00	46.19	103.91	103.65		4
8		6	53			113.32	46.77	46.93	99.66	103.31		5
9		7	68			134.10	50.71	47.67	106.37	102.74		6
10		8	73			147.55	49.47	48.41	102.20	99.56		7
11		9	50			112.91	44.28	49.15	90.10	95.08		8
12		10	48			103.53	46.36	49.89	92.94	94.57		9
13		11	43			84.38	50.96	50.63	100.67	96.55		10
14		12	38			77.04	49.33	51.36	96.03	103.48		11
15	1998	1	43			72.55	59.27	52.10	113.75	103.74		12
16		2	52			97.01	53.60	52.84	101.44	105.07		13
17		3	45			83.97	53.59	53.58	100.02	98.65		14
18		4	41			79.89	51.32	54.32	94.48	95.83		15
19		5	48			93.75	51.20	55.06	93.00	96.76		16
20		6	65			113.32	57.36	55.79	102.81	100.00		17
21		7	79			134.10	58.91	56.53	104.20	102.93		18
22		8	86			147.55	58.28	57.27	101.77	101.23		19
23		9	64			112.91	56.68	58.01	97.71	99.38		20
24		10	60			103.53	57.95	58.75	98.65	95.34		21
25		11	45			84.38	53.33	59.49	89.66	92.22		22

循環變動　+

圖 2-14　加入循環變動相關公式

圖表生成

圖表生成過程，循環變動模型與長期趨勢模型相同。季節指數圖表是用 G2:G50 範圍區域來製作折線圖，循環變動圖表則以 K4:K50 範圍來製作折線圖。

循環變動模型的最終畫面如圖 2-15 所示。

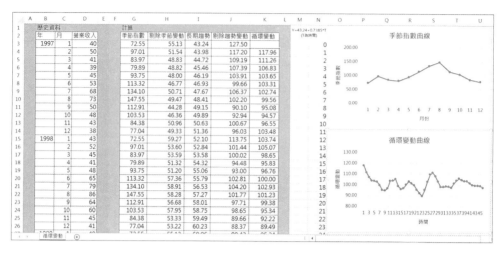

圖 2-15　循環變動模型

操作說明

■ 使用者可輸入年、月及相對應的營業收入。輸入年、月時應按從前到後的順序輸入，本模型支援輸入 3 年 36 個月的年、月及相對應的營業收入。輸入年、月及相對應的營業收入時，模型的計算結果將隨之變化，圖形將隨之變化。

2.2　融資需求預測模型

CEO：財務預測的 4 個步驟分別是：第 1 步，銷售預測；第 2 步，找出經營資產、經營負債、費用等項目與銷售的函數關係；第 3 步，根據銷售預測值，以及各項目與銷售的函數關係，預計出財務報表各項目金額；第 4 步，根據預計的財務報表各項目金額，計算融資需求。以上我們討論了第 1 步，即銷售預測，現在討論第 2 步，函數關係，至於第 3 步和第 4 步，就不用專門討論了。

CFO：各項目與銷售收入的函數關係，應用比較普遍的有兩種，一是銷售百分比法，一是迴歸分析法。

銷售百分比模型

應用場景

CEO：融資需求預測的銷售百分比法，顧名思義，就是假設財務報表各項目與銷售收入的函數關係，是一種百分比關係？

CFO：是的。這個模型的假設，就是經營資產、經營負債與銷售收入有著穩定的百分比關係。根據預計的銷售收入和相對應的百分比，確定經營資產、經營負債和保留盈餘，從而計算融資需求。

CEO：我們仔細推敲一下這個計算邏輯，裡面可能有問題。保留盈餘是根據淨利潤等計算的；淨利潤是根據利息費用等計算的；利息費用是根據借款數額等計算的。而現在，借款數額又要根據保留盈餘等計算。這不是出現資料循環迴圈了嗎？

究竟是根據保留盈餘來計算借款數額，還是根據借款數額來逐步計算利息費用、淨利潤和保留盈餘？

CFO：這個計算邏輯，確實出現了資料迴圈。為了解決資料迴圈的問題，我們有兩種辦法：一種辦法是多次反覆運算法，逐步逼近可以使資料平衡的保留盈餘和借款數額；另一種辦法較簡單，也是我們經常使用的，就是根據保留盈餘來計算借款數額。前提是銷售淨利率可以涵蓋增加的借款利息。

CEO：這個假設基本成立。一般情況下，銷售淨利率當然要比借款利息高。如果借款經營的收益率還比不上借款利息，那誰還會去借錢貸款擴大經營？

CFO：銷售百分比法，是一種粗略但實用的簡單預測方法。它的優點是：使用成本低，便於瞭解主要變數之間的關係，可以作為複雜預測方法的補充或檢驗；它的缺點是：假設經營資產、經營負債與銷售收入保持穩定的百分比關係，這個假設可能不符合事實。因為存有規模經濟現象和批量購銷問題，銷售收入的增加，並不一定使資產、負債成比例的增加。

基本理論

融資需求計算公式

融資需求

$\quad$＝經營資產增加－經營負債增加－保留盈餘增加

$\quad$＝經營資產銷售百分比 × 新增銷售額－經營負債銷售百分比 × 新增銷售額

$\qquad$－銷售淨利率 × 計畫銷售額 ×（1－股利支付率）

模型建立

📂……\chapter02\02\融資需求預測的銷售百分比模型.xlsx

輸入

1） 在工作表中輸入文字及資料，進行框線字型、調整列高欄寬、選取填滿色彩、設定字體字型大小等。

2） 新增捲軸。按一下「開發人員→插入→表單」按鈕，點選「捲軸」項，如圖 2-16a 所示。

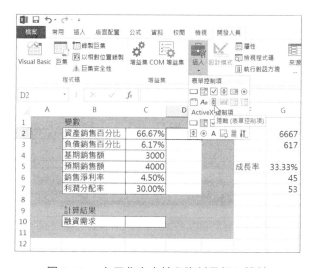

圖 2-16a　在工作表中輸入資料及插入捲軸

3）　在各變數對應的儲存格後拖曳製作橫式捲軸，然後對捲軸控制項的屬性設定，輸入儲存格連結、目前值、最小值、最大值等，如圖 2-16b 所示。

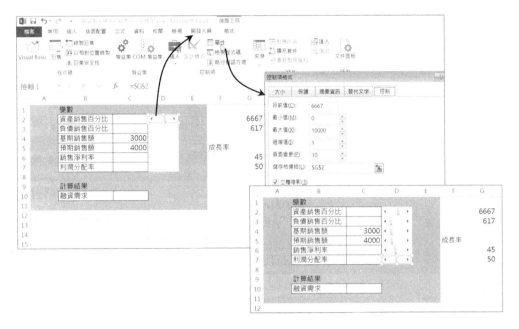

圖 2-16b　捲軸屬性設定

加工

在工作表儲存格中輸入公式：

C2：=G2/10000

C3：=G3/10000

C6：=G6/1000

C7：=G7/100

G5：=(C5-C4)/C4

C10：
=C4*G5*C2-C4*G5*C3-C6*C4*(1+G5)*(1-C7)

輸出

此時，工作表如圖 2-17 所示。

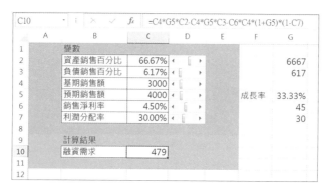

圖 2-17　銷售百分比法

表格製作

輸入

在工作表中輸入 I1:K11 製作表格並輸入文字資料，套入框線，如圖 2-18 所示。

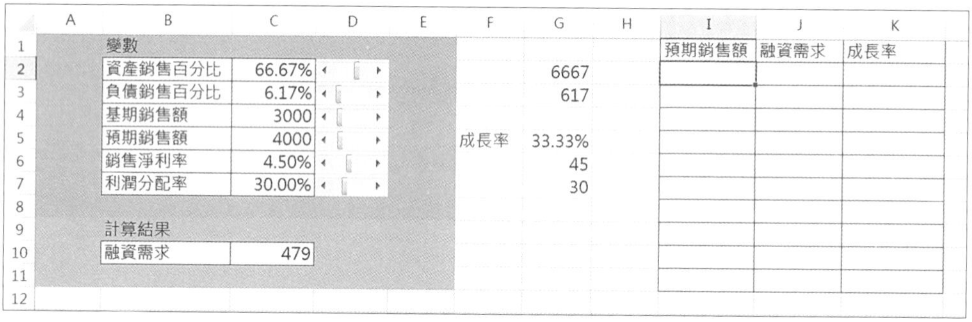

圖 2-18　在工作表中製作表格，輸入文字並套入框線

加工

在工作表儲存格中輸入公式：

I2：=0.5*C5

I3：=0.6*C5

…

I10：=1.3*C5

I11：=1.4*C5

K2：=(I2-$C$4)/$C$4

J2：=$C$4*K2*$C$2-$C$4*K2*$C$3-$C$6*$C$4*(1+K2)*(1-$C$7)

選取 J2：K2 區域，按住右下角的控點向下拖曳填滿至 J11：K11 區域。

輸出

此時，工作表如圖 2-19 所示。

								預期銷售額	融資需求	成長率
	變數							2000	-668	-33.3%
	資產銷售百分比	66.67%				6667		2400	-438.6	-20.0%
	負債銷售百分比	6.17%				617		2800	-209.2	-6.7%
	基期銷售額	3000						3200	20.2	6.7%
	預期銷售額	4000			成長率	33.33%		3600	249.6	20.0%
	銷售淨利率	4.50%				45		4000	479	33.3%
	利潤分配率	30.00%				30		4400	708.4	46.7%
								4800	937.8	60.0%
	計算結果							5200	1167.2	73.3%
	融資需求	479						5600	1396.6	86.7%

J2 儲存格公式：`=$C$4*K2*$C$2-$C$4*K2*$C$3-$C$6*$C$4*(1+K2)*(1-$C$7)`

圖 2-19　銷售百分比法

圖表生成

1）　選取 I2：J11 區域，按一下「插入」標籤，在「圖表」中再按下「XY 散佈圖→帶有平滑線的 XY 散佈圖」。如圖 2-20a 所示。

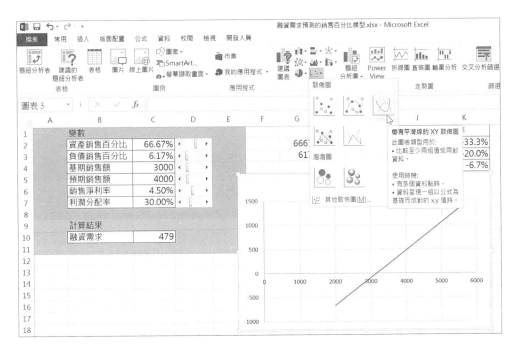

圖 2-20a　點選「散佈圖→帶有平滑線的 XY 散佈圖」

2） 有了基本的散佈圖後，調動其位置，然後以滑鼠指到圖表區按下右鍵，選取
「選取資料…」指令，如圖 2-20b 所示。

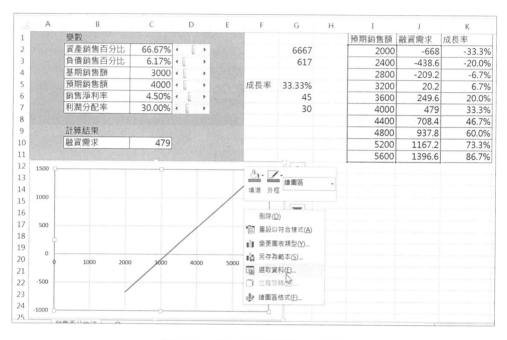

圖 2-20b　選取「選取資料…」指令

3） 在選取資料來源對話方塊中已有「數列 1」。此時按一下「新增」按鈕，新增如
下數列。

數列名稱：數列 2
數列 X 值：=(銷售百分比法!$C$5,銷售百分比法!$C$5)
Y 值：=(銷售百分比法!$J$2,銷售百分比法!$J$11)

數列名稱：數列 3
X 值：=銷售百分比法!$C$5
Y 值：=銷售百分比法!$C$10

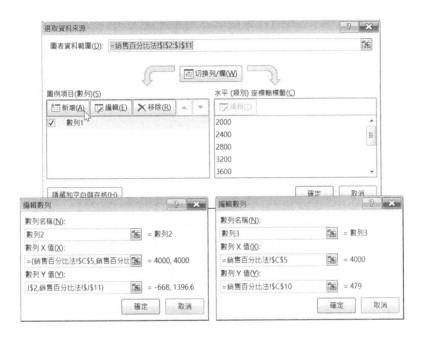

圖 2-21a　新增 2 條數列

4）　對圖表中數列 3 的點按下右鍵，選取「資料數列格式」指令，然後在展開的「資料數列格式」面板中點按「標記」，並在「標記選項」中點按「自動」，如圖 2-21b 所示。

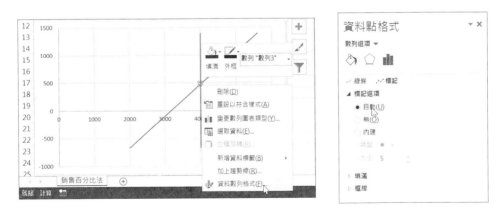

圖 2-21b　資料數列格式中標記點格式設定

5）　對圖表加入座標軸標題，X 軸：預期銷售額；Y 軸：融資需求。

6) 完成的表，使用者可按自己的意願修改圖表的格式，例如數列 3 的點若不清楚可用更深的色彩。融資需求預測的銷售百分比模型的最終介面如圖 2-22 所示。

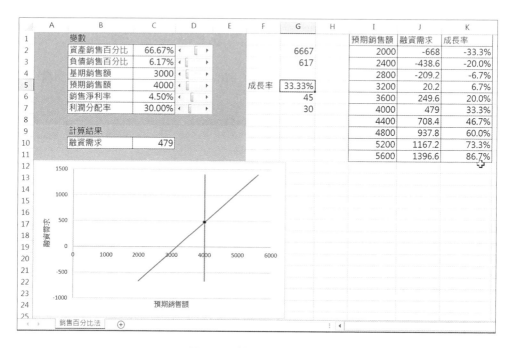

圖 2-22　銷售百分比模型

操作說明

■ 點按或拖動「資產銷售百分比」、「負債銷售百分比」、「基期銷售額」、「預期銷售額」、「銷售淨利率」、「利潤分配率」等變數的捲軸，模型的計算結果將隨之變化，表格將隨之變化，圖表也將隨之變化。

迴歸分析模型

應用場景

CEO：融資需求預測的迴歸分析法，顧名思義，就是假設財務報表各項目與銷售收入的函數關係，是一種線性關係。

CFO：是的。例如，存貨＝a＋b×銷售收入。

CEO：我們在進行銷售預測時，用到了迴歸分析；現在做融資需求預測，又用到了迴歸分析。

CFO：是的。銷售預測的迴歸分析，引數是時間，因變數是預計銷售收入；融資需求預測的迴歸分析，引數是預計銷售收入，因變數是財務報表各項目。

CEO：我的理解：相關是沒有方向的，迴歸是有方向的。銷售收入，從銷售預測的因變數，變成了融資需求預測的引數。這是迴歸分析法，在銷售預測與融資需求預測之間的區別。

　　　同樣是融資需求預測，迴歸分析法與銷售百分比法是基於同樣的歷史資料嗎？

CFO：都是基於歷史資料，但不是同樣的歷史資料。銷售百分比法確定百分比關係，用到的歷史資料，可以是基期，也可以是若干期的平均數；迴歸分析法確定線性關係，用到的歷史資料是一個較長期間的資料，一般至少 10 期。

CEO：看來，歷史資料的收集和儲存很重要。而且，歷史資料要有可比性，同一項目在不同歷史時期不能叫相同的名稱，有不同的意義。這樣，我們就可以將沉睡的歷史資料喚醒，發揮其作用了。

CFO：是的。基於歷史資料，我們可透過計算相關係數，以確定相關性；我們可透過擬合迴歸方程式，以確定線性關係中的 a 和 b。然後，根據銷售收入和迴歸方程式，就可以預計財務報表各項目的金額了，從而計算融資需求。

CEO：資料的準確性，迴歸分析法顯然比銷售百分比法要高。迴歸分析法在很大程度上可以彌補銷售百分比法的缺陷。迴歸分析法與銷售百分比法，除了確定函數關係的方法不同，其他地方是一樣的吧？

CFO：其他地方是一樣的。迴歸分析，如果人工做，還是比較複雜的。現在的財務核算軟體已經普及化，但沒有融資需求預測功能。融資需求預測軟體，一般不是普及型的產品，而是定制化的項目。

　　　有的融資需要預測軟體功能很強，建有企業的歷史資料庫和模型庫，可供使用者選取適用的模型；應是一個即時連線系統，可隨時更新資料，可透過人機對話進行互動操作；使用機率分析技術；預測能與計畫結合，根據預測結果出具經營與財務計畫，從而支援財務決策。

CEO：《大數據》的作者麥爾荀伯格，提出三要三不要，即：要相關不要因果，要總體不要樣本，要缺陷不要完美。他反對因果關係，對相關關係特別推崇。那怎麼解釋「種瓜得瓜，種豆得豆」、「善有善報，惡有惡報」這些因果呢？

CFO：種瓜未必得瓜。「種瓜得瓜」只能說明種瓜與得瓜之間，存在高度相關，但並不說明存在必然因果。由於轉基因，可能種下的瓜，最終得到了豆；或者由於氣候、人為等因素，最終一無所獲。

同理，善行未必善報。「善有善報」只能說明善行與善報之間，存在高度相關，但並不說明存在必然因果。有人一輩子善行，卻得惡報；有人一輩子惡行，卻有善終。

在大資料時代，我們不必知道現象背後的原因，我們甚至不可能知道現象背後的所有原因。麥爾荀伯格的意思，就是知其然，不必知其所以然。

CEO：想想也確實如此。例如蝴蝶效應，其實就是相關效應而不是因果效應。亞州的一支蝴蝶拍了拍翅膀，美州大陸就出現了 12 級龍捲風；我打了個噴嚏，珠海就暴雨；我抽了根煙，北京就霧霾；這只說明相關，不代表因果。

不過仔細體會，兩者似乎也有聯繫。因果關係，可以認為是變數窮舉，演算法完美條件下的特殊相關關係；相關關係，可以認為是變數無窮，演算法無效條件下的普遍的因果關係。

CFO：相關關係的應用非常廣泛，例如 Google 利用相關關係建立流感預測模型。

Google 工程師把兩套數據放在一起，一套是 5000 多萬條頻繁搜尋的詞條，一套是美國疾控中心 2003 至 2008 年季節性流感傳播時期的資料。他們建立了 4.5 億個不同的數學模型。基於這些模型，將兩套數據進行比較，分析搜尋詞彙的使用頻率，與流感傳播的時間、空間資料的相互關係。

最後發現，在一個特定的地理位置，越多的人透過 Google 搜尋特定的詞條，該地區就有越多的人得了流感。將這特定的 45 條搜尋詞條的組合，用於特定的數學模型後的預測結果與 2007、2008 兩年美國疾控中心記錄的實際流感病例高度擬合，相關性高達 97%。透過對海量資料相關性的分析，流感的預測模型就建立起來了。

CEO：Google 的流感預測模型有兩個值得注意的地方。一是流感預測模型有 4.5 億個；二是將預測結果與 2007、2008 兩年實際流感病例進行擬合。

CFO：是的。我們現在的一些軟體也提供了非常多的預測模型。使用者的第一感覺，是功能非常強大。但實際使用起來，就會很困惑，不知道從眾多的預測模型中選哪一個才是最合適的。

CEO：就像現在的交友網站，不管你把查詢準則設得多麼詳細，一搜尋總能搜出成百上千個。一開始還挺興奮，興奮勁一過，困惑就來了，到底要從這麼多的目標中選擇哪一個才是最合適的呢？

CFO：所以，Google 的流感預測模型，把歷史當未來，將預測模型的預測結果，與最近兩年的實際資料進行比對，擬合度越高的模型就越合適。這需要海量資料處理能力。

基本理論

融資需求

通常假設銷售額與資產、負債等各項目存在線性關係，可透過迴歸方程式法計算得出，例如：存貨＝a＋b×銷售額。

然後，根據預計銷售額和迴歸方程式，預計存貨的金額。其他資產、負債各項目的預計方法也是同理。

預計股東權益
　　＝本期股東權益＋預期銷售額 × 銷售淨利率 ×（1－股利支付率）

融資需求
　　＝預計總資產－不增加借款的預計總負債－預計股東權益

迴歸方程式法

根據 x 和 y 的一系列歷史資料，用數學上的最小二乘法原理擬合出直線方程式 y=a+bx。這條直線與實際值的距離平方和為最小，最能代表 x 和 y 之間的關係。

a 與 b 的計算公式如下：

$$a = \frac{\sum x_i^2 \sum y_i - \sum x_i \sum x_i y_i}{n \sum x_i^2 - \left(\sum x_i\right)^2}$$

$$b = \frac{n \sum x_i y_i - \sum x_i \sum y_i}{n \sum x_i^2 - \left(\sum x_i\right)^2}$$

模型建立

📁 ……\chapter02\02\融資需求預測的迴歸分析模型.xlsx

輸入

在工作表中輸入文字及數字相關資料，並進行基本格式美化，如圖 2-23 所示。

	項目	1月	2月	3月	4月	5月	6月	7月	8月	9月	10月
	歷史資料										
3	銷售收入	2850	3000	3150	3300	3450	3600	3750	3900	4050	4200
4	貨幣資金	50	56	57	60	62	70	78	80	85	95
5	短期投資	6	7	12	13	18	22	23	25	35	36
6	應收票據	8	12	24	30	40	44	58	66	78	82
7	應收股利	2	2	2	2	2	2	2	2	2	2
8	應收利息	1	1	1	1	1	1	1	1	1	1
9	應收帳款	398	418	440	460	488	500	528	560	580	600
10	其他應收款	12	14	16	22	25	28	31	33	37	40
11	預付帳款	22	23	27	30	33	38	41	45	50	55
12	應收補貼款	3	3.3	4	4.5	7.8	8.5	9	11	13	15
13	存貨	120.2	121.3	126.5	129.4	130.8	133.8	136.5	141.3	144.4	150
14	待攤費用	32	32.5	35.8	36	36.6	37	38.8	40	42	45
15	一年內到期的長期債權投資	42	49	55	59	66	71	76.4	81.8	86.6	91.9
16	其他流動資產	3	4.8	6.9	8	13	13.8	14.8	16.8	20	23
17	長期投資合計	30	33	35	37	40	41	43.8	44	49	50
18	固定資產合計	1256	1279	1300	1333	1355	1380	1401	1428	1450	1480
19	無形資產及其他資產合計	9	10.8	11.2	12.8	13.6	14.4	15.5	16.3	17.9	19
20	遞延稅款借項	5	6	8	3	3	2	2	3	3	2
21	短期借款	60	62	66	68	50	0	40	48	50	30
22	應付票據	5	5	6	3	5	5	3	5	2	0
23	應付帳款	100	110	122	133	144	155	169	172	190	205
24	預收帳款	10	12.3	14.1	17.2	19.5	22.5	25.5	28.5	30	35
25	應付工資	2	2	2	2	2	2	2	2	2	2
26	應付福利費	12	12	12	12	12	12	12	12	12	12
27	應付股利	0	0	0	0	0	0	0	0	0	0
28	應交稅金	5	8	12	13	13.8	15	15.5	16	16.8	18
29	其他應交款	1	1.2	1.3	1.44	1.5	1.55	1.75	1.9	2.3	2.5
30	其他應付款	2	1	2	0	1	0	3	4	1	2
31	預提費用	9	10.5	12.2	14.8	16.7	19.8	22	23.8	24.9	28.6
32	預計負債	0	0	0	0	0	0	0	0	0	0
33	一年內到期的長期負債	50	48	50	60	30	20	10	30	40	60
34	其他流動負債	2	2.8	3.2	4.8	5.5	7.9	8.6	12.4	15.5	20
35	長期負債合計	760	768.9	790	819.5	835.6	855.5	890	910	925	938.8
36	遞延稅款貸項	0	0	0	0	0	0	0	0	0	0

圖 2-23　在工作表中輸入資料

加工

在工作表中的 B39 到 I73 中輸入文字及數字相關資料，並進行基本格式美化。然後在
這個表格的相關儲存格中輸入公式：

C41：=CORREL(C4:L4,$C$3:$L$3)

D41：輸入等於號「=」

E41：=INTERCEPT(C4:L4,$C$3:$L$3)

F41：輸入加號「+」

G41：=LINEST(C4:L4,$C$3:$L$3)

H41：=5000

假設預期銷售收入為 5000。

I41：=E41+G41*H41

選取 C41：I41 區域，按住右下角的控點向下拖曳填滿至 C73：I73 區域。

此時，工作表如圖 2-24 所示。

C41	▼ : × ✓ fx	=CORREL(C4:L4,$C$3:$L$3)						
	A	B	C	D	E	F	G	H	I
39		計算相關係數,擬合迴歸方程式							
40		項目	與銷售收入相關係數			迴歸方程式			預測值
41		貨幣資金	0.9816	=	-42.5030	+	0.0317	5000	116.08
42		短期投資	0.9835	=	-60.7697	+	0.0228	5000	53.37
43		應收票據	0.9960	=	-158.8970	+	0.0576	5000	129.18
44		應收股利	#DIV/0!	=	2.0000	+	0.0000	5000	2.00
45		應收利息	#DIV/0!	=	1.0000	+	0.0000	5000	1.00
46		應收賬款	0.9982	=	-39.4545	+	0.1522	5000	721.76
47		其他應收款	0.9960	=	-49.4000	+	0.0213	5000	57.27
48		預付帳款	0.9939	=	-51.0485	+	0.0248	5000	72.99
49		應收補貼款	0.9810	=	-24.1497	+	0.0091	5000	21.33
50		存貨	0.9916	=	58.1915	+	0.0213	5000	164.90
51		待攤費用	0.9723	=	7.1909	+	0.0086	5000	50.28
52		一年內到期的長期債權投資	0.9991	=	-60.8103	+	0.0365	5000	121.71
53		其他流動資產	0.9912	=	-38.4497	+	0.0144	5000	33.69
54		長期投資合計	0.9931	=	-10.7648	+	0.0145	5000	61.64
55		固定資產合計	0.9994	=	784.8242	+	0.1649	5000	1609.47
56		無形資產及其他資產合計	0.9961	=	-10.7461	+	0.0070	5000	24.43
57		遞延稅款借項	-0.7055	=	14.6667	+	-0.0031	5000	-0.89
58		短期借款	-0.5189	=	129.7212	+	-0.0234	5000	12.95
59		應付票據	-0.7031	=	14.0121	+	-0.0029	5000	-0.33
60		應付帳款	0.9971	=	-116.9030	+	0.0757	5000	261.68
61		預收賬款	0.9965	=	-42.4600	+	0.0181	5000	48.21
62		應付工資	#DIV/0!	=	2.0000	+	0.0000	5000	2.00
63		應付福利費	#DIV/0!	=	12.0000	+	0.0000	5000	12.00
64		應付股利	#DIV/0!	=	0.0000	+	0.0000	5000	0.00
65		應交稅金	0.9369	=	-16.2145	+	0.0084	5000	25.66
66		其他應交款	0.9702	=	-1.9422	+	0.0010	5000	3.14
67		其他應付款	0.2611	=	-0.9636	+	0.0007	5000	2.67
68		預提費用	0.9967	=	-33.0285	+	0.0145	5000	39.68
69		預計負債	#DIV/0!	=	0.0000	+	0.0000	5000	0.00
70		一年內到期的長期負債	-0.2457	=	71.9879	+	-0.0091	5000	26.33
71		其他流動負債	0.9534	=	-35.9812	+	0.0126	5000	26.79
72		長期負債合計	0.9958	=	346.1024	+	0.1428	5000	1059.90
73		遞延稅款貸項	#DIV/0!	=	0.0000	+	0.0000	5000	0.00

圖 2-24　計算各項目與銷售收入的相關係數並擬合迴歸方程式

輸出

在工作表中的 B75 到 E79 中輸入文字及數字相關資料，並進行基本格式美化。然後在工作表的相關儲存格中輸入公式：

E76：=SUM(I41:I57)

E77：=SUM(I58:I73)

E78：=1000+5000*0.1*0.95

假設本期股東權益為 1000，銷售淨利率為 10%，股利支付率 5%。

E79：=E76-E77-E78

此時，工作表如圖 2-25 所示。

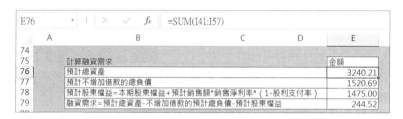

圖 2-25　計算融資需求

表格製作

輸入

在工作表中的 B82 到 L84 中輸入文字及數字相關資料，並進行基本格式美化。如圖 2-26 所示。

圖 2-26　在工作表中輸入資料

加工

在工作表儲存格中輸入公式：

B84：=INDIRECT(ADDRESS(CELL("row"),COLUMN(B4)))

C83：L83 區域：=C3:L3
選取 C83：L83 區域，輸入以上公式後，按 Ctrl+Shift+Enter 複合鍵。

C84：=INDIRECT(ADDRESS(CELL("row"),COLUMN(C4)))
選取 C84 儲存格，按住控點向右拖曳填滿至 L84 儲存格。

↳　ADDRESS 函數則是傳回作用中儲存格的位址，INDIRECT 函數可以將儲存格位址中的資料取來，兩個函數合用再
搭配按 F9 鍵更新，就能參照取用游標定位的作用中儲存格該列的資料。

輸出

將游標移到上方歷史資料中的某一列的任一儲存格，例如：移到「應付帳款」那一列按一下點選，再按下 F9 功能鍵，該列對應的報表項目及各期資料將引入到表格對應的儲存格（B84~L84）中。如圖 2-27 所示。

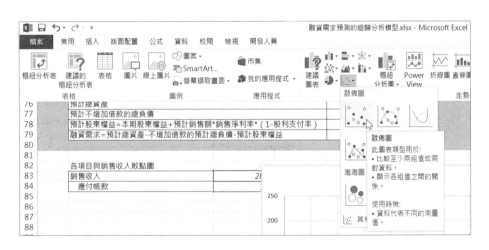

B23				應付帳款							
	A	B	C	D	E	F	G	H	I	J	K	L
19		無形資產及其他資產合計	9	10.8	11.2	12.8	13.6	14.4	15.5	16.3	17.9	19
20		遞延稅款借項	5	6	8	3	3	2	2	3	3	2
21		短期借款	60	62	66	68	50	0	40	48	50	30
22		應付票據	5	5	6	3	5	5	3	5	2	0
23		應付帳款	100	110	122	133	144	155	169	172	190	205
24		預收帳款	10	12.3	14.1	17.2	19.5	22.5	25.5	28.5	30	35
25		應付工資	2	2	2	2	2	2	2	2	2	2
26		應付福利費	12	12	12	12	12	12	12	12	12	12

	A	B	C	D	E	F	G	H	I	J	K	L
81												
82		各項目與銷售收入散點圖										
83		銷售收入	2850	3000	3150	3300	3450	3600	3750	3900	4050	4200
84		應付帳款	100	110	122	133	144	155	169	172	190	205
85												

圖 2-27　引入各資產負債表項目的歷史資料

圖表生成

1）　選取 B83：L84 區域，按一下「插入」標籤，在「圖表」中再按下「插入 XY 散佈圖或泡泡圖→散佈圖」項。如圖 2-28a 所示。

圖 2-28a　圖表生成過程

2）　刪掉不顯示圖表標題，然後按下圖表右上方＋鈕展開功能表，勾選「趨勢線」後再向右點選▶，選取「其他選項…」指令，如圖 2-28b 所示。

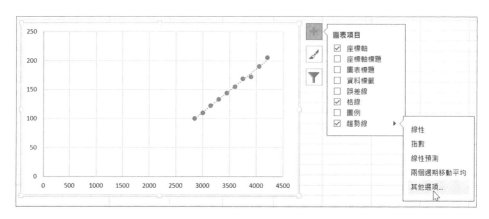

圖 2-28b　勾選趨勢線

3）　在畫面右方會打開趨勢線格式面板，勾選下方的「圖表上顯示公式」。然後再按下面板上方油漆桶「填滿與線條」按鈕，將趨勢線改為實心紅色的實線。如圖 2-29 所示。

圖 2-29　趨勢線選項

4）　對圖表加入座標軸標題，X 軸：銷售收入；Y 軸：資產負債表項目。

5）　完成的圖表，使用者可按自己的意願再修改圖表的格式，例如將垂直格線刪掉，對趨勢線公式標籤填入色彩等。迴歸分析模型的最終介面如圖 2-30 所示。

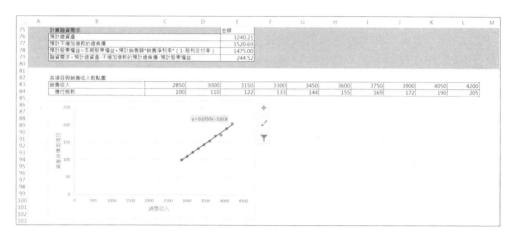

圖 2-30　迴歸分析模型

操作說明

■　使用者可輸入銷售收入、資產負債表各個項目。本模型支援輸入 17 個資產類項目和 16 個負債類項目。如果資產類項目沒有 17 個，或負債類項目沒有 16 個，則對應的列次留空，不要刪除。

■　使用者可輸入銷售收入、資產負債表各個項目各期間的數值。輸入各期間的數值時，應按從前到後的順序輸入。本模型支援輸入 10 期的資料。

■　點按上方歷史報表資料中的某一列的任一儲存格，按 F9 鍵，該列相對應的報表項目及各期資料，將參照到表格對應的儲存格中，圖表也將對應生成。改變游標作用儲存格所在的列，按 F9 鍵，表格的資料將隨之變化，圖表也隨之變化。

■　輸入各期間的資料時，模型的計算結果將隨之變化，表格將隨之變化，圖表將隨之變化。

平衡分析模型

應用場景

CEO：企業的發展需要資金，發展得越快，需要的資金量就越大。而資金的來源，總的來說無非就是兩種方式。一是自力更生，內部累積；一是引進外援，外部籌資。這兩種方式，各有何利弊？

CFO：有的企業沒有能力獲得借款，有的企業沒有意願借款。這樣的企業，就是或被動或主動的完全自力更生。企業的發展完全依靠內部資金成長，缺點是內部的財務資源有限，往往會限制企業發展，無法充分利用擴大企業財富的機會。

引進外援，企業的發展主要依靠外部資金成長，包括增加債務和股東投資，短期確實可以，缺點是這種方式不能持久。增加債務會使企業財務風險增加，籌資能力下降，最終會使借款能力完全喪失；增加股東投資，不僅會分散控制權，而且會稀釋每股收益，除非追加投資有更高的報酬率，否則不會增加股東財富。

CEO：企業的發展，不能完全靠內部累積，也不能完全靠外部籌資，兩者結合，互為補充就比較好。

CFO：是的。例如，當我們內部累積有40萬，就可以外部籌資60萬；當我們內部累積有400萬，就可以外部籌資600萬；當我們內部累積有4000萬，就可以外部籌資6000萬。按照股東權益的成長比例增加借款，以此支援銷售成長，可保持目前的財務結構，控制有關的財務風險，是一種平衡的成長，是一種不會消耗企業財務資源的成長，是一種可持續的成長。

CEO：我們做融資需求預測，是想預計隨著企業的發展壯大而產生的融資需求。但我們的融資需求，外部不一定總能滿足呀。如果外部滿足不了我們的融資需求怎麼辦？是不是我們就肯定會發生資金周轉問題？

CFO：這個問題我們要用兩種思考方式來想，這件事情我們要從兩個方面來看。

一方面，我們可根據銷售成長來預測融資需求；另一方面，我們要根據可滿足的融資需求來安排銷售成長。

一方面，財務要為業務成長盡可能提供保障；另一方面，業務成長要建立在財務可行的基礎上。

CEO：這麼說，就是根據可能籌措到的資金，來反算應控制的銷售成長？

CFO：是的。如果可能籌措到的資金是有限的，那麼就要對銷售成長作出控制，否則，就會發生資金周轉問題。

如果企業沒有可動用的金融資產，且不能或不打算從外部融資，則銷售成長的資金來源只能靠內部累積。此時的銷售成長率，就是完全靠自力更生的「內含成長率」。

CEO：既然我們可以按可能籌措到的資金來反算應控制的銷售成長，同樣的，也可以按可能籌措到的資金來反算應達到的銷售淨利率，或應控制的利潤分配率。

CFO：是的，這就是融資需求預測的平衡分析。

基本理論

融資需求計算公式

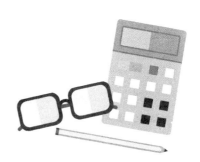

融資需求

　　＝資產增加－負債自然增加－保留盈餘增加

　　＝（資產銷售百分比*新增銷售額）－（負債銷售百分比 × 新增銷售額）－
　　〔銷售淨利率× 計畫銷售額 ×（1－利潤分配率）〕

銷售額平衡分析

計算其他因素已知時，對銷售額應採取的措施，以滿足目標融資額。

銷售額

　　＝基期銷售額＋基期銷售額 ×（融資額+銷售淨利率 × 基期銷售額 ×
　　（1－利潤分配率））÷（基期銷售額 × 資產銷售百分比－基期銷售額 ×
　　負債銷售百分比－銷售淨利率 × 基期銷售額 ×（1－利潤分配率））

銷售淨利率平衡分析

計算其他因素已知時，對銷售淨利率應採取的措施，以滿足目標融資額。

銷售淨利率

= (基期銷售額 × (銷售額－基期銷售額) ÷ 基期銷售額 × 資產銷售百分比

－基期銷售額 × (銷售額－基期銷售額) ÷ 基期銷售額 × 負債銷售百分比

－融資額) ÷ 基期銷售額 ÷ (1＋ (銷售額-基期銷售額) ÷ 基期銷售額)

÷ (1－利潤分配率)

利潤分配率平衡分析

計算其他因素已知時，對利潤分配率應採取的措施，以滿足目標融資額。

利潤分配率

= 1 － ((基期銷售額 × (銷售額－基期銷售額) ÷ 基期銷售額 ×

資產銷售百分比－基期銷售額 × (銷售額-基期銷售額) ÷ 基期銷售額 ×

負債銷售百分比－融資額) ÷ 銷售淨利率 ÷ 基期銷售額 ÷ (1＋

(銷售額－基期銷售額) ÷ 基期銷售額))

模型建立

🗁 ……\chapter02\02\融資需求預測的平衡分析模型.xlsx

輸入

新建活頁簿。活頁簿包含以下工作表：銷售額平衡分析、銷售淨利率平衡分析、利潤分配率平衡分析。

「銷售額平衡分析」工作表

1) 在工作表中輸入文字及資料，調整列高欄寬、進行框線字型、填色等格式化。

2) 新增捲軸。按一下「開發人員→插入→表單」按鈕，點選「捲軸」項。

3) 在各變數對應的儲存格後拖曳製作橫式捲軸，然後對捲軸控制項的屬性設定，輸入儲存格連結、目前值、最小值、最大值等，如圖 2-31 所示。

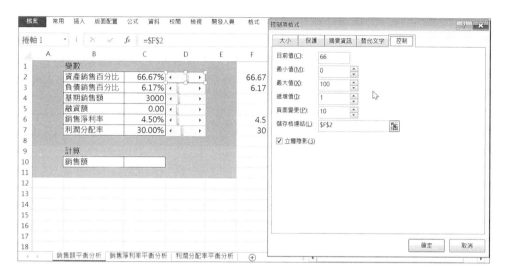

圖 2-31　在「銷售額平衡分析」工作表中輸入資料

4）　輸入儲存格公式。

　　C2：=F2/100

　　C3：=F3/100

　　C6：=F6/100

　　C7：=F7/100

「銷售淨利率平衡分析」工作表

1）　在工作表中輸入文字及資料，調整列高欄寬、進行框線字型、填色等格式化。

2）　新增捲軸。按一下「開發人員→插入→表單」按鈕，點選「捲軸」項。

3）　在各變數對應的儲存格後拖曳製作橫式捲軸，然後對捲軸控制項的屬性設定，輸入儲存格連結、目前值、最小值、最大值等，如圖 2-32 所示。

4）　輸入儲存格公式。

　　C2：=F2/100

　　C3：=F3/100

　　C7：=F7/100

圖 2-32　在「銷售淨利率平衡分析」工作表中輸入資料

「利潤分配率平衡分析」工作表

1） 在工作表中輸入文字及資料，調整列高欄寬、進行框線字型、填色等格式化。

2） 新增捲軸。按一下「開發人員→插入→表單」按鈕，點選「捲軸」項。

3） 在各變數對應的儲存格後拖曳製作橫式捲軸，然後對捲軸控制項的屬性設定，輸入儲存格連結、目前值、最小值、最大值等，如圖 2-33 所示。

4） 輸入儲存格公式。

C2：=F2/100

C3：=F3/100

C7：=F7/100

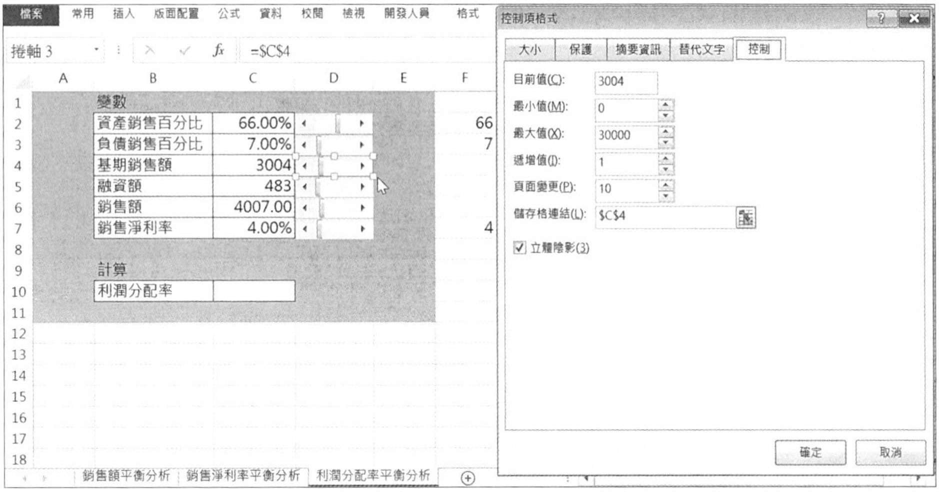

圖 2-33　在「利潤分配率平衡分析」工作表中輸入資料

加工

在工作表儲存格中輸入公式：

「銷售額平衡分析」工作表

將 A13:E14 的儲存格範圍合併成一格

C10：=C4+C4*(C5+C6*C4*(1-C7))/(C4*C2-C4*C3-C6*C4*(1-C7))

A13：="融資額為"&(ROUND(C5,2))&"時，銷售額應控制在"&(ROUND(C10,2))&"以內"

「銷售淨利率平衡分析」工作表

將 A13:E14 的儲存格範圍合併成一格

C10：=(C4*(C6-C4)/C4*C2-C4*(C6-C4)/C4*C3-C5)/C4/(1+(C6-C4)/C4)/(1-C7)

A13：="融資額為"&(ROUND(C5,2))&"，要使銷售額達到"&(ROUND(C6,2))&"，銷售淨利率應達到"&(ROUND(C10*100,2))&"%以上"

「利潤分配率平衡分析」工作表

將 A13:E14 的儲存格範圍合併成一格

C10：=1-((C4*(C6-C4)/C4*C2-C4*(C6-C4)/C4*C3-C5)/C7/C4/(1+(C6-C4)/C4))

A13：="融資額為"&(ROUND(C5,2))&"，要使銷售額達到"&(ROUND(C6,2))&"，利潤分配率應控制在"&(ROUND(C10*100,2))&"%以下"

輸出

「**銷售額平衡分析**」工作表，如圖 2-34 所示。

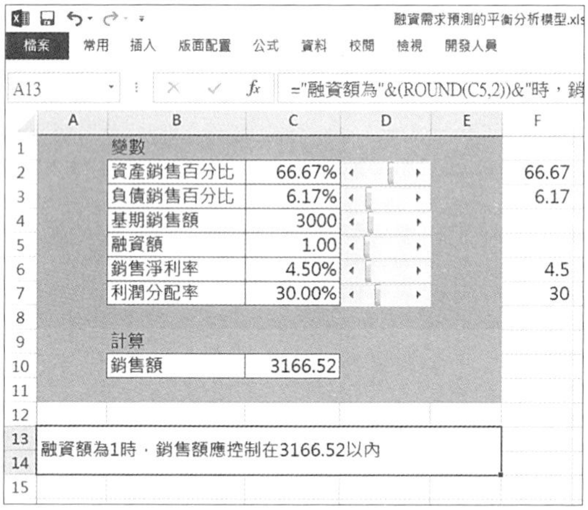

圖 2-34　銷售額平衡分析

「**銷售淨利率平衡分析**」工作表，如圖 2-35 所示。

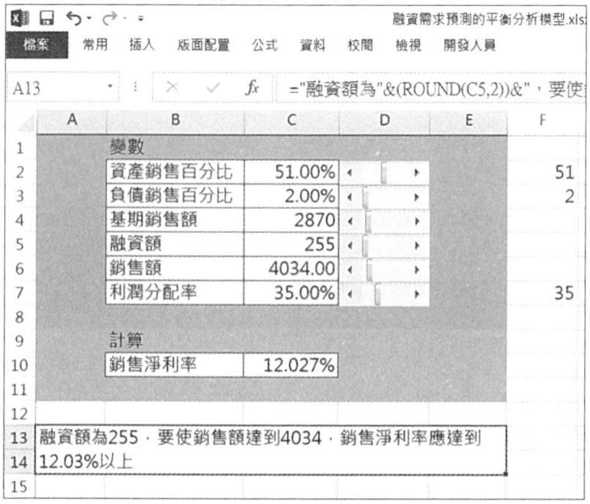

圖 2-35　銷售淨利率平衡分析

「**利潤分配率平衡分析**」工作表，如圖 2-36 所示。

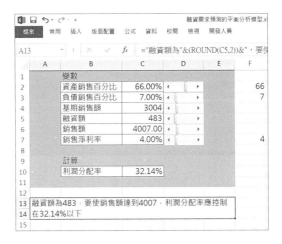

圖 2-36 利潤分配率平衡分析

表格製作

輸入

在「**銷售額平衡分析**」工作表中輸入資料，如圖 2-37 所示。

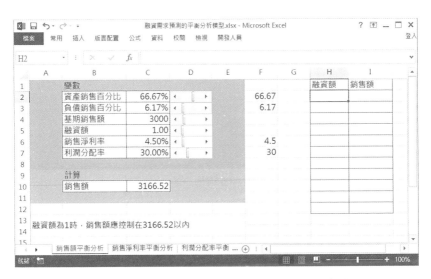

圖 2-37 在「銷售額平衡分析」工作表中輸入資料

在「**銷售淨利率平衡分析**」工作表中輸入資料，如圖 2-38 所示。

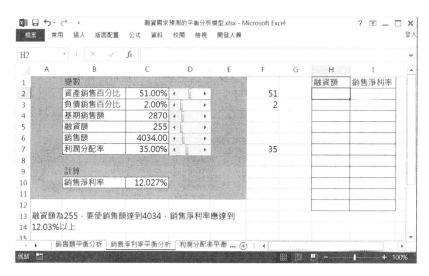

圖 2-38　在「銷售淨利率平衡分析」工作表中輸入資料

在「**利潤分配率平衡分析**」工作表中輸入資料，如圖 2-39 所示。

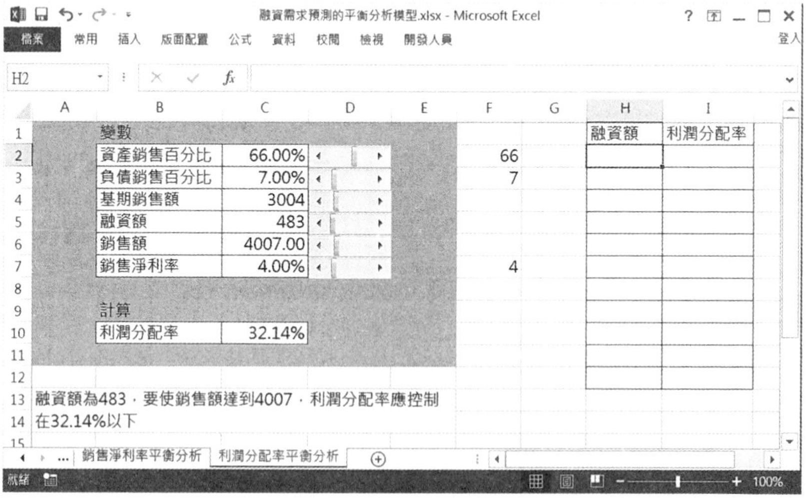

圖 2-39　在「利潤分配率平衡分析」工作表中輸入資料

加工

在工作表儲存格中輸入公式：

「銷售額平衡分析」工作表

H2：=0.5*$C$5

H3：=0.6*$C$5

……

H11：=1.4*$C$5

H12：=1.5*$C$5

I2：=$C$4+$C$4*(H2+$C$6*$C$4*(1-$C$7))/($C$4*$C$2-$C$4*$C$3-$C$6*$C$4*(1-$C$7))

選取 I2 儲存格，按住控點向下拖曳填滿至 I12 儲存格。

「銷售淨利率平衡分析」工作表

H2：=0.5*$C$5

H3：=0.6*$C$5

……

H11：=1.4*$C$5

H12：=1.5*$C$5

I2：=($C$4*($C$6-$C$4)/$C$4*$C$2-$C$4*($C$6-$C$4)/$C$4*$C$3-H2)/$C$4/(1+($C$6-$C$4)/$C$4)/(1-$C$7)

選取 I2 儲存格，按住控點向下拖曳填滿至 I12 儲存格。

「利潤分配率平衡分析」工作表

H2：=0.5*$C$5

H3：=0.6*$C$5

……

H11：=1.4*$C$5

H12：=1.5*$C$5

I2：=1-(($C$4*($C$6-$C$4)/$C$4*$C$2-$C$4*($C$6-$C$4)/$C$4*$C$3-H2)/$C$7/$C$4/(1+($C$6-$C$4)/$C$4))

選取 I2 儲存格，按住控點向下拖曳填滿至 I12 儲存格。

輸出

「銷售額平衡分析」工作表，如圖 2-40 所示。

圖 2-40　銷售額平衡分析

「**銷售淨利率平衡分析」工作表**，如圖 2-41 所示。

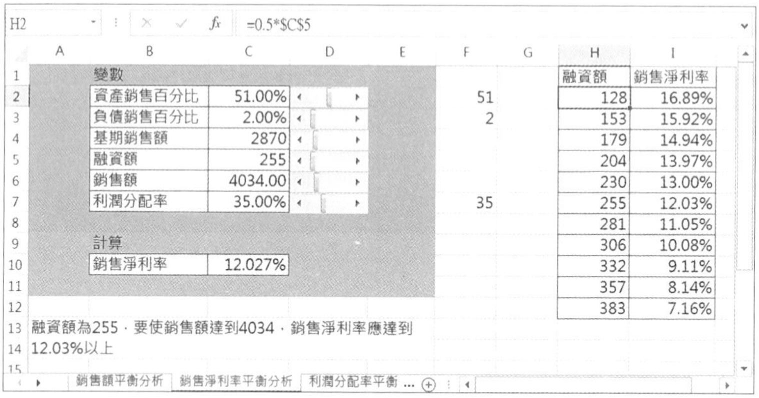
H2 =0.5*$C$5

變數				
資產銷售百分比	51.00%	51	融資額	銷售淨利率
負債銷售百分比	2.00%	2	128	16.89%
基期銷售額	2870		153	15.92%
融資額	255		179	14.94%
銷售額	4034.00		204	13.97%
利潤分配率	35.00%	35	230	13.00%
			255	12.03%
計算			281	11.05%
銷售淨利率	12.027%		306	10.08%
			332	9.11%
			357	8.14%
			383	7.16%

融資額為255，要使銷售額達到4034，銷售淨利率應達到12.03%以上

銷售額平衡分析 | 銷售淨利率平衡分析 | 利潤分配率平衡 ...

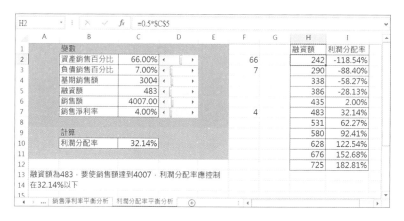

圖 2-41　銷售淨利率平衡分析

「**利潤分配率平衡分析」工作表**，如圖 2-42 所示。

H2 =0.5*$C$5

變數			融資額	利潤分配率
資產銷售百分比	66.00%	66	242	-118.54%
負債銷售百分比	7.00%	7	290	-88.40%
基期銷售額	3004		338	-58.27%
融資額	483		386	-28.13%
銷售額	4007.00		435	2.00%
銷售淨利率	4.00%	4	483	32.14%
			531	62.27%
計算			580	92.41%
利潤分配率	32.14%		628	122.54%
			676	152.68%
			725	182.81%

融資額為483，要使銷售額達到4007，利潤分配率應控制在32.14%以下

... 銷售淨利率平衡分析 | 利潤分配率平衡分析

圖 2-42　利潤分配率平衡分析

圖表生成

「銷售額平衡分析」工作表

1） 選取 H2：I12 區域，按一下「插入」標籤，在「圖表」中再按下「XY 散佈圖→帶有平滑線的 XY 散佈圖」。

2) 有了基本的散佈圖後，調動其大小和位置，然後以滑鼠指到圖表區按下右鍵，選取「選取資料…」指令，如圖 2-43 所示。

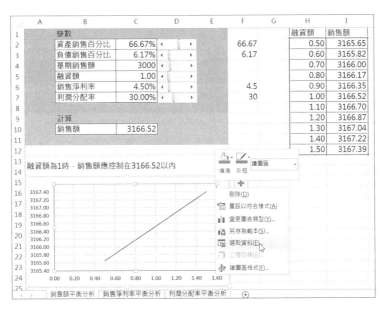

圖 2-43　選取「選取資料…」指令

3) 在選取資料來源對話方塊中已有「數列 1」。此時按一下「新增」按鈕，新增如下數列。如圖 2-44a 所示。

數列名稱：數列 2
X 值：=(銷售額平衡分析!$C$5,銷售額平衡分析!$C$5)
Y 值：=(銷售額平衡分析!$I$2,銷售額平衡分析!$I$12)

數列名稱：數列 3
X 值：=銷售額平衡分析!$C$5
Y 值：=銷售額平衡分析!$C$10

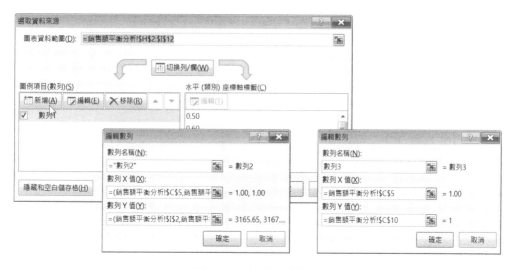

圖 2-44a　新增 2 條數列

4)　對圖表中數列 3 的「點」按下滑鼠右鍵，選取「資料數列格式」指令，然後在展開的「資料數列格式」面板中點按「標記」，並在「標記選項」中點按「自動」，在「填滿」中選「實心填滿」，並選一種不同於其他數列標示的「色彩」，如圖 2-44b 所示。

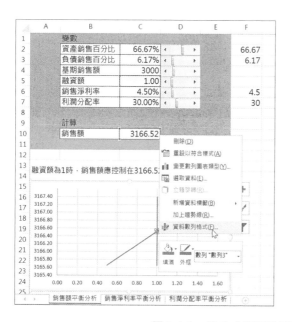
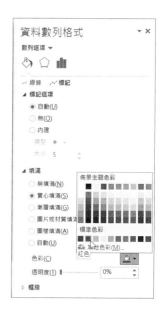

圖 2-44b　設定「資料數列格式」

5）　對圖表加入座標軸標題，X 軸：融資額；Y 軸：銷售額。

6）　完成的圖表，使用者可按自己的意願修改圖表的格式，例如數列 3 的平衡「點」若不清楚可填滿更深的色彩。融資需求預測的銷售額平衡分析模型的最終畫面如圖 2-45 所示。

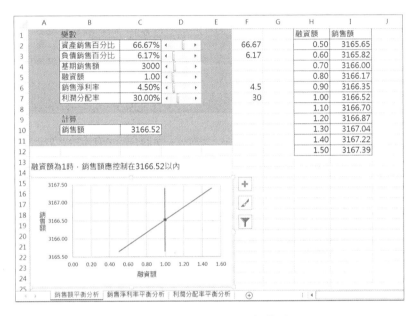

圖 2-45　銷售額平衡分析模型

「銷售淨利率平衡分析」工作表

本工作表圖表製作過程與「銷售額平衡分析」工作表相同。銷售淨利率平衡分析模型的最終介面如圖 2-46 所示。

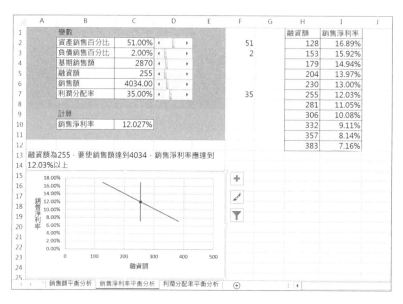

圖 2-46　銷售淨利率平衡分析模型

「利潤分配率平衡分析」工作表

本工作表的圖表製作過程也與「銷售額平衡分析」工作表相同。利潤分配率平衡分析模型的最終介面如圖 2-47 所示。

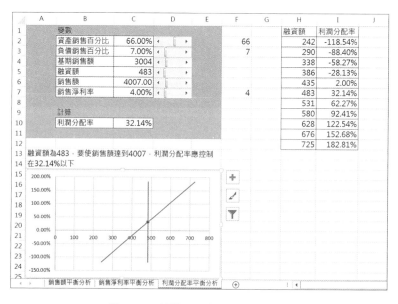

圖 2-47　利潤分配率平衡分析模型

操作說明

- 在「銷售額平衡分析」工作表中拖動「資產銷售百分比」、「負債銷售百分比」、「基期銷售額」、「融資額」、「銷售淨利率」、「利潤分配率」等變數的捲軸，模型的計算結果將隨之變化，表格將隨之變化，圖表將隨之變化，文字描述將隨之變化。

- 在「銷售淨利率平衡分析」工作表中拖動「資產銷售百分比」、「負債銷售百分比」、「基期銷售額」、「融資額」、「銷售額」、「利潤分配率」等變數的捲軸，模型的計算結果將隨之變化，表格將隨之變化，圖表將隨之變化，文字描述將隨之變化。

- 在「利潤分配率平衡分析」工作表中拖動「資產銷售百分比」、「負債銷售百分比」、「基期銷售額」、「融資額」、「銷售額」、「銷售淨利率」等變數的捲軸，模型的計算結果將隨之變化，表格將隨之變化，圖表將隨之變化，文字描述將隨之變化。

敏感分析模型

應用場景

CEO：銷售成長率、銷售淨利率和利潤分配率都會影響融資借款的需求。影響融資需求的這三個因素，我們如何判斷哪個因素重要，哪個因素不重要呢？

CFO：這就要用到敏感分析。敏感分析，就是分析在決策模型中，因某個因素發生變化，而引起決策目標發生變化的敏感程度。敏感分析是一種有廣泛用途的分析方法，其應用領域不僅限於融資需求預測分析。

CEO：是的，市場或生產領域都會用到。例如，原材料價格、產品價格、供求關係波動帶來了市場變化，原材料消耗、工時消耗水準波動帶來了技術變化。這些變化引起決策模型中的因素發生變化，從而引起決策目標發生變化。

我們做市場或生產決策時，希望事先知道哪一個因素影響小，哪一個因素影響大，影響程度如何。掌握這些資料，使我們在情況發生變化時能及時採取對策，調整企業計畫，控制經營狀態，具有重要的實用意義。

CFO：不管是市場領域、生產領域，還是財務領域，敏感分析的原理是一樣的。

在融資需求預測模型中，各因素變化都會引起融資需求的變化，但影響程度各不相同。有的因素發生微小變化，就會使融資需求發生很大的變化，融資需求對這類因素的變化反應十分敏感，稱這類因素為敏感因素。

與此相反，有些因素發生很大變化，只是使融資需求發生很小的變化，融資需求對這類因素的變化反應十分遲鈍，稱這類因素為不敏感因素。

CEO：是否為敏感因素，敏感程度如何，只能用定性的方式衡量嗎？

CFO：我們透過計算敏感係數識別敏感因素和不敏感因素，對敏感程度進行定量衡量。敏感係數，就是各因素變動百分比與融資需求變動百分比之間的比率。

CEO：敏感係數，可以讓我們知道某因素變動百分之幾，融資需求將變動百分之幾。能不能直接告訴我們，某因素變動百分之幾，融資需求將變成多少？即，直接顯示變化後融資需求的數值，這樣的展現方式，更直觀簡潔。

CFO：可以透過編制敏感分析表，列示各因素變動百分率及相應的融資需求。

CEO：列示各因素變動百分率，只能是列舉而不可能窮盡。如何連續表示各因素與決策目標之間的關係呢？

CFO：可以透過編制敏感分析圖，直觀顯示各因素的敏感係數，以及連續表示各因素與決策目標之間的關係。

基本理論

敏感係數

是反映敏感程度的指標。

敏感係數＝目標值變動百分比 ÷ 參量值變動百分比

銷售成長率敏感分析

銷售成長率敏感係數
  ＝融資額變動百分比 ÷ 銷售成長率變動百分比

融資額變動百分比
  ＝（變動後融資額－變動前融資額）÷ 變動前融資額

變動後融資額

　　＝〔資產銷售百分比 × 基期銷售額 × 銷售成長率 ×（1+銷售成長率變動率）〕－

　　〔負債銷售百分比 × 基期銷售額 × 銷售成長率 ×（1＋銷售成長率變動率）〕

　　－｛銷售淨利率 × 基期銷售額 ×〔1＋銷售成長率 ×（1＋

　　銷售成長率變動率）〕×（1－利潤分配率）｝

變動前融資額

　　＝（資產銷售百分比 × 基期銷售額 × 銷售成長率）－（負債銷售百分比 ×

　　基期銷售額 × 銷售成長率）－〔銷售淨利率 × 基期銷售額 ×（1＋

　　銷售成長率）×（1－利潤分配率）〕

銷售淨利率敏感分析

銷售淨利率敏感係數

　　＝融資額變動百分比 ÷ 銷售淨利率變動百分比

融資額變動百分比

　　＝（變動後融資額－變動前融資額）÷ 變動前融資額

變動後融資額

　　＝（資產銷售百分比 × 基期銷售額 × 銷售成長率）－（負債銷售百分比 ×

　　基期銷售額 × 銷售成長率）－〔銷售淨利率 ×（1＋銷售淨利率變動率）×

　　基期銷售額 ×（1＋銷售成長率）×（1－利潤分配率）〕

變動前融資額

　　＝（資產銷售百分比 × 基期銷售額 × 銷售成長率）－（負債銷售百分比 ×

　　基期銷售額 × 銷售成長率）－〔銷售淨利率 × 基期銷售額 ×（1＋

　　銷售成長率）×（1－利潤分配率）〕

利潤分配率敏感分析

利潤分配率敏感係數

　　＝融資額變動百分比 ÷ 利潤分配率變動百分比

融資額變動百分比

　　＝（變動後融資額－變動前融資額）÷ 變動前融資額

變動後融資額

　　＝（資產銷售百分比 × 基期銷售額×銷售成長率）－（負債銷售百分比 ×
　　　基期銷售額 × 銷售成長率）－｛銷售淨利率 × 基期銷售額 ×（1＋
　　　銷售成長率）×〔1－利潤分配率 ×（1＋利潤分配率變動率）〕｝

變動前融資額

　　＝（資產銷售百分比 × 基期銷售額×銷售成長率）－（負債銷售百分比 ×
　　　基期銷售額 × 銷售成長率）－〔銷售淨利率×基期銷售額 ×（1＋
　　　銷售成長率）×（1－利潤分配率）〕

模型建立

📁……\chapter02\02\融資需求預測的敏感分析模型.xlsx

輸入

新建活頁簿。在活頁簿中新增包括以下工作表：基本資訊、銷售成長率敏感分析、
銷售淨利率敏感分析、利潤分配率敏感分析。

「基本資訊」工作表

1） 在工作表中輸入文字資料，並進行框線、字型、填滿色彩等格式美化。

2） 新增捲軸。按一下「開發人員→插入」按鈕，選取「表單控制項→捲軸」鈕，
　　然後對捲軸的屬性進行儲存格連結、目前值、最小值、最大值等的設定。

3） 輸入儲存格公式，最後如圖 2-48 所示

　　D2：=G2/100
　　D3：=G3/100
　　D5：=G5/100
　　D6：=G6/100
　　D7：=G7/100

圖 2-48 在「基本資訊」工作表中輸入資料

「銷售成長率敏感分析」、「銷售淨利率敏感分析」、「利潤分配率敏感分析」工作表

1) 在以上三張工作表中分別輸入文字資料。

2) 將 A7:H8 的儲存格合併，然後再調整列高欄寬、選取填滿色彩、設定框線、字型大小等格式美化，如圖 2-49 所示。

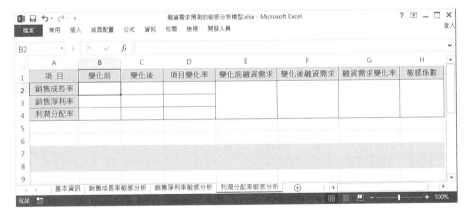

圖 2-49 在工作表中輸入及美化文字資料

加工

在工作表儲存格中輸入公式：

「銷售成長率敏感分析」工作表

B2：B4 區域：=基本資訊!D5:D7

選取 B2：B4 區域，輸入上述公式後，按 Ctrl+Shift+Enter 複合鍵。

D3：D4 區域：=0

C2：=B2*(1+D2)

C3：C4 區域：=B3:B4

選取 C3：C4 區域，輸入上述公式後，按 Ctrl+Shift+Enter 複合鍵。

E2：=基本資訊!D4*B2*基本資訊!D2-基本資訊!D4*B2*基本資訊!D3-B3*基本資訊!D4*(1+B2)*(1-B4)

F2：=基本資訊!D4*C2*基本資訊!D2-基本資訊!D4*C2*基本資訊!D3-B3*基本資訊!D4*(1+C2)*(1-B4)

G2：=(F2-E2)/E2

H2：=G2/D2

A7：=IF(OR(D2=0,E2=0),"項目變化率或變化前融資需求不可為零，否則「除零」錯誤","銷售成長率的敏感係數為"&ROUND(H2,3)&"。即銷售成長率每變化 1%，融資需求將變化"&ROUND(H2,3)&"%")

插入微調控制項按鈕（按一下「開發人員→插入」鈕，選取「表單控制項→微調按鈕」項），將微調按鈕的屬性設定的儲存格連結到 I2。

D2：=I2/100

「銷售淨利率敏感分析」工作表

B2：B4 區域：=基本資訊!D5：D7

選取 B2：B4 區域，輸入公式後，按 Ctrl+Shift+Enter 複合鍵。

D2：=0

D4：=0

C2：=B2

C3：=B3*(1+D3)

C4：=B4

E2：=基本資訊!D4*B2*基本資訊!D2-基本資訊!D4*B2*基本資訊!D3-B3*基本資訊!D4*(1+B2)*(1-B4)

F2：=基本資訊!D4*B2*基本資訊!D2-基本資訊!D4*B2*基本資訊!D3-C3*基本資訊!D4*(1+B2)*(1-B4)

G2：=(F2-E2)/E2

H2：=G2/D3

A7：=IF(OR(D3=0,E2=0),"項目變化率或變化前融資需求不可為零，否則「除零」錯誤","銷售淨利率的敏感係數為"&ROUND(H2,3)&"。即銷售淨利率每變化 1%，融資需求將變化"&ROUND(H2,3)&"%")

插入微調控制項按鈕（按一下「開發人員→插入」鈕，選取「表單控制項→微調按鈕」項），將微調按鈕的屬性設定的儲存格連結到 I3。

D3：=I3/100

「利潤分配率敏感分析」工作表

B2：B4 區域：=基本資訊!D5：D7
選取 B2：B4 區域，輸入公式後，按 Ctrl+Shift+Enter 複合鍵。

D2：D3 區域：=0

C2：C3 區域：=B2:B3
選取 C2：C3 區域，輸入公式後，按 Ctrl+Shift+Enter 複合鍵。

C4：=B4*(1+D4)

E2：=基本資訊!D4*B2*基本資訊!D2-基本資訊!D4*B2*基本資訊!D3-B3*基本資訊!D4*(1+B2)*(1-B4)

F2：=基本資訊!D4*B2*基本資訊!D2-基本資訊!D4*B2*基本資訊!D3-B3*基本資訊!D4*(1+B2)*(1-C4)

G2：=(F2-E2)/E2

H2：=G2/D4

A7：=IF(OR(D4=0,E2=0),"項目變化率或變化前融資需求不可為零，否則「除零」錯誤","利潤分配率的敏感係數為"&ROUND(H2,3)&"。即利潤分配率每變化 1%，融資需求將變化"&ROUND(H2,3)&"%")

插入微調控制項按鈕（按一下「開發人員→插入」鈕，選取「表單控制項→微調按鈕」項），將微調按鈕的屬性設定的儲存格連結到 I4。

D4：=I4/100

輸出

「銷售成長率敏感分析」工作表，如圖 2-50 所示。

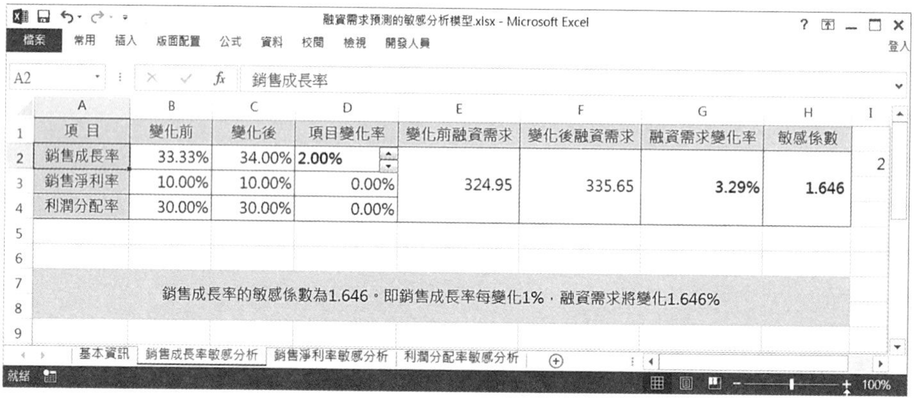

項 目	變化前	變化後	項目變化率	變化前融資需求	變化後融資需求	融資需求變化率	敏感係數	
銷售成長率	33.33%	34.00%	2.00%	324.95	335.65	3.29%	1.646	2
銷售淨利率	10.00%	10.00%	0.00%					
利潤分配率	30.00%	30.00%	0.00%					

銷售成長率的敏感係數為1.646。即銷售成長率每變化1%，融資需求將變化1.646%

圖 2-50　銷售成長率敏感分析

「銷售淨利率敏感分析」工作表，如圖 2-51 所示。

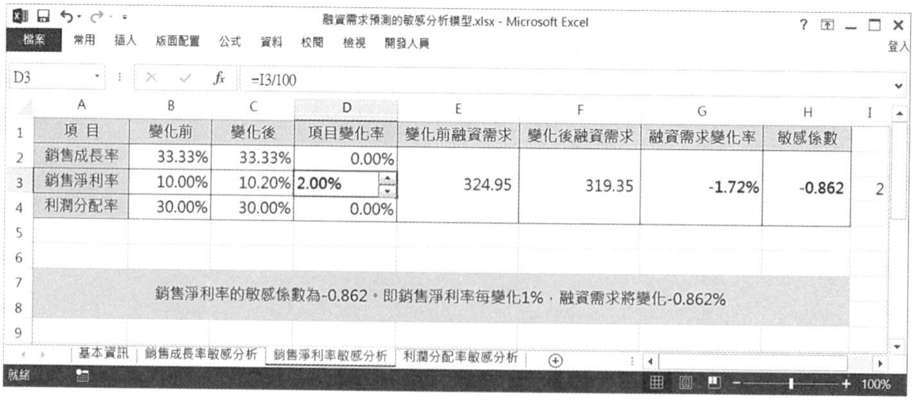

項 目	變化前	變化後	項目變化率	變化前融資需求	變化後融資需求	融資需求變化率	敏感係數	
銷售成長率	33.33%	33.33%	0.00%					
銷售淨利率	10.00%	10.20%	2.00%	324.95	319.35	-1.72%	-0.862	2
利潤分配率	30.00%	30.00%	0.00%					

銷售淨利率的敏感係數為-0.862。即銷售淨利率每變化1%，融資需求將變化-0.862%

圖 2-51　銷售淨利率敏感分析

「利潤分配率敏感分析」工作表，如圖 2-52 所示。

圖 2-52　利潤分配率敏感分析

表格製作

輸入

「敏感分析表」工作表

1) 先新增一張工作表，並取名為「敏感分析表」，在工作表中輸入資料。

2) 進行格式化。如合併儲存格、調整列高欄寬、選取填滿色彩、設定字型、大小等，如圖 2-53 所示。

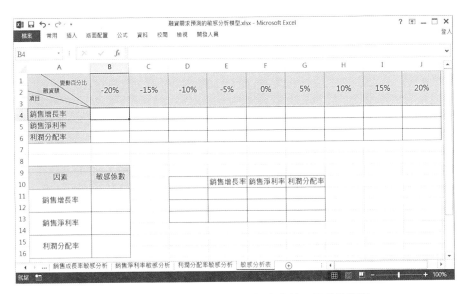

圖 2-53　在「敏感分析表」工作表中輸入及美化資料

加工

在工作表儲存格中輸入公式：

「敏感分析表」工作表

B4：=基本資訊!$D$4*基本資訊!$D$5*(1+B1)*基本資訊!$D$2-基本資訊!$D$4*基本資訊!$D$5*(1+B1)*基本資訊!$D$3-基本資訊!$D$6*基本資訊!$D$4*(1+基本資訊!$D$5*(1+B1))*(1-基本資訊!$D$7)

B5：=基本資訊!$D$4*基本資訊!$D$5*基本資訊!$D$2-基本資訊!$D$4*基本資訊!$D$5*基本資訊!$D$3-基本資訊!$D$6*(1+B1)*基本資訊!$D$4*(1+基本資訊!$D$5)*(1-基本資訊!$D$7)

B6：=基本資訊!$D$4*基本資訊!$D$5*基本資訊!$D$2-基本資訊!$D$4*基本資訊!$D$5*基本資訊!$D$3-基本資訊!$D$6*基本資訊!$D$4*(1+基本資訊!$D$5)*(1-基本資訊!$D$7*(1+B1))

選取 B4：B6 區域，按住控點向右拖曳填滿至 J4：J6 區域。

D11：= -1

D12：=0

D13：=1

E11：= -(H4-F4)/F4/0.1

E12：=0

E13：=(H4-F4)/F4/0.1

F11：= -(H5-F5)/F5/0.1

F12：=0

F13：=(H5-F5)/F5/0.1

G11：= -(H6-F6)/F6/0.1

G12：=0

G13：=(H6-F6)/F6/0.1

B11：=E13

B13：=F13

B15：=G13

輸出

「敏感分析表」工作表，如圖 2-54 所示。

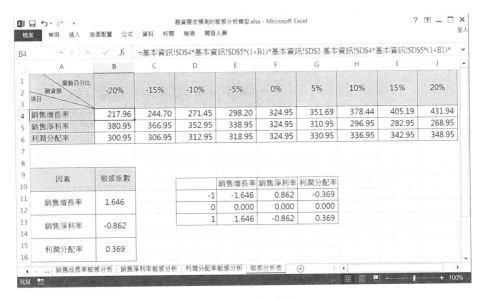

圖 2-54　敏感分析表

圖表生成

1)　選取「敏感分析表」工作表 D10：G13 區域，按一下「插入」標籤，在「圖表
　　→插入 XY 散佈圖或泡泡圖」功能表，選取「其他散佈圖…」指令。

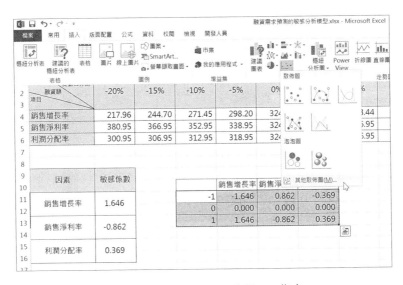

圖 2-55a　選取「其他散佈圖…」指令

2） 選取第三個「帶有滑線的 XY 散佈圖」鈕，並選按第一排右側的圖，然後按下「確定」鈕，如圖 2-55b 所示。

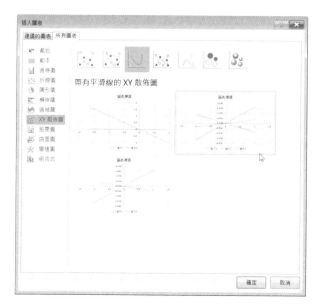

圖 2-55b　選取「其他散佈圖…」指令

3） 按下圖表右上方的「+」鈕，不勾選「圖表標題」和「圖例」，勾選「座標軸標題」項，之後以滑鼠選取圖表區的座標軸標題文字框，向下和向左側調動其位置到適合的地方，然後輸入新文字：「參數變動百分比」和「融資需求變動百分比」如圖 2-56a 所示。

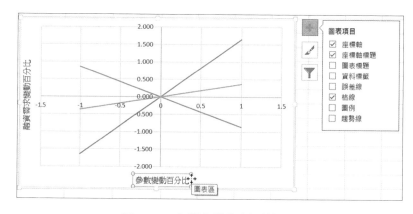

圖 2-56a　勾選和調動座標軸標題

4）　選取垂直軸，對它按下滑鼠右鍵並選取「座標軸格式…」指令，在展開的座標
　　　軸格式面板中，點選展開「數值」項，然後將「類別」設為「百分比」,「小數
　　　位數」為「0」。再以相同方法將水平軸也改成百分比和 0。

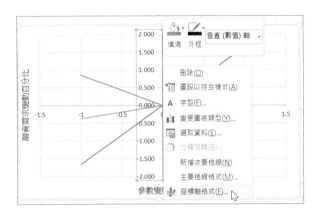

圖 2-56b　座標軸格式設定

5）　使用者可按自己的意願修改圖表，例如：利用「圖表工具→格式」標籤的「插
　　　入圖案→文字方塊」鈕，在圖表中對三條數列加入說明文字，如圖 2-57 所示。
　　　如此即完成敏感分析圖。

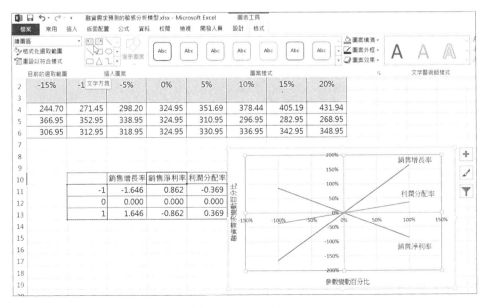

圖 2-57　敏感分析圖

操作說明

■ 在「銷售成長率敏感分析」工作表中調動「項目變化率」的微調鈕，變化後銷售成長率將隨之變化，變化後融資需求將隨之變化，融資需求變化率將隨之變化，但敏感係數不變，文字描述不變。

■ 在「銷售淨利率敏感分析」工作表中調動「項目變化率」的微調鈕，變化後銷售淨利率將隨之變化，變化後融資需求將隨之變化，融資需求變化率將隨之變化，但敏感係數不變，文字描述不變。

■ 在「利潤分配率敏感分析」工作表中調動「項目變化率」的微調鈕，變化後利潤分配率將隨之變化，變化後融資需求將隨之變化，融資需求變化率將隨之變化，但敏感係數不變，文字描述不變。

■ 在「基本資訊」工作表中拖動「資產銷售百分比」、「負債銷售百分比」、「基期銷售額」、「本期銷售成長率」、「銷售淨利率」、「利潤分配率」等各變數的捲軸，「銷售成長率敏感分析」、「銷售淨利率敏感分析」、「利潤分配率敏感分析」等工作表的計算結果將隨之變化，敏感係數將隨之變化，文字描述將隨之變化。

■ 在圖 2-48「基本資訊」工作表中拖動「資產銷售百分比」、「負債銷售百分比」、「基期銷售額」、「本期銷售成長率」、「銷售淨利率」、「利潤分配率」等各變數的捲軸，「敏感分析表」工作表的表格將隨之變化，「敏感分析圖」工作表的圖表將隨之變化。

2.3　可持續成長分析模型

CEO：「可持續成長」現在是個熱門詞彙，感覺是一個宏觀概念。可持續成長分析，適用於國家、社會、行業等宏觀層面。在企業微觀層面，這個概念也適用嗎？

CFO：適用。大至國家、地區，小至企業、個人，都是適用的。魯迅曾說過，震駭一時的犧牲，不如深沉韌性的戰鬥。前者雖然壯烈，但是不可持續；後者雖然平淡，但是可持續。長期來看，唯有可持續，革命才能成功。再如減肥，突然某一天心血來潮，走個 3 萬公尺，顯然不可持續；每天堅持走 3 千公尺，顯然可持續。長期來看，唯有可持續，減肥才能成功。

CEO：對企業來說，可持續成長率是什麼意思？

CFO：可持續成長率，是指企業不發行新股，不改變經營策略，不改變財務策略時，企業銷售所能達到的最大成長率。

CEO：什麼是經營策略？什麼是財務策略？

CFO：經營策略，是指銷售淨利率和資產周轉率；財務策略，是指權益乘數和收益留存率。從可持續成長率的概念可以看出，可持續成長分析有 5 個假設條件：

　　1）企業銷售淨利率將維持目前水準，並且可以涵蓋增加負債的利息。

　　2）企業資產周轉率將維持目前水準。

　　3）企業目前的資本結構是目標結構，並且打算繼續維持下去。

　　4）企業目前的保留盈餘率是目標留存率，並且打算繼續維持下去。

　　5）不願意或者不打算發售新股。

CEO：可持續成長率，能反映什麼問題呢？

CFO：經營策略和財務策略沒有任何改變時的成長率，就是可持續成長；反過來說，當企業的實際成長率與可持續成長率相同時，經營策略或財務策略就沒有任何改變。

CEO：換句話說，當企業的實際成長率與可持續成長率不相同時，說明企業的經營策略或財務策略至少有一項發生了改變。

CFO：也就是說，當企業的實際成長率與可持續成長率不相同時，必須引起重視了。這是一件非常重大的事情，因為這關係到策略穩定，包括經營策略和財務策略。

CEO：可持續成長率直接與策略掛勾。照這麼看，可持續成長率，應該是且僅是銷售淨利率、資產周轉率、權益乘數和收益留存率這 4 個比率的函數。

CFO：正是這樣的。

CEO：不要在我們可持續成長分析的思維鏈條上留下邏輯缺口，導致在順藤摸瓜時，瓜沒摸到，反而摸到一個大疙瘩。我們把可持續成長率的推導過程寫下來。

CFO：可持續成長率有兩種計算方法。一種是根據期初股東權益計算。

可持續成長率

　　＝股東權益成長率

　　＝股東權益本期增加　÷　期初股東權益

　　＝本期淨利　×　本期收益留存率　÷　期初股東權益

　　＝期初權益資本淨利率　×　本期收益留存率

　　＝〔本期淨利　÷　本期銷售〕×〔本期銷售/期末總資產〕×〔期末總資產

　　　　÷　期初股東權益〕×　本期收益留存率

　　＝銷售淨利率　×　總資產周轉率　×　收益留存率　×　期初權益期末總資產乘數

CEO：這個計算公式應該比較少用。不是因為「期初權益期末總資產乘數」這個比率名稱不好聽，而是因為這個比率同時包含了期初和期末兩個時點。我們做報表分析，如果報表僅提供期末數，這個公式就不能直接用了。

CFO：是這樣的。所以有第二種計算方法，它是根據期末股東權益計算，時點就統一了。其推導過程如下：

資產增加＝股東權益增加＋負債增加 ....（1）

資產周轉率不變，則有：
資產增加　÷　銷售增加＝本期資產總額　÷　本期銷售額
資產增加＝（銷售增加/本期銷售額）×　本期資產總額 ....（2）

銷售淨利率不變，則有：
股東權益增加　÷　收益留存率　÷（基期銷售額+銷售增加額）＝　淨利潤　÷　銷售額
股東權益增加＝收益留存率　×（淨利潤/銷售額）×（基期銷售額＋銷售增加額）
....（3）

權益乘數不變，則有：
負債的增加額　÷　股東權益增加＝負債/股東權益
負債的增加額＝股東權益增加　×　負債/股東權益
＝收益留存率　×（淨利率/銷售額）×（基期銷售額+銷售增加額）×（負債÷
股東權益）..（4）

將公式（2）、公式（3）、公式（4）代入公式（1）：

（銷售增加 ÷ 本期銷售額）× 本期資產總額＝收益留存率 ×（淨利率/銷售額）×（基期銷售額+銷售增加額）+收益留存率 ×（淨利率/銷售額）×（基期銷售額+銷售增加額）×（負債/股東權益）

整理以後得：

可持續成長率＝銷售增加 ÷ 基期銷售
＝〔收益留存率×銷售淨利率 ×（1＋負債/股東權益）〕÷｛資產 ÷ 銷售額－
　〔收益留存率 × 銷售淨利率 ×（1－負債/股東權益）〕｝
＝收益留存率 × 銷售淨利率 × 權益乘數 × 資產周轉率 ÷（1－
　收益留存率 × 銷售淨利率 × 權益乘數 × 資產周轉率）

CEO：可持續成長率的計算公式比較簡單，關鍵是如何理解可持續成長的思維。可持續成長的思維，是不是說企業的實際成長率，不可以高於或低於可持續成長率呢？在實務中，企業的實際成長率，不會正好與理論上的可持續成長率相同。難道這就說明企業出問題了嗎？

CFO：實際成長率與可持續成長率往往並不相同。可持續成長的思維，也並不是說企業的實際成長率，不可以高於或低於可持續成長率。關鍵在於我們必須事先預計並解決超常成長所導致的財務問題。企業超過可持續成長率之上的成長，會帶來超額資金需求。滿足需求只有兩個解決辦法：改變經營策略，或者改變財務策略。但經營策略和財務策略並不能無休止的改變，無限制的提升，因此超常成長只能是短期的。

CEO：有些公司，尤其是互聯網公司，從創業時的一根小草，成長為參天大樹，整個過程都是超常成長，說明整個過程都在改變經營策略或財務策略。

CFO：是的。所以需要不停的融資，先是天使投資，再來是 A 輪、B 輪、C 輪、D 輪……如果哪天融資借款不成功，就只有死。

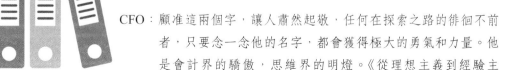

　　　　CEO：有一本書，整理了顧准的文章和通信，叫《從理想主義到經驗主義》。在我們的討論中，超常成長應屬於理想主義，可持續成長則屬於經驗主義？

　　　　CFO：顧准這兩個字，讓人肅然起敬，任何在探索之路的徘徊不前者，只要念一念他的名字，都會獲得極大的勇氣和力量。他是會計界的驕傲，思維界的明燈。《從理想主義到經驗主

義》與《大數據時代》中的要缺陷不要完美是一致的，與超常成長到可持續成長是一致的。儘管在境界上，我們無法望其項背，但應用上有相通之處。

權益乘數策略模型

應用場景

CEO：可持續成長的思維，並不是說企業的實際成長率就一定要等於可持續成長率，而是說，當企業超常成長時，我們必須事先預計並且解決企業的策略改變問題。是這樣嗎？

CFO：是的。當企業高於可持續成長率的超常成長時，必然伴隨著策略改變，包括經營策略或財務策略。經營策略包括資產周轉率和銷售淨利率；財務策略包括權益乘數和收益留存率。我們需要對策略改變做好事先預計。

CEO：好。那我們現在就來事先預計策略改變。根據 6 月份的報表，算出來的可持續成長率是 10%。7 月份的實際成長率是 14%，假設資產周轉率、銷售淨利率、收益留存率策略不變，那麼，權益乘數會發生什麼改變？

CFO：7 月份的權益乘數會要求在 6 月份的基礎上提高。

CEO：如果我們做到了，7 月份的權益乘數確實提高了。其他三項策略不變，那麼，7 月份的可持續成長率相對也提高了，達到 11%。8 月份的實際成長率是 15%，假設資產周轉率、銷售淨利率、收益留存率策略不變，那麼，權益乘數會發生什麼改變？

CFO：8 月份的權益乘數會要求在 7 月份的基礎上再次提高。

CEO：如果 8 月份的實際成長率是 11% 呢？

CFO：8 月份的權益乘數會要求與 7 月份的一樣。

CEO：我明白了。超常成長是策略改變的結果，而不是策略持續的結果。也就是說，如果要保持超常成長，就需要不斷地進行策略改變，即不斷地提高權益乘數。而權益乘數並不是可以無限制的提高的。

CFO：是的。值得一提的是，「保持超常成長」的含義是動態的。

7 月份的超常成長，是相對於 6 月底算出來的可持續成長率 10%的；8 月份的超常成長，是相對於 7 月底算出來的可持續成長率 11%的。如果 8 月份的實際成長率是 11%，那麼就是可持續成長，儘管相對於 6 月份來說，是超常成長。

CEO：我們再來事先預計一下資金需求及其來源問題。不管是超常成長還是可持續成長，只要是成長，就需要資金。

CFO：是的。區別在於：超常成長的資金需求，比可持續成長的資金需求要大。

CEO：資金來源有三種方式，一種是原有資金，一種是內部保留盈餘，一種是外部借款。我們深入一步，分析這三種來源方式，超常成長與可持續成長的區別。

CFO：剛才說了，超常成長的資金需求，比可持續成長的資金需求要大。這是總量，下面是結構化分析。

1） 原有資金。超常成長與可持續成長無區別。

2） 內部保留盈餘。超常成長比可持續成長要大。但大出來的部分，只能滿足一部分甚至一小部分的資金需求。

3） 外部借款。超常成長比可持續成長要大。

即：超常成長時，儘管超常成長本身透過內部保留盈餘滿足了部分資金需求，但主要的還是要依靠外部借款。

基本理論

已知條件：本期銷售收入、淨利潤、留存利潤、股東權益、負債，並已有一個預期成長率。

計算下期的權益乘數

計算過程用倒推法，一直倒推到底，即倒推到已知條件。

下期的權益乘數＝（下期的股東權益＋下期的負債）÷ 下期的股東權益
下期的股東權益＝本期股東權益＋下期的留存利潤
下期的留存利潤＝下期的淨利潤 × 下期的收益留存率

下期的淨利潤＝下期的銷售收入 × 下期的銷售淨利率

下期的銷售收入＝本期銷售收入 ×（1＋預期成長率）.........................已倒推到已知條件

下期的收益留存率＝本期的收益留存率＝留存利潤 ÷ 淨利潤............已倒推到已知條件

下期的銷售淨利率＝本期的銷售淨利率＝淨利潤 ÷ 銷售收入............已倒推到已知條件

下期的負債

= （下期的銷售收入 ÷ 下期的資產周轉率－本期銷售收入 ×

（1＋本期的可持續成長率）÷ 下期的資產周轉率）－（下期的留存利潤－

本期的留存利潤 ×（1＋本期的可持續成長率））＋本期負債 ×

（1+本期可持續成長率）

下期的銷售收入...前面已計算

下期的資產周轉率＝本期的資產周轉率＝銷售收入 ÷（股東權益+負債）

....已倒推到已知條件

本期的可持續成長率

＝收益留存率 × 銷售淨利率 × 權益乘數 × 資產周轉率 ÷

（1－收益留存率 × 銷售淨利率 × 權益乘數 × 資產周轉率）

收益留存率...前面已計算

銷售淨利率...前面已計算

權益乘數＝（股東權益+負債）÷ 股東權益 ....已倒推到已知條件

資產周轉率...前面已計算

下期的留存利潤...前面已計算

這樣就計算出了超常成長帶來的權益乘數策略的改變。

關於資金來源

可持續成長所需要的資金=銷售收入 ×（1＋可持續成長率）÷ 資產周轉率

資金來源有三種方式，其中：

1）原有資金＝股東權益＋負債

2）內部保留盈餘＝留存利潤 ×（1＋可持續成長率）

3）外部借款＝負債 × 可持續成長率

關於超常成長所需要的資金

超常成長所需要的資金＝下期的銷售收入 ÷ 下期的資產周轉率

資金來源有三種方式，其中：

1）原有資金＝股東權益＋負債
2）內部保留盈餘＝下期留存利潤
3）外部借款＝下期負債－本期負債

透過比較，可以看到不同於可持續成長，超常成長所需要的資金以及資金來源。

模型建立

📁 ……\chapter02\03\可持續成長分析之權益乘數策略模型.xlsx

輸入

1）　在工作表中輸入文字資料，並進行格式化。如合併儲存格、調整列高欄寬、套入框線、選取填滿色彩、設定字型大小等。如圖 2-58 所示。

圖 2-58　在工作表中輸入資料

2）　在 C2~C6 新增捲軸，在 C9 右側插入微調按鈕。按一下「開發人員」標籤，選
取「插入→表單控制項→捲軸」按鈕，在對應的儲存格拖曳拉出適當大小的橫
式捲軸。接著對該捲軸按下滑鼠右鍵，選取「控制項格式」指令，對其屬性設
定儲存格連結、目前值、最小值、最大值等。詳細設定值可參考下載的本節
Excel 範例檔。

接著以相同方式在 C9 插入「微調按鈕」，在屬性設定時以$D$9 儲存格連結，其
屬性設定如圖 2-59a 所示。

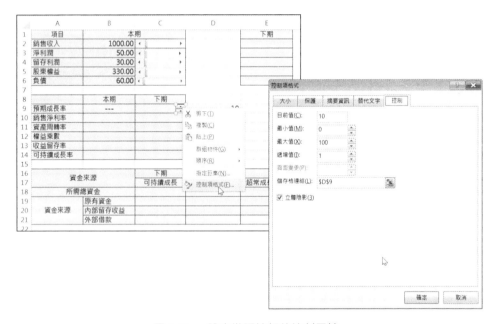

圖 2-59a　設定微調按鈕的控制屬性

3）　在 C9 輸入儲存格公式：=D9/100。完成如圖 2-59b 的畫面。

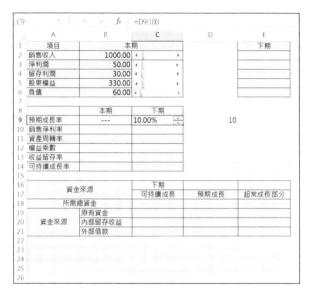

圖 2-59b　初步完成輸入的工作表

加工

在工作表儲存格中輸入公式：

E2：=B2*(1+C9)

E3：=E2*C10

E4：=E3*C13

E5：=B5+E4

E6：=(E2/C11-B2*(1+B14)/C11)-(E4-B4*(1+B14))+B6*(1+B14)

B10：=B3/B2

B11：=B2/(B5+B6)

B12：=(B5+B6)/B5

B13：=B4/B3

B14：=B10*B11*B12*B13/(1-B10*B11*B12*B13)

C10：=B10

C11：=B11

C12：=(E5+E6)/E5

C13：=B13

C14：=C10*C11*C12*C13/(1-C10*C11*C12*C13)

C18：=B2*(1+B14)/B11

C19：=B5+B6

C20：=B4*(1+B14)

C21：=B6*B14

D18：=E2/C11

D19：=B5+B6

D20：=E4

D21：=E6-B6

E18：E21 區域：選取 E18：E21 區域，輸入公式「=D18:D21-C18:C21」後，按 Ctrl+Shift+Enter 複合鍵。

A23：＝B1&"可持續成長率為"&ROUND(B14*100,2)&"%。當預期成長率為"&
ROUND(C9*100,2)&"%時，要求將權益乘數從"&ROUND(B12,3)&"改變為
"&ROUND(C12, 3)&"；另外，相對於可持續成長，超常成長要求額外增加外
部借款"&ROUND(E21,2)

輸出

此時，工作表如圖 2-60 所示。

圖 2-60　權益乘數策略

表格製作

輸入

在工作表中輸入文字資料及加上框線，如圖 2-61 所示。

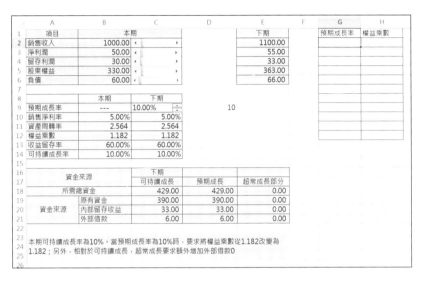

圖 2-61　在工作表中輸入資料和加框線

加工

在工作表儲存格中輸入公式：

G2：=0.5*$C$9

G3：=0.6*$C$9

……

G11：=1.4*$C$9

G12：=1.5*$C$9

H2：= ($B$5+$B$2*(1+G2)*$B$10*$B$13+(($B$2*(1+G2)/$B$11-$B$2*(1+$B$14)/ $B$11)-($B$2*(1+G2)*$B$10*$B$13-$B$4*(1+$B$14))+$B$6*(1+$B$14)))/ ($B$5+$B$2*(1+G2)*$B$10*$B$13)

選取 H2 儲存格，按住控點向下拖曳填滿至 H12 儲存格。

輸出

此時，工作表如圖 2-62 所示。

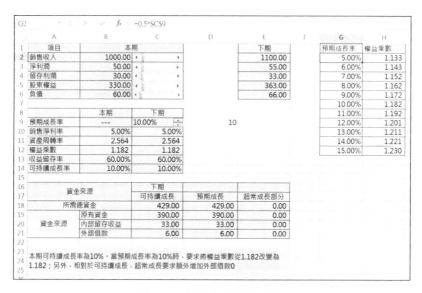

圖 2-62　製作權益乘數表格

圖表生成

1） 本範例的工作表取名為「權益乘數」。選取工作表中 G2：H12 區域，按一下「插入」標籤，選取「圖表→插入 XY 散佈圖或泡泡圖→帶有平滑線的 XY 散佈圖」按鈕項，即可插入一個標準的 XY 散佈圖，可先將預設的「圖表標題」刪掉。

2） 在圖表區按下滑鼠右鍵，在展開的功能表中選取「選取資料來源…」指令。此時已有數列 1。按一下「新增」按鈕，新增如下數列 2 和數列 3：

數列 2：
X 值：=權益乘數!$C$9
Y 值：=權益乘數!$C$12

數列 3：
X 值：=(權益乘數!$C$9,權益乘數!$C$9)
Y 值：=(權益乘數!$H$2,權益乘數!$H$12)

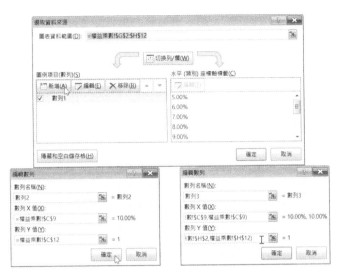

圖 2-63　新增二條數列

3) 選取剛才新增代表「權益乘數」的數列 2 的資料點，按下右鍵選取「資料數列
格式…」指令展開工作面板，然後將標記選項改成自己想要的類型、大小及填
滿色彩等，如圖 2-64 所示。

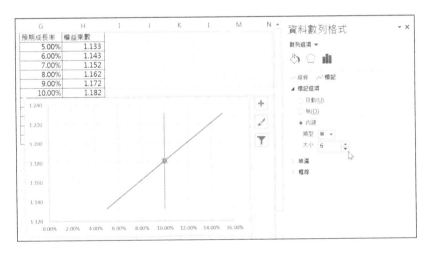

圖 2-64　設定資料數列格式

4) 按下圖表右上方的「＋」圖示鈕，勾選「座標籤標題」。然後將數值 X 軸改成
「預期成長率」；將數值 Y 軸改成「權益乘數」。使用者還可按自己的意願再修
改美化圖表。這樣就完成了可持續成長分析的權益乘數策略模型的最終介面，
如圖 2-65 所示。

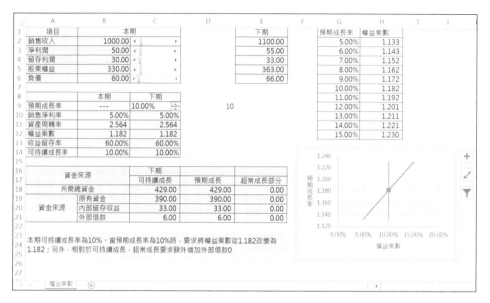

圖 2-65　權益乘數策略模型

操作說明

■ 拖動「銷售收入」、「淨利潤」、「留存利潤」、「股東權益」、「負債」等變數的捲軸，本期的銷售淨利率、資產周轉率、權益乘數、收益留存率等指標將隨之變化，下期的銷售淨利率、資產周轉率、收益留存率等指標將隨之變化，本期可持續成長率將隨之變化，可持續成長的所需總資金及資金來源將隨之變化。

■ 調整「預期成長率」變數的微調按鈕，下期的「銷售收入」、「淨利潤」、「留存利潤」、「股東權益」、「負債」等項目將隨之變化，下期的權益乘數指標將隨之變化，下期的可持續成長率將隨之變化，預期成長的所需總資金及資金來源將隨之變化，超常成長的所需總資金及資金來源將隨之變化，表格將隨之變化，圖表將隨之變化，文字描述將隨之變化。

資產周轉率策略模型

應用場景

CEO：可持續成長的思維，並不是說企業的實際成長率就一定要等於可持續成長率，而是說，當企業超常成長時，我們必須事先預計並且解決企業的策略改變問題。是這樣嗎？

CFO：是的。當企業高於可持續成長率的超常成長時，必然伴隨著策略改變，包括經營策略或財務策略。經營策略包括資產周轉率和銷售淨利率；財務策略包括權益乘數和收益留存率。我們需要對策略改變做好事先預計。

CEO：好。那我們現在就來事先預計策略改變。根據 6 月份的報表，算出來的可持續成長率是 10%。7 月份的實際成長率是 14%，假設權益乘數、銷售淨利率、收益留存率策略不變，那麼，資產周轉率會發生什麼改變？

CFO：7 月份的資產周轉率會要求在 6 月份的基礎上提高。

CEO：如果我們做到了，7 月份的資產周轉率確實提高了。其他三項策略不變，那麼，7 月份的可持續成長率相應也提高了，達到 11%。8 月份的實際成長率是 15%，假設權益乘數、銷售淨利率、收益留存率策略不變，那麼，資產周轉率會發生什麼改變？

CFO：8 月份的資產周轉率會要求在 7 月份的基礎上再次提高。

CEO：如果 8 月份的實際成長率是 11% 呢？

CFO：8 月份的資產周轉率會要求與 7 月份的一樣。

CEO：我明白了。超常成長是策略改變的結果，而不是策略持續的結果。也就是說，如果要保持超常成長，就需要不斷地進行策略改變，即不斷地提高資產周轉率。而資產周轉率並不是可以無限制地提高的。

CFO：是的。值得一提的是，「保持超常成長」的含義是動態的。

7 月份的超常成長，是相對於 6 月底算出來的可持續成長率 10% 的；8 月份的超常成長，是相對於 7 月底算出來的可持續成長率 11% 的。

如果 8 月份的實際成長率是 11%，那麼就是可持續成長，儘管相對於 6 月份來說，是超常成長。

CEO：我們再來事先預計一下資金需求及其來源問題。不管是超常成長還是可持續成長，只要是成長，就需要資金。

CFO：是的。區別在於：超常成長的資金需求，比可持續成長的資金需求要大。關於資金來源和超常成長所需要資金的計算原理，資產周轉率策略模型與權益乘數策略模型是完全一樣的。

基本理論

已知條件：本期銷售收入、淨利潤、留存利潤、股東權益、負債，並已有一個預期
成長率。

計算下期的資產周轉率

計算過程用倒推法，一直倒推到底，即倒推到已知的條件。

下期的資產周轉率＝下期的銷售收入 ÷（下期的股東權益＋下期的負債）

下期的銷售收入＝本期銷售收入 ×（1＋預期成長率）..............已倒推到已知條件

下期的股東權益＝本期股東權益 ＋ 下期的留存利潤

下期的留存利潤＝下期的淨利潤 × 下期的收益留存率

下期的淨利潤＝下期的銷售收入 × 下期的銷售淨利率

下期的銷售淨利率＝本期的銷售淨利率＝淨利潤 ÷ 銷售收入.......已倒推到已知條件

下期的收益留存率＝本期的收益留存率＝留存利潤 ÷ 淨利潤.......已倒推到已知條件

下期的負債＝下期的股東權益 × 下期的權益乘數－下期的股東權益

下期的權益乘數＝本期的權益乘數＝（股東權益＋負債）÷ 股東權益

....已倒推到已知條件

這樣就計算出了超常成長帶來的資產周轉率策略的改變。

關於資金來源

見前面「財務預測模型→可持續成長分析模型→權益乘數策略模型→基本理論」的
相關介紹。

關於超常成長所需要的資金

見前面「財務預測模型→可持續成長分析模型→權益乘數策略模型→基本理論」的
相關介紹。

模型建立

📂……\chapter02\03\可持續成長分析之資產周轉率策略模型.xlsx

輸入

1) 和上個範例一樣，在工作表中輸入文字資料，並進行格式化。如合併儲存格、調整列高欄寬、套入框線、選取填滿色彩、設定字型大小等。

2) 在 C2~C6 新增捲軸，在 C9 右側插入微調按鈕。按一下「開發人員」標籤，選取「插入→表單控制項→捲軸」按鈕，在對應的儲存格拖曳拉出適當大小的橫式捲軸。接著對該捲軸按下滑鼠右鍵，選取「控制項格式」指令，對其屬性設定儲存格連結、目前值、最小值、最大值等。接著以相同方式插入「微調按鈕」，在屬性設定時以$D$9儲存格連結。詳細設定值可參考下載的本節 Excel 範例檔。

3) 在 C9 輸入儲存格公式：=D9/100。完成如圖 2-66 的畫面。

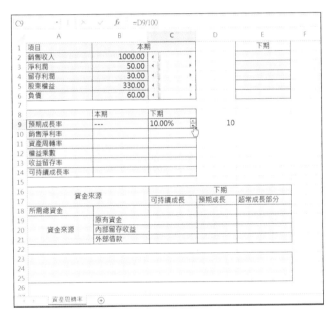

圖 2-66　在工作表中輸入、格式化及插入捲軸和微調鈕

加工

在工作表儲存格中輸入公式：

E2：=B2*(1+C9)

E3：=E2*C10

E4：=E3*C13

E5：=B5+E4

E6：=E5*C12-E5

B10：=B3/B2

B11：=B2/(B5+B6)

B12：=(B5+B6)/B5

B13：=B4/B3

B14：=B10*B11*B12*B13/(1-B10*B11*B12*B13)

C10：=B10

C11：=E2/(E5+E6)

C12：=B12

C13：=B13

C14：=C10*C11*C12*C13/(1-C10*C11*C12*C13)

C18：=B2*(1+B14)/B11

C19：=B5+B6

C20：=B4*(1+B14)

C21：=B6*B14

D18：=E2/C11

D19：=B5+B6

D20：=E4

D21：=E6-B6

E18：E21 區域：選取 E18：E21 區域，輸入公式「=D18:D21-C18:C21」後，按 Ctrl+Shift+Enter 複合鍵。

A23：=B1&"可持續成長率為"&ROUND(B14*100,2)&"%。當預期成長率為"&ROUND(C9*100,2)&"%時，要求將資產周轉率從"&ROUND(B11,3)&"%改變為"&ROUND(C11,3)&"；另外，相對於可持續成長，超常成長要求額外增加外部借款"&ROUND(E21,2)

輸出

此時，工作表如圖 2-67 所示。

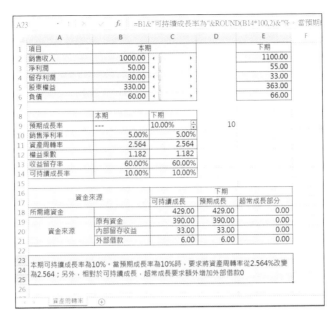

圖 2-67　資產周轉率策略

表格製作

輸入

在工作表的 G2~H12 中輸入文字資料及加上框線，如圖 2-68 所示。

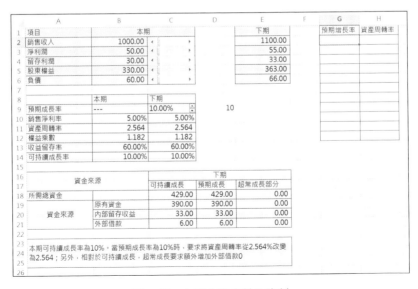

圖 2-68　在工作表中輸入資料

加工

在工作表儲存格中輸入公式：

G2：=0.5*$C$9

G3：=0.6*$C$9

……

G11：=1.4*$C$9

G12：=1.5*$C$9

H2：=$B$2*(1+G2)/($B$5+($B$2*(1+G2))*$B$10*$B$13+($B$5+($B$2*(1+G2))*
$B$10*$B$13)* $B$12-($B$5+($B$2*(1+G2))*$B$10*$B$13))

選取 H2 儲存格，按住控點向下拖曳填滿至 H12 儲存格。

輸出

此時，工作表如圖 2-69 所示。

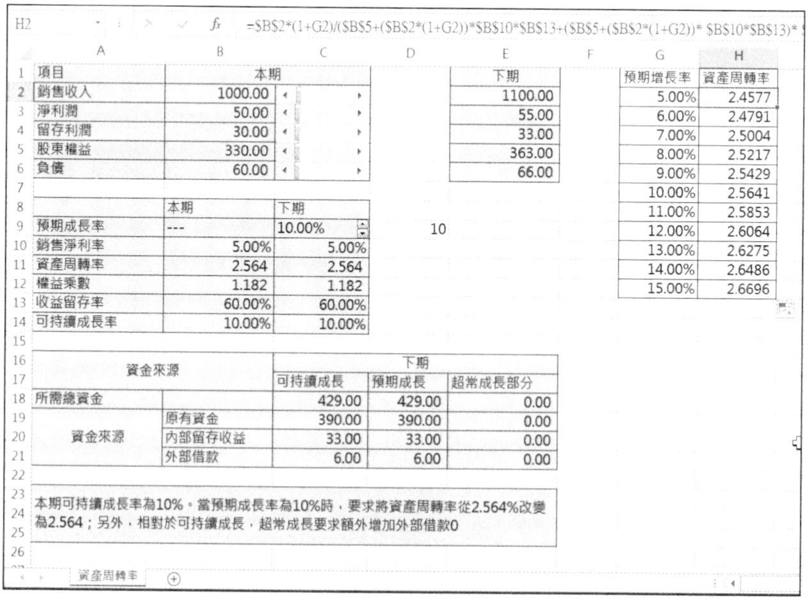

圖 2-69　加上預期成長率和資產周轉率

圖表生成

本模型圖表生成過程的與上一單元的「權益乘數策略模型」相同，都是利用 G2:H12 的數據資料來製作「XY 散佈圖」，並加上二條數列來完成，其中要新增的二條數列如下：

數列 2：

　　X 值：=資產周轉率!$C$9

　　Y 值：=資產周轉率!$C$11

數列 3：

　　X 值：=(資產周轉率!$C$9,資產周轉率!$C$9)

　　Y 值：=(資產周轉率!$H$2,資產周轉率!$H$12)

由於操作方法相同，若有需要請讀者自行參考前一單元。可持續成長分析的資產周轉率策略模型的最終介面如圖 2-70 所示。

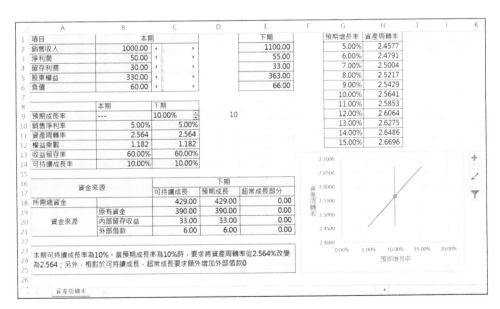

圖 2-70　資產周轉率策略模型

操作說明

- 拖動「銷售收入」、「淨利潤」、「留存利潤」、「股東權益」、「負債」等變數的捲軸，本期的銷售淨利率、資產周轉率、權益乘數、收益留存率等指標將隨之變化，下期的銷售淨利率、權益乘數、收益留存率等指標將隨之變化，本期可持續成長率將隨之變化，可持續成長的所需總資金及資金來源將隨之變化。

- 調整「預期成長率」變數的微調按鈕，下期的「銷售收入」、「淨利潤」、「留存利潤」、「股東權益」、「負債」等項目將隨之變化，下期的資產周轉率指標將隨之變化，下期的可持續成長率將隨之變化，預期成長的所需總資金及資金來源將隨之變化，超常成長的所需總資金及資金來源將隨之變化，表格將隨之變化，圖表也將隨之變化，文字描述將隨之變化。

收益留存率策略模型

應用場景

CEO：可持續成長的思維，並不是說企業的實際成長率就一定要等於可持續成長率，而是說，當企業超常成長時，我們必須事先預計並且解決企業的策略改變問題。是這樣嗎？

CFO：是的。當企業高於可持續成長率的超常成長時，必然伴隨著策略改變，包括經營策略或財務策略。經營策略包括資產周轉率和銷售淨利率；財務策略包括權益乘數和收益留存率。我們需要對策略改變做好事先預計。

CEO：好。那我們現在就來事先預計策略改變。根據 6 月份的報表，算出來的可持續成長率是 10%。7 月份的實際成長率是 14%，假設權益乘數、銷售淨利率、資產周轉率策略不變，那麼，收益留存率會發生什麼改變？

CFO：7 月份的收益留存率會要求在 6 月份的基礎上提高。

CEO：如果我們做到了，7 月份的收益留存率確實提高了。其他三項策略不變，那麼，7 月份的可持續成長率相應也提高了，達到 11%。8 月份的實際成長率是 15%，假設權益乘數、銷售淨利率、資產周轉率策略不變，那麼，收益留存率會發生什麼改變？

CFO：8 月份的收益留存率會要求在 7 月份的基礎上再次提高。

CEO：如果 8 月份的實際成長率是 11%呢？

CFO：8 月份的收益留存率會要求與 7 月份的一樣。

CEO：我明白了。超常成長是策略改變的結果，而不是策略持續的結果。也就是說，如果要保持超常成長，就需要不斷地進行策略改變，即不斷地提高收益留存率。而收益留存率並不是可以無限制的提高的。

CFO：是的。值得一提的是，「保持超常成長」的含義是動態的。

7 月份的超常成長，是相對於 6 月底算出來的可持續成長率 10%的；8 月份的超常成長，是相對於 7 月底算出來的可持續成長率 11%的。如果 8 月份的實際成長率是 11%，那麼就是可持續成長，儘管相對於 6 月份來說，是超常成長。

CEO：我們再來事先預計一下資金需求及其來源問題。不管是超常成長還是可持續成長，只要是成長，就需要資金。

CFO：是的。區別在於：超常成長的資金需求，比可持續成長的資金需求要大。關於資金來源和超常成長所需要的資金的計算原理，收益留存率策略模型與權益乘數策略模型是完全一樣的。

基本理論

已知條件：本期銷售收入、淨利潤、留存利潤、股東權益、負債，並已有一個預期成長率。

計算下期的收益留存率

計算過程用倒推法，一直倒推到底，即倒推到已知的條件。

下期的收益留存率＝下期的留存利潤 ÷ 下期的淨利潤

下期的留存利潤＝下期的股東權益－本期的股東權益

下期的股東權益＝下期的銷售收入 ÷ 下期的資產周轉率 ÷ 下期的權益乘數

下期的銷售收入＝本期銷售收入 ×（1+預期成長率）................已倒推到已知條件

下期的資產周轉率＝本期的資產周轉率＝銷售收入 ÷（股東權益+負債）
....已倒推到已知條件

下期的權益乘數＝本期的權益乘數＝（股東權益+負債）÷ 股東權益

………………………………………………………………………………已倒推到已知條件

下期的淨利潤＝下期的銷售收入 × 下期的銷售淨利率

下期的銷售淨利率＝本期的銷售淨利率＝淨利潤 ÷ 銷售收入………已倒推到已知條件

這樣就計算出了超常成長帶來的收益留存率策略的改變。

關於資金來源

見前面「財務預測模型→可持續成長分析模型→權益乘數策略模型→基本理論」的相關介紹。

關於超常成長所需要的資金

見前面「財務預測模型→可持續成長分析模型→權益乘數策略模型→基本理論」的相關介紹。

模型建立

🗁……\chapter02\03\可持續成長分析之收益留存率策略模型.xlsx

輸入

1）　和前二個範例一樣的設計及輸入方式，在工作表中輸入文字資料，並進行格式化。如合併儲存格、調整列高欄寬、套入框線、選取填滿色彩、設定字型大小等。在 C2~C6 新增捲軸，在 C9 右側插入微調按鈕。在 C9 輸入儲存格公式：=D9/100。

　　如果想省時間，可直接複製前面小節單元完成的範例檔，然後將工作表名稱改成「收益留存率」，並另存新檔，完成如圖 2-71 的畫面。

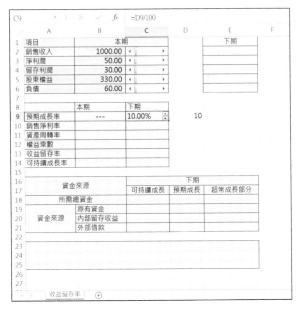

圖 2-71　在工作表中輸入資料

加工

在工作表儲存格中輸入公式：

E2：=B2*(1+C9)

E3：=E2*C10

E4：=E5-B5

E5：=E2/C11/C12

E6：=E2/C11-E5

B10：=B3/B2

B11：=B2/(B5+B6)

B12：=(B5+B6)/B5

B13：=B4/B3

B14：=B10*B11*B12*B13/(1-B10*B11*B12*B13)

C10：=B10

C11：=B11

C12：=B12

C13：=E4/E3

C14：=C10*C11*C12*C13/(1-C10*C11*C12*C13)

C18：=B2*(1+B14)/B11

C19：=B5+B6

C20：=B4*(1+B14)

C21：=B6*B14

D18：=E2/C11

D19：=B5+B6

D20：=E4

D21：=E6-B6

E18：E21 區域：選取 E18：E21 區域，輸入公式「=D18:D21-C18:C21」後，按 Ctrl+Shift+Enter 複合鍵。

A23：＝B1&"可持續成長率為"&ROUND(B14*100,2)&"%。當預期成長率為"&
ROUND(C9*100,2)&"%時，要求將收益留存率從"&ROUND(B13*100,2) &"%
改變為"&ROUND(C13*100,2)&"%；另外，相對於可持續成長，超常成長要
求額外增加外部借款"&ROUND(E21,2)

輸出

此時，工作表如圖 2-72 所示。

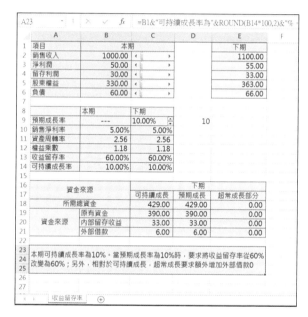

圖 2-72　輸入公式完成初步收益留存率策略

表格製作

輸入

在工作表的 G2~H12 中輸入文字資料及加上框線，如圖 2-73 所示。

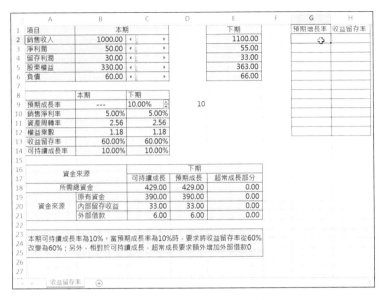

圖 2-73　在工作表中輸入資料

加工

在工作表儲存格中輸入公式：

G2：=0.5*$C$9

G3：=0.6*$C$9

……

G11：=1.4*$C$9

G12：=1.5*$C$9

H2：=($B$2*(1+G2)/$B$11/$B$12-$B$5)/(($B$2*(1+G2))*$B$10)

選取 H2 儲存格，按住控點向下拖曳填滿至 H12 儲存格。

輸出

此時，工作表如圖 2-74 所示。

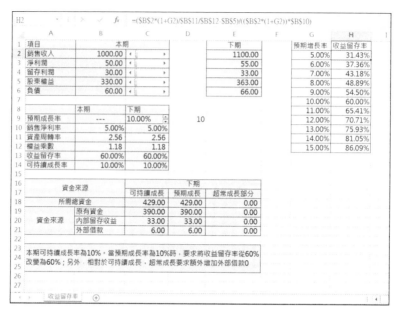

圖 2-74　收益留存率策略

圖表生成

本模型圖表生成過程的與上兩小節相同，都是利用 G2:H12 的數據資料來製作「XY 散佈圖」，並加上二條數列來完成，但本節模型要觀察的是 C13 的「收益留存率」，所以其中要新增的二條數列如下：

數列 2：

　　X 值：=收益留存率!$C$9

　　Y 值：=收益留存率!$C$13

數列 3：

　　X 值：=(收益留存率!$C$9,收益留存率!$C$9)

　　Y 值：=(收益留存率!$H$2,收益留存率!$H$12)

由於操作方法相同，若有需要請讀者自行參考前兩個單元。可持續成長分析的收益留存率策略模型的最終介面如圖 2-75 所示。

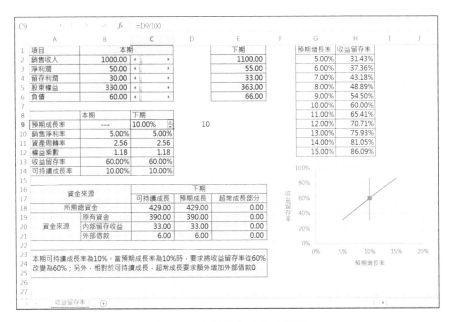

圖 2-75　收益留存率策略模型

操作說明

■ 拖動「銷售收入」、「淨利潤」、「留存利潤」、「股東權益」、「負債」等變數的捲軸，本期的銷售淨利率、資產周轉率、權益乘數、收益留存率等指標將隨之變化，下期的銷售淨利率、資產周轉率、權益乘數等指標將隨之變化，本期可持續成長率將隨之變化，可持續成長的所需總資金及資金來源將隨之變化。

■ 調整「預期成長率」變數的微調按鈕，下期的「銷售收入」、「淨利潤」、「留存利潤」、「股東權益」、「負債」等項目將隨之變化，下期的收益留存率指標將隨之變化，下期的可持續成長率將隨之變化，預期成長的所需總資金及資金來源將隨之變化，超常成長的所需總資金及資金來源將隨之變化，表格將隨之變化，圖表將隨之變化，文字描述將隨之變化。

銷售淨利率策略模型

應用場景

可參考第三小節應用場景，這裡省略。

基本理論

已知條件：本期銷售收入、淨利潤、留存利潤、股東權益、負債，並已有一個預期成長率。

計算下期的銷售淨利率：

計算過程用倒推法，一直倒推到底，即倒推到已知的條件。

下期的銷售淨利率＝下期的淨利潤 ÷ 下期的銷售收入

下期的淨利潤＝下期的留存利潤 ÷ 下期的收益留存率

下期的留存利潤＝下期的股東權益 － 本期的股東權益

下期的股東權益＝下期的銷售收入 ÷ 下期的資產周轉率÷下期的權益乘數

下期的銷售收入＝本期銷售收入 ×（1＋預期成長率）................已倒推到已知條件

下期的資產周轉率＝本期的資產周轉率＝銷售收入 ÷（股東權益＋負債）
....已倒推到已知條件

下期的權益乘數＝本期的權益乘數＝（股東權益＋負債）÷ 股東權益
....已倒推到已知條件

下期收益留存率＝本期的收益留存率＝留存利潤 ÷ 淨利潤........已倒推到已知條件

這樣就計算出了超常成長帶來的銷售淨利率策略的改變。

關於資金來源

見前面「財務預測模型→可持續成長分析模型→權益乘數策略模型→基本理論」的相關介紹。

關於超常成長所需要的資金

見前面「財務預測模型→可持續成長分析模型→權益乘數策略模型→基本理論」的相關介紹。

模型建立

📁……\chapter02\03\可持續成長分析之銷售淨利率策略模型.xlsx

複製與修改

1） 由於本節範例延用自前面介紹的範例，其中重點放在「銷售淨利率」，因此可利用前面已作好的檔案來修改。

2） 將第三節的第一單元中的「可持續成長分析之資產周轉率策略模型.xlsx」檔案開啟，然後選取「檔案→另存新檔」，另存一個檔名為「可持續成長分析之銷售淨利率策略模型.xlsx」的檔案，並準備以此檔案來修改成本節適用的範例，如圖 2-76 所示。

圖 2-76　另存新檔

3） 將此檔案的工作表名稱由「資產周轉率」改成「銷售淨利率」，並將範例檔中 H1 儲存格也改成「銷售淨利率」。

4） 將範例檔中 B10~C14、C18~E21、E2~E6、A23 和 G2~H12 原有的公式都刪除，方便隨後重新輸入。完成如圖 2-77 所示。

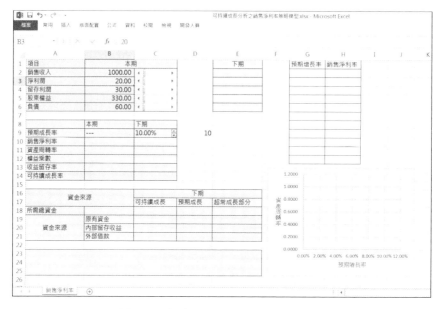

圖 2-77　初步修改完成銷售淨利率模型

加工

在工作表中，依照下列位置儲存格輸入公式：

E2：=B2*(1+C9)

E3：=E4/C13

E4：=E5-B5

E5：=E2/C11/C12

E6：=E2/C11-E5

B10：=B3/B2

B11：=B2/(B5+B6)

B12：=(B5+B6)/B5

B13：=B4/B3

B14：=B10*B11*B12*B13/(1-B10*B11*B12*B13)

C10：=E3/E2

C11：=B11

C12：=B12

C13：=B13

C14：=C10*C11*C12*C13/(1-C10*C11*C12*C13)

C18：=B2*(1+B14)/B11

C19：=B5+B6

C20：=B4*(1+B14)

C21：=B6*B14

D18：=E2/C11

D19：=B5+B6

D20：=E4

D21：=E6-B6

E18：E21 區域：選取 E18：E21 區域，輸入公式「=D18:D21-C18:C21」後，按 Ctrl+Shift+Enter 複合鍵。

A23：=B1&"可持續成長率為"&ROUND(B14*100,2)&"%。當預期成長率為"&ROUND(C9*100,2)&"%時，要求將銷售淨利率從"&ROUND(B10*100,2)&"%改變為"&ROUND(C10*100,2)&"%；另外，相對於可持續成長，超常成長要求額外增加外部借款"&ROUND(E21,2)

G2：=0.5*$C$9

G3：=0.6*$C$9

……

G11：=1.4*$C$9

G12：=1.5*$C$9

H2：=($B$2*(1+G2)/$B$11/$B$12-$B$5)/$B$13/($B$2*(1+G2))

選取 H2 儲存格，按住控點向下拖曳填滿至 H12 儲存格。

輸出

此時，工作表如圖 2-78 所示。

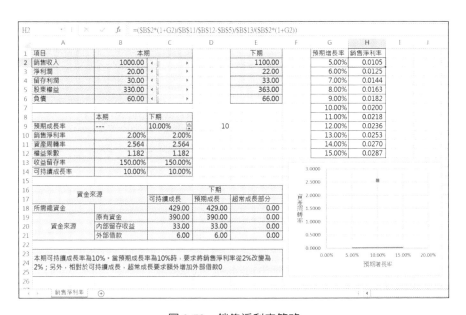

圖 2-78　銷售淨利率策略

修改格式

1） 選取 H2：H12 的區域範圍，對該區域按下滑鼠右鍵，從展開功能表中選取「儲存格格式」指令，在對話方塊中的「類別」選取「百分比」項，並將小數位數改為「2」。

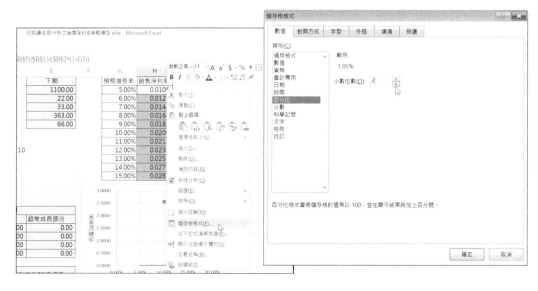

圖 2-79　H2:H12 區域範圍設定成「百分比」的格式

圖表生成

本模型圖表生成過程與前面介紹的製作方法相同。由於本範例圖表「數列 2」資料來源要更改成「銷售淨利率」，請照下列步驟完成：

1）　選取圖表，對它按下右鍵，從展開的功能表中選取「選取資料…」指令。如圖 2-80 所示。

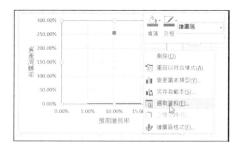

圖 2-80　選取「選取資料…」指令

2）　工作表中 C10 儲存格放的數值即是本模型要觀察的「銷售淨利率」，因此在對話方塊中選取「數列 2」項，之後按下「編輯」鈕，在編輯數列對話方塊中，將 Y 值框改成「=銷售淨利率!$C$10」，按下「確定」鈕。如圖 2-81 所示。

圖 2-81　編輯數列 2 的 Y 值

3)　接著要格式化數列 2 的點，因此，我們可透過「圖表工具→格式」標籤中右上
方的圖表項目下拉方塊，選取「數列 2」，再按下「格式化選取範圍」按鈕展開
「資料數列格式」工作面板，並將「標記選項」改為想要的內建格式和填滿色
彩。如圖 2-82 所示。

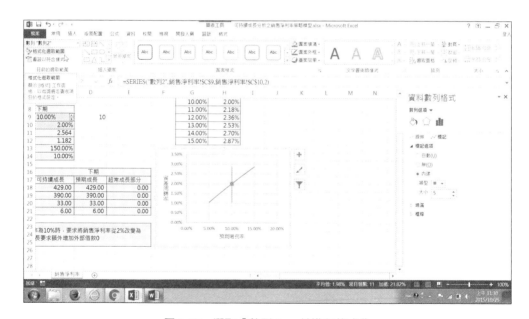

圖 2-82　選取「數列 2」，並進行格式化

4)　最後將垂直座標軸的標題改輸入成「銷售淨利率」，如此，可持續成長分析的
銷售淨利策略模型的最終介面就完成了，如圖 2-83 所示。

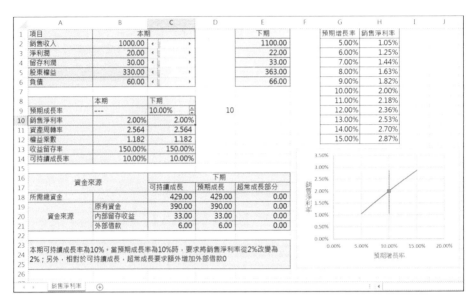

圖 2-83　銷售淨利率策略模型

操作說明

- 拖動「銷售收入」、「淨利潤」、「留存利潤」、「股東權益」、「負債」等變數的捲軸，本期的銷售淨利率、資產周轉率、權益乘數、收益留存率等指標將隨之變化，下期的資產周轉率、權益乘數、收益留存率等指標將隨之變化，本期「可持續成長率」將隨之變化，可持續成長的「所需總資金」及「資金來源」將隨之變化。

- 調整「預期成長率」變數的微調按鈕，下期的「銷售收入」、「淨利潤」、「留存利潤」、「股東權益」、「負債」等項目將隨之變化，下期的銷售淨利率指標將隨之變化，下期的「可持續成長率」將隨之變化，預期成長的「所需總資金」及「資金來源」將隨之變化，超常成長的所需總資金及資金來源將隨之變化，表格將隨之變化，圖表將隨之變化，文字描述將隨之變化。

第 3 章
財務估價模型

CEO：財務估價，是對什麼進行估價？難道是評估財務工作的價值？

CFO：財務工作的價值評估是需要作業成本管理模型的，需要把財務工作當成企業的一項公共作業，透過費用歸集與分攤算出不同作業，包括財務工作這一作業的成本，那是完全另一回事。我們這裡討論的財務估價，是對企業的資產，站在財務的角度進行估價。

CEO：企業的資產，包括股票、債券、期權、專案、企業本身，其估價全部放在這裡討論嗎？

CFO：不是。資產估價的基本模型是現金流量折現模型，現金流量折現模型的基本思維是增量現金流量原則和時間價值原則，也就是說，任何資產的價值，是其產生的未來現金流量按照含有風險的折現率計算的現值。

不同的資產，其產生的未來現金流量是有不同特點的，所以，股票、債券、期權、專案、企業價值等資產，我們作為不同的話題在以後分別討論。

CEO：既然資產估價在以後分別討論，那我們現在幹什麼？

CFO：現在討論資產估價的共性。不同資產估價的個性，我們在以後分別討論；不同資產估價的共性，我們在這裡一起討論。

所謂不同資產估價的個性，是指其產生的未來現金流量有不同特點；所謂不同資產估價的共性，是指未來現金流量折現時，均需考慮時間價值，即必要報酬率。在以後分別討論資產估價時，則將必要報酬率視為已知數。

3.1　貨幣的時間價值模型

CEO：什麼是貨幣的時間價值？

CFO：將現在的 1 元錢存入銀行，1 年後可得到 1.10 元，這 1 元錢經過 1 年的時間增加了 0.10 元，這就是貨幣的時間價值。它通常用百分比度量，如貨幣的時間價值為 10%。

CEO：就是利率囉？

CFO：簡單的說，就是利率，或者叫報酬率、回報率、收益率，換個角度，就是資本成本。

CEO：它與通貨膨脹是什麼關係？

CFO：一言難盡。通貨膨脹是貨幣時間價值的原因之一。但即使沒有通貨膨脹，貨幣也有時間價值。例如貨幣投入生產經營過程，其數額會隨著時間持續不斷成長。企業資金迴圈的起點是投入貨幣資金，企業用它來購買所需的資源，然後生產出新的產品，產品出售時得到的貨幣量大於最初投入的貨幣量。資金循環以及因此實作的貨幣增值，需要或多或少的時間。每完成一次循環，貨幣就增加一定數額，周轉的次數越多，增值額也就越大。隨著時間持續，貨幣總量在迴圈中按幾何級數成長，使得貨幣具有時間價值。

CEO：同樣是 1 元錢，現在的 1 元錢和將來的 1 元錢經濟價值不相等。那麼，不同時間的貨幣收入不能直接進行比較，需要把它們折算到相同的時間點上，然後才能進行大小的比較和比率的計算。

CFO：是的。類似於幣別，台幣 1 元和美元 1 元，不能直接進行比較，需要換算；類似於計量單位，1 噸鋼和 1 公斤鋼，不能直接進行比較，需要換算。

複利時間價值模型

應用場景

CEO：複利，就是常說的利滾利嗎？

CFO：是的。按照複利的計算方法，每經過一個計息期，要將所生利息加入本金再計利息，逐期滾算。

CEO：和複利對應的，就是單利？

CFO：是的。單利，就是只對本金計算利息，以前計息期產生的利息不加入本金計息。即利息不再生息。

CEO：計息期，就是兩次計息的時間間隔了？如 3 月、半年、1 年？

CFO：是的。計息期一般是 1 年。

CEO：手工進行複利計算是一件麻煩事，要用到指數計算。而我們一般只習慣加減乘除。

CFO：是的。人的思維對指數是麻木的，最典型的就是西塔的故事。

西塔創造了國際象棋，國王非常高興，決定重賞西塔。西塔說：「本人不要重賞，只要在棋盤上賞一些麥粒就行了。在棋盤的第 1 個格子放 1 粒，第 2 個格子放 2 粒，第 3 個格子放 4 粒，第 4 個格子放 8 粒，每一個格子放的麥粒數是前一個格子的 2 倍，直到放滿 64 個格子」。國王覺得這很容易，欣然同意。結果卻發現，即使拿出全國的糧食也兌現不了。

CEO：現在科技這麼發達，複利計算應該簡單了吧？

CFO：是的。原來有複利終值係數表、複利現值係數表，可供手工計算時查閱。現在很多軟體提供了函數，可直接使用。複利終值、複利現值、期數、利率，只要知道其中三個，另一個很容易算出。

基本理論

複利終值

指一定量的本金按複利計算的若干年後的本利和。

複利終值＝複利現值 ×（1＋利率）^期數

（1＋利率）^期數被稱為複利終值係數。

複利現值

指在將來某一特定時間取得或支出一定數額的資金，按複利折算到現在的價值。

複利現值＝複利終值 ÷（1＋利率）^期數

1 ÷（＋利率）^期數是把終值折算為現值的係數，稱為複利現值係數。

模型建立

📂 ……\chapter03\01\複利時間價值模型.xlsx

輸入

新建一個 Excel 活頁簿檔案。活頁簿包括以下工作表：複利終值、複利現值、複利期數、複利利率。

「複利終值」工作表

1) 在工作表中輸入文字資料並格式化，如加上框線、調整列高欄寬、選取填滿色彩、設定字型大小等。如圖 3-1 所示。

	A	B	C	D	E	F
1		變數				
2		現值	10000			6
3		利率	6.00%			
4		期數	1.00			
5						
6		計算				
7		終值				
8						
9						

圖 3-1 在「複利終值」工作表中輸入文字資料

2） 新增微調按鈕。按一下「開發人員」標籤，分別選按「插入→表單控制項→微
調按鈕」項，在 D2、D3、D4 儲存格拖曳製作出微調按鈕。隨後對微調按鈕按
下滑鼠右鍵，選取「控制項格式」指令，進行儲存格連結、目前值、最小值、
最大值等的相關設定。例如，D3 儲存格的微調按鈕屬性設定，如圖 3-2 所示。
其他則請參考本節的 Excel 範例檔。

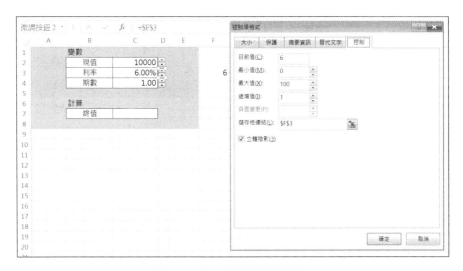

圖 3-2　設定微調按鈕的屬性

3） 在 C3 儲存格輸入公式「=F3/100」。

「複利現值」工作表

1） 在工作表中輸入文字資料並格式化，如加上框線、調整列高欄寬、選取填滿色
彩、設定字型大小等。

2） 新增微調按鈕。與前面相同，按一下「開發人員」標籤，分別選按「插入→表
單控制項→微調按鈕」項，在 D2、D3、D4 儲存格拖曳製作出微調按鈕。隨後
對微調按鈕按下滑鼠右鍵，選取「控制項格式」指令，進行儲存格連結、目前
值、最小值、最大值等的相關設定。屬性詳細內容可參考本節的 Excel 範例
檔。

3） 在 C3 儲存格輸入公式「=F3/100」，如圖 3-3 所示。

圖 3-3　在「複利現值」工作表中輸入文字、格式美化及插入微調按鈕等作業

「複利期數」工作表

1）　在工作表中輸入文字資料並格式化，如加上框線、調整列高欄寬、選取填滿色彩、設定字型大小等。

2）　新增微調按鈕。與前面相同，按下「開發人員」標籤，分別選按「插入→表單控制項→微調按鈕」項，在 D2、D3、D4 儲存格拖曳製作出微調按鈕。隨後對微調按鈕按下右鍵，選取「控制項格式」指令，進行儲存格連結、目前值、最小值、最大值等的相關設定。屬性詳細內容可參考本節的 Excel 範例檔。

3）　在 C2 儲存格輸入公式「=F2/100」，如圖 3-4 所示。

圖 3-4　在「複利期數」工作表中輸入資料、格式化和插入微調按鈕

「複利利率」工作表

1）　在工作表中輸入文字資料並格式化，如加上框線、調整列高欄寬、選取填滿色彩、設定字型大小等。。

2）　新增微調按鈕。與前面相同，按下「開發人員」標籤，分別選按「插入→表單控制項→微調按鈕」項，在 D2、D3、D4 儲存格拖曳製作出微調按鈕。隨後對微調按鈕按下滑鼠右鍵，選取「控制項格式」指令，進行儲存格連結、目前

值、最小值、最大值等的相關設定。屬性詳細內容可參考本節的 Excel 範例
檔，初步完成如圖 3-5 所示。

圖 3-5　在「複利利率」工作表中輸入資料、格式化和插入微調按鈕

加工

分別在各個工作表儲存格中輸入公式，這裡的數據資料將用來輔助製作圖表：

「複利終值」工作表

G2：= -C2

G3：=C3

G4：=C4

C7：=FV(G3,G4,0,G2,0)

「複利現值」工作表

F7：=-PV(C3,C4,0,C2,0)

C7：= -F7

「複利期數」工作表

G2：=C2

G3：= -C3

G4：=C4

C7：=NPER(G2,0,G3,G4,0)

「複利利率」工作表

F2：=C2

F3：= -C3

F4：=C4

C7：= -(F4/F3)^(1/F2)-1

輸出

「複利終值」工作表，如圖 3-6 所示。

圖 3-6　複利終值加工輸入的公式結果

「複利現值」工作表，如圖 3-7 所示。

圖 3-7　複利現值加工輸入的公式結果

「複利期數」工作表，如圖 3-8 所示。

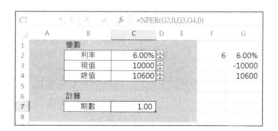

圖 3-8　複利期數加工輸入的公式結果

「複利利率」工作表，如圖 3-9 所示。

圖 3-9　複利利率

表格製作

輸入

在「**複利終值**」工作表中輸入資料，如圖 3-10 所示。

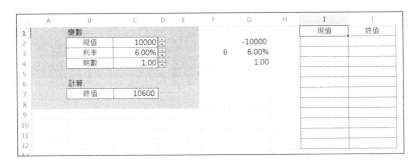

圖 3-10　在「複利終值」工作表中輸入資料

在「**複利現值**」工作表中輸入資料，如圖 3-11 所示。

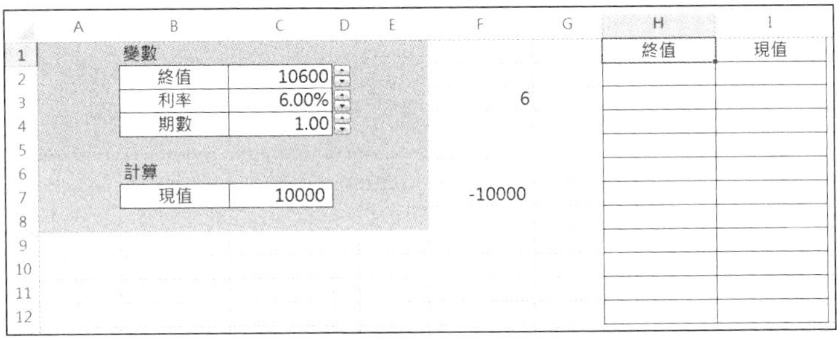

圖 3-11　在「複利現值」工作表中輸入資料

在「**複利期數**」工作表中輸入資料，如圖 3-12 所示。

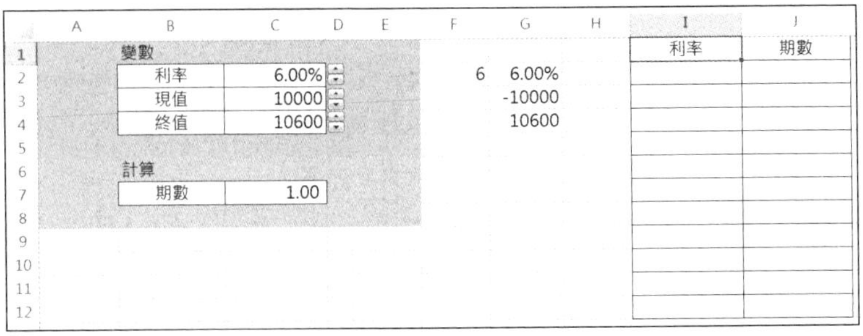

圖 3-12　在「複利期數」工作表中輸入資料

在「**複利利率**」工作表中輸入資料，如圖 3-13 所示。

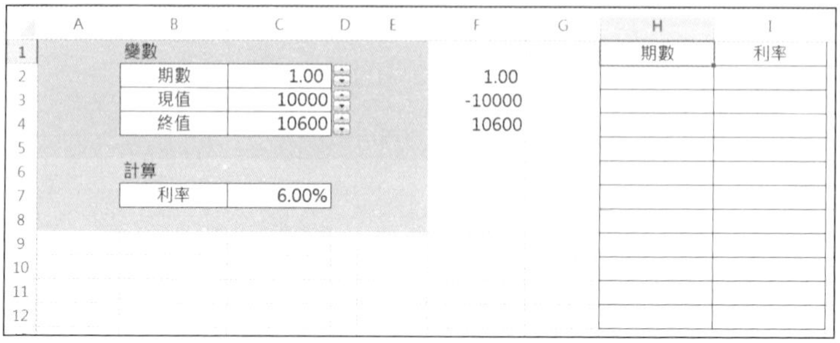

圖 3-13　在「複利利率」工作表中輸入資料

加工

分別在各個工作表的儲存格中輸入公式：

「**複利終值**」工作表

I2：=0.5*$C$2

I3：=0.6*$C$2

……

I11：=1.4*$C$2

I12：=1.5*$C$2

J2：=FV($G$3,$G$4,0,-I2,0)

選取 J2 儲存格，按住控點向下拖曳填滿至 J12 儲存格。

「**複利現值**」工作表

H2：=0.5*$C$2

H3：=0.6*$C$2

……

H11：=1.4*$C$2

H12：=1.5*$C$2

I2：= -PV($C$3,$C$4,0,H2,0)

選取 I2 儲存格，按住控點向下拖曳填滿至 I12 儲存格。

「**複利期數**」工作表

I2：=0.5*$G$2

I3：=0.6*$G$2

……

I11：=1.4*$G$2

I12：=1.5*$G$2

J2：=NPER(I2,0,$G$3,$G$4,0)

選取 J2 儲存格，按住控點向下拖曳填滿至 J12 儲存格。

「**複利利率**」工作表

H2：=0.5*$F$2

H3：=0.6*$F$2

……

H11：=1.4*$F$2

H12：=1.5*$F$2

I2：= -($F$4/$F$3)^(1/H2)-1

選取 I2 儲存格，向下填滿至 I12 儲存格。

輸出

「**複利終值**」工作表，如圖 3-14 所示。

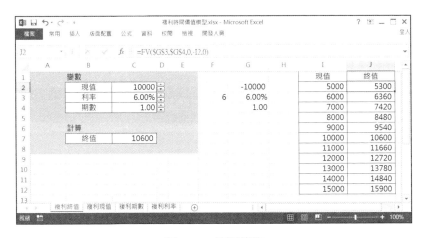

圖 3-14　複利終值

「**複利現值**」工作表，如圖 3-15 所示。

圖 3-15　複利現值

「複利期數」工作表，如圖 3-16 所示。

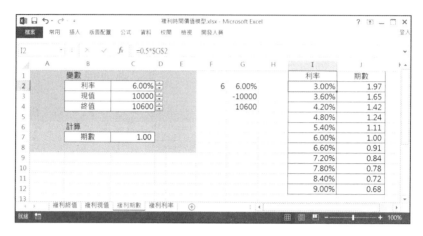

圖 3-16　複利期數

「複利利率」工作表，如圖 3-17 所示。

圖 3-17　複利利率

圖表生成

「複利終值」工作表

1）　選取工作表中 I2：J12 區域，按一下「插入」標籤，選取「圖表→插入 XY 散佈
圖或泡泡圖→帶有平滑線的 XY 散佈圖」按鈕項，即可插入一個標準的 XY 散
佈圖，可先將預設的「圖表標題」刪掉，調整圖表大小及移到適當的位置。

2） 在圖表區按下滑鼠右鍵，在展開的功能表中選取「選取資料來源…」指令。此時已有數列 1。按一下「新增」按鈕，新增如下數列 2 和數列 3，如圖 3-18：

數列 2：
X 值：=複利終值!$C$2
Y 值：=複利終值!$C$7

數列 3：
X 值：=(複利終值!$C$2，複利終值!$C$2)
Y 值：=(複利終值!$J$2，複利終值!$J$12)

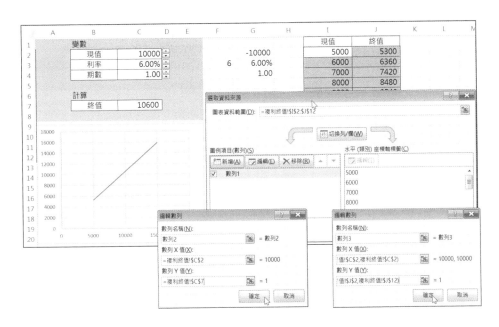

圖 3-18 選取資料來源對話方塊中新增數列 2 和數列 3

3） 對圖表中「數列 2」的「點」按下滑鼠右鍵，選取「資料數列格式」指令，然後在展開的「資料數列格式」面板中點按「標記」，並在「標記選項」中點按「自動」或「內建」，在「填滿」中選「實心填滿」或「自動」，也可選一種不同於其他數列標示的「色彩」填滿，如圖 3-19 所示。

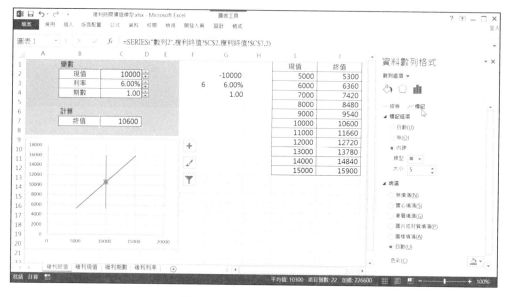

圖 3-19　資料數列格式設定

4）　點選圖表，然後按下圖表右上方的「＋」圖示，勾選「座標軸標題」，接著將水平座標軸標題文字改成「現值」，將垂直座標軸標題文字改成「終值」。

5）　最後使用者可按自己的意願修改圖表。例如，將垂直座標軸標題的「文字方向」改為「垂直」，如圖 3-20a。最後完成的複利終值模型則如圖 3-20b 所示。

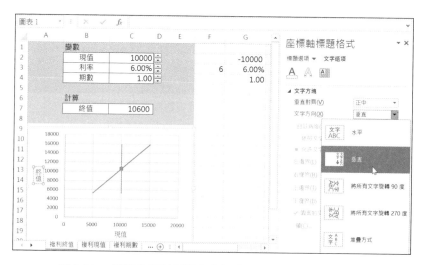

圖 3-20a　變更座標軸標題文字的「文字方向」為「垂直」

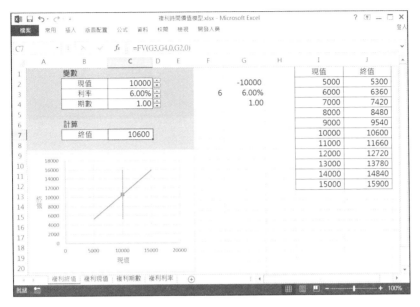

圖 3-20b　複利終值模型

「複利現值」工作表

圖表生成過程，本工作表與「複利終值」工作表相同。複利現值模型的最終介面如圖 3-21 所示。

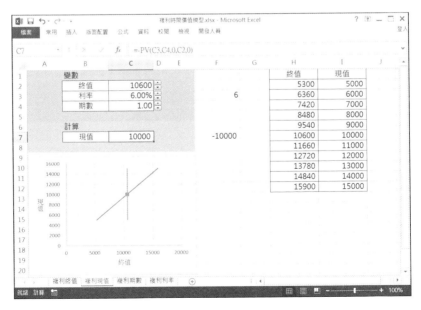

圖 3-21　複利現值模型

「複利期數」工作表

圖表生成過程,本工作表與「複利終值」工作表相同。複利期數模型的最終介面如
圖 3-22 所示。

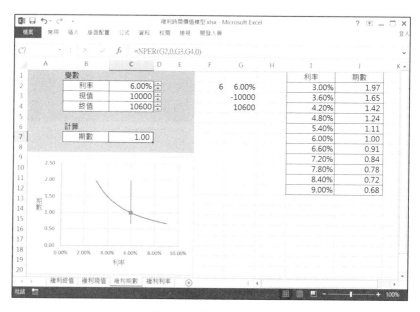

圖 3-22　複利期數模型

「複利利率」工作表

本工作表的圖表生成過程與「複利終值」工作表相同。複利利率模型的最終介面如
圖 3-23 所示。

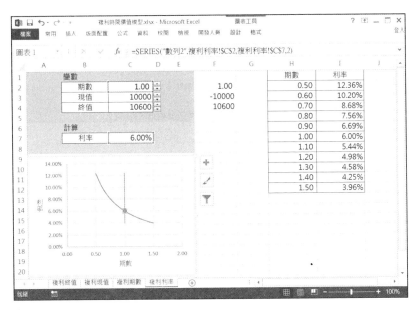

圖 3-23　複利利率模型

操作說明

■ 在「複利終值」工作表中，調動「現值」、「利率」、「期數」等變數的微調按鈕，模型的計算結果將隨之變化，表格將隨之變化，圖表將隨之變化。

■ 在「複利現值」工作表中，調動「終值」、「利率」、「期數」等變數的微調按鈕，模型的計算結果將隨之變化，表格將隨之變化，圖表將隨之變化。

■ 在「複利期數」工作表中，調動「利率」、「現值」、「終值」等變數的微調按鈕，模型的計算結果將隨之變化，表格將隨之變化，圖表將隨之變化。

■ 在「複利利率」工作表中，調動「期數」、「現值」、「終值」等變數的微調按鈕，模型的計算結果將隨之變化，表格將隨之變化，圖表將隨之變化。

年金時間價值模型

應用場景

CEO：年金，顧名思義，就是每年的資金了？

CFO：不是。年金是指等額、定期的系列收支。等額，就是每期款項的收支金額必須相等；定期，就是收支業務的間隔時間必須相等。「年金」要求的定期，不一定是按「年金」字面所說的「年」，也可以是按「月」或者其他時間間隔。折舊、租金、等額分期付款等，都屬於年金問題。

CEO：利率一般是年利率，年金的期間如果不是一年，那麼利率就需要換算了？

CFO：是的，需要將年利率換算成計息期利率。例如，年利率是 8%，期間是一個季度，那麼每季度利率就是 2%。

CEO：年金應該有不同類型吧？例如，有的在期末收付，有的在期初收付。

CFO：是的。根據收付時點和方式的不同，年金可分為普通年金、預付年金、遞延年金和永續年金 4 種。普通年金是各期期末收付的年金；預付年金是各期期初收付的年金；遞延年金是第一次收付發生在第二期及以後的年金；永續年金是無限期定額支付的年金。在財務管理中，講到年金，一般是指普通年金。

CEO：看樣子，年金比複利麻煩。

CFO：年金終值其實就是定期收付金額各自複利終值的彙總數。如果是手動計算，年金會比複利複雜。不過可借助年金終值係數表、年金現值係數表。另外，年金比複利多一個概念，即除了終值或現值、期數、利率外，還有一個每期年金。

CEO：我看了年金終值係數表、年金現值係數表，和複利終值係數表、複利現值係數表一樣是由利率和期數構成的。這些係數表缺陷很明顯，一是不連續，例如，利率如果介於 1%~2%之間，就不可能查到；二是不能根據終值或現值、每期年金、利率查期數，或根據終值或現值、每期年金、期數查利率。

CFO：手動也是可以做到的。如果利率介於 1%~2%之間，現值或終值係數的計算可以用插補法；如果已知終值或現值、每期年金、利率，可以先根據終值或現值、每期年金計算出年金係數，然後根據利率和係數反查期數；如果已知終值或現值、每期年金、期數，可以先根據終值或現值、每期年金計算出年金係數，然後根據期數和係數，反查利率。

這些在手動條件下也可以做到，當然很麻煩。現在不同了，很多軟體提供了函數，可直接使用。年金終值或現值、每年年金、期數、利率，只要知道其中三個，另一個很容易算出。

基本理論

普通年金終值

最後一次支付時的本利和,是每次支付的複利終值之和。

普通年金終值＝每年支付金額 ×〔(1+利率)^{期數}－1〕÷ 利率

〔(1+利率)^{期數}－1〕÷ 利率:普通年金的終值係數或 1 元年金的終值。

償債基金

為使年金終值達到既定金額,每年年末應支付的年金資料。

償債基金＝年金終值×利率 ÷〔(1+利率)^{期數}－1〕

利率÷〔(1+利率)^{期數}－1〕:普通年金終值係數的倒數,又稱償債基金係數。

普通年金現值

為在每期期末取得相等金額的款項,現在需要投入的金額。

普通年金現值＝每年支付金額 ×〔1－(1+利率)$^{-期數}$〕÷ 利率

〔1－(1+利率)$^{-期數}$〕÷ 利率:普通年金的現值係數或 1 元年金的現值。

模型建立

📂……\chapter03\01\年金時間價值模型.xlsx

輸入

新建活頁簿。本範例的活頁簿包括以下工作表:年金終值、年金現值、年金金額、年金期數、年金利率。

「年金終值」工作表

1) 在工作表中輸入文字資料並格式化,如加上框線、調整列高欄寬、選取填滿色彩、設定字型大小等。

2) 新增微調按鈕。與前面相同,按一下「開發人員」標籤,分別選按「插入→表單控制項→微調按鈕」項,在 D2、D3、D4 儲存格拖曳製作出微調按鈕。隨後

對微調按鈕按下滑鼠右鍵，選取「控制項格式」指令，進行儲存格連結、目前值、最小值、最大值等的相關設定。屬性詳細內容可參考本節的 Excel 範例檔。

3） 在 C3 儲存格輸入公式「=F3/100」，如圖 3-24 所示。

圖 3-24　在「年金終值」工作表中輸入資料

「年金現值」工作表

1） 本工作表的內容與上一個工作表相似，可直接複製整個工作表再修改成我們要用的年金現值工作表。作法是以滑鼠右鍵點選前面製作好的「年金終值」工作表標籤，在展開的快顯功能表中選取「移動或複製…」指令，然後在開啟的話方塊中選取「(移動到最後)」，並勾選「建立複本」，按下「確定」鈕即可複製一個「年金終值(2)」工作表。

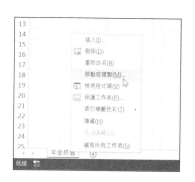

圖 3-25a　「移動或複製…」工作表

2） 連按二下「年金終值(2)」工作表標籤，將其改為「年金現值」，然後將工作表中 B8 儲存格改為「現值」，並將 C2 和 C4 儲存格改成 100 和 3，如此即初步完成年金現值工作表，如圖 3-25b 所示。

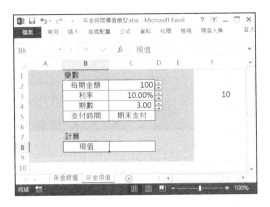

圖 3-25b　初步完成「年金現值」工作表

「年金金額」工作表

1）　本工作表的內容與上一個工作表相似，可直接複製整個工作表再修改成我們要
　　　用的年金現值工作表。這次用另一個複製工作表的方法，先按住 Ctrl 鍵不放，
　　　將滑鼠指向「年金現值」工作表標籤，按住向右拖曳會出現複製的游標圖示，
　　　此時放開即完成複製工作表，如圖 3-26 所示。

圖 3-26a　拖曳複製工作表

2）　連按二下「年金現值(2)」工作表標籤，將其改為「年金金額」，然後將工作表
　　　中 B8 儲存格改為「每期金額」，B2 儲存格改為「終值」，並將 C2 和 C4 儲存格
　　　改成 10000 和 5，如此即初步完成年金金額工作表，如圖 3-26b 所示。

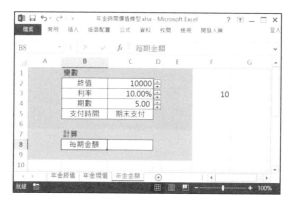

圖 3-26b　初步完成「年金金額」工作表

「年金期數」工作表

1） 以前面介紹的方法複製「年金金額」工作表，將複製出來的「年金金額(2)」工作表標籤改為「年金期數」。

2） 選取 B2:D2 範圍區域，先按住 Shift 鍵不放，再將滑鼠移到選取區域的邊框，按住不放向下拖曳到第 5 列下方，放開即完成移動。

3） 將 B3 儲存格改為「每期金額」，再改 C3 儲存格改為「1638」，並將儲存格格式改為「數值」，小數位數為「0」。接著也將 B8 儲存格改為「期數」，C8 儲存格格式改為「數值」，小數位數為「2」。如圖 3-27 所示。

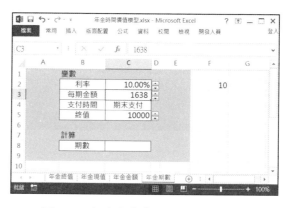

圖 3-27　初步完成「年金期數」工作表

「年金利率」工作表

1) 以前面介紹的方法複製「年金期數」工作表，將複製出來的「年金期數(2)」工作表標籤改為「年金利率」。

2) 將 B2 儲存格改為「期數」，再改 C2 儲存格改為「5」，並將儲存格格式改為「數值」，小數位數為「2」。接著也將 B8 儲存格改為「利率」，C8 儲存格格式改為「百分比」，小數位數為「2」。

3) 對 D2 的微調按鈕按下右鍵，選取「控制項格式」指令，然後將「儲存格連結」改成「$C$2」，完成初步的工作表如圖 3-28 所示。

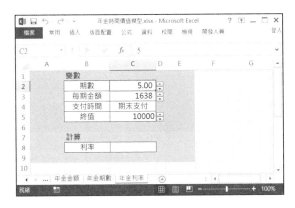

圖 3-28　初步完成「年金利率」工作表

加工

在各個工作表儲存格中輸入公式：

「年金終值」工作表

G2：= -C2

G3：=C3

G4：=C4

G5：=0

C8：=FV(G3,G4,G2,0,G5)

「年金現值」工作表

G2：= -C2

G3：=C3

G4：=C4

G5：=0

C8：=PV(G3,G4,G2,0,G5)

「年金金額」工作表

G2：=C2

G3：=C3

G4：=C4

G5：=0

G8：=PMT(G3,G4,0,G2,G5)

C8：= -G8

「年金期數」工作表

G2：=C2

G3：= -C3

G4：=0

G5：=C5

C8：=NPER(G2,G3,0,G5,G4)

「年金利率」工作表

F2：=C2

F3：= -C3

F4：=0

F5：=C5

C8：=RATE(F2,F3,0,F5,F4)

輸出

「年金終值」工作表，如圖 3-29 所示。

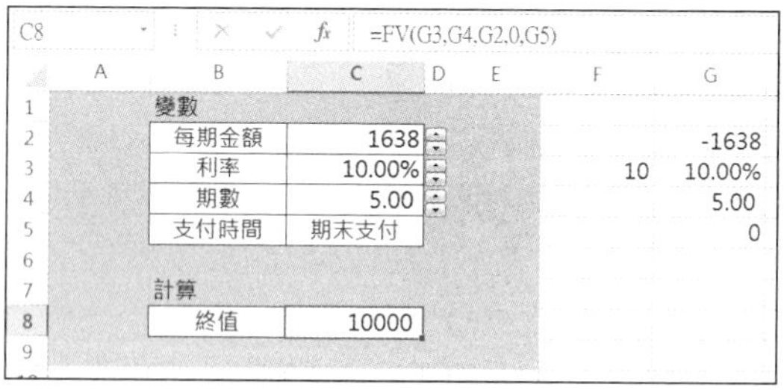

圖 3-29　年金終值

「年金現值」工作表，如圖 3-30 所示。

圖 3-30　年金現值

「年金金額」工作表，如圖 3-31 所示。

圖 3-31　年金金額

「**年金期數**」工作表，如圖 3-32 所示。

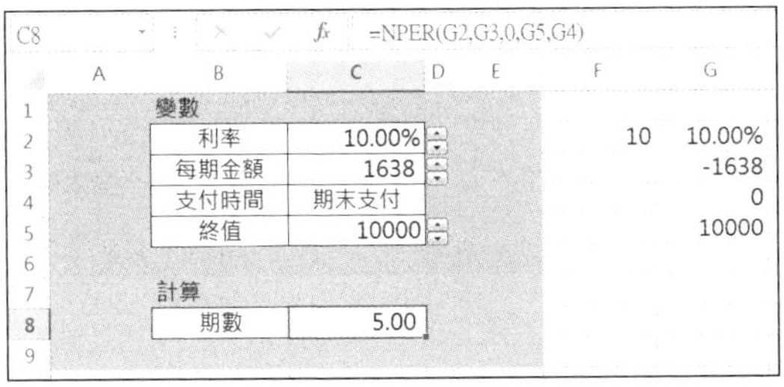

圖 3-32　年金期數

「**年金利率**」工作表，如圖 3-33 所示。

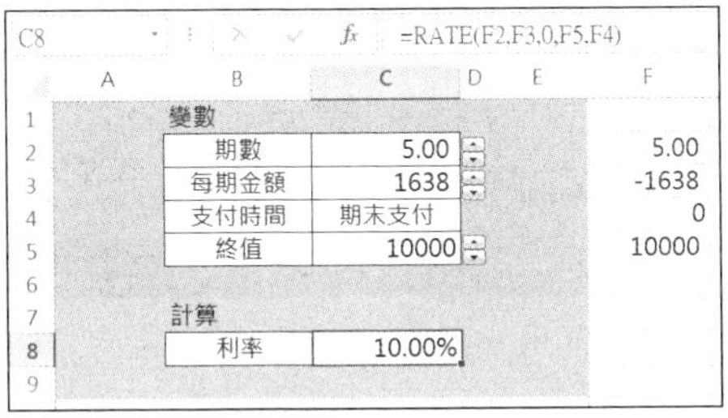

圖 3-33　年金利率

表格製作

輸入

在「**年金終值**」工作表的 I1:J12 中輸入資料及加框線，如圖 3-34 所示。

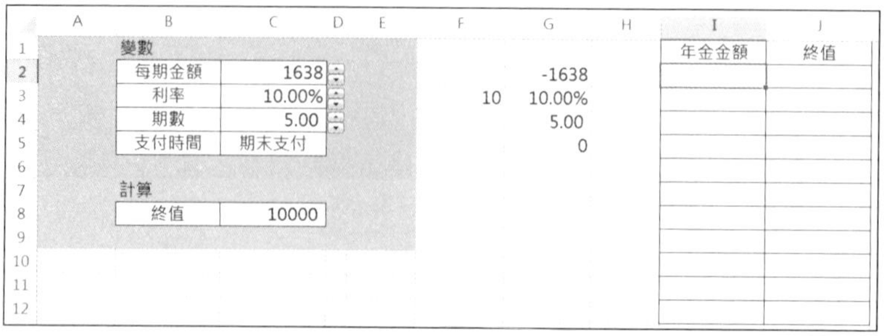

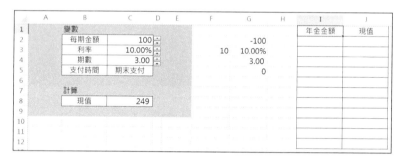

圖 3-34　在「年金終值」工作表中輸入資料

在**「年金現值」**工作表中完成表格，可利用前面製作好的複製過去再修改，如圖 3-35 所示。

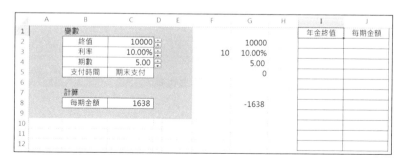

圖 3-35　在「年金現值」工作表中輸入資料

在**「年金金額」**工作表中完成表格，可利用前面製作好的複製過去再修改，如圖 3-36 所示。

圖 3-36　在「年金金額」工作表中輸入資料

在「**年金期數**」工作表中完成表格，可利用前面製作好的複製過去再修改，如圖 3-37 所示。

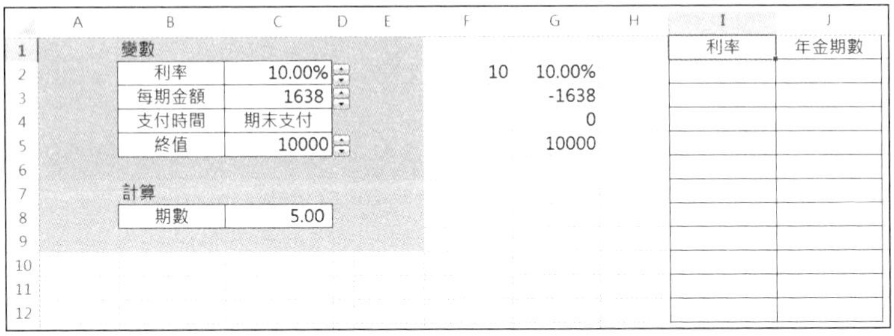

圖 3-37 在「年金期數」工作表中輸入資料

在「**年金利率**」工作表中完成表格，可利用前面製作好的複製過去再修改，如圖 3-38 所示。

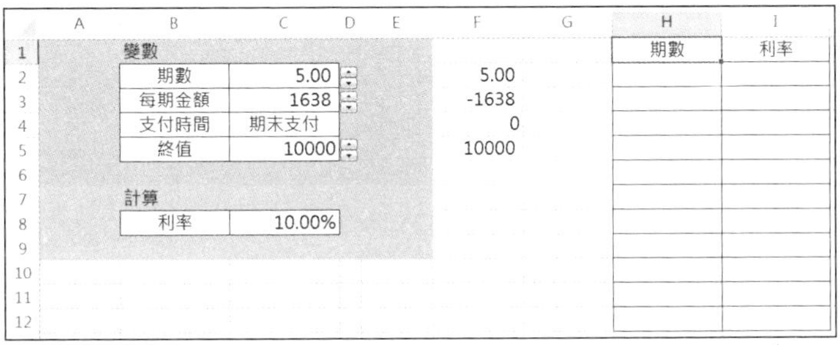

圖 3-38 在「年金利率」工作表中輸入資料

加工

在工作表儲存格中輸入公式：

「年金終值」工作表

I2：=0.5*$C$2

I3：=0.6*$C$2

……

I11：=1.4*$C$2

I12：=1.5*$C$2

J2：=FV($G$3,$G$4,-I2,0,$G$5)

選取 J2 儲存格，按住控點向下拖曳填滿至 J12 儲存格。

「年金現值」工作表

I2：=0.5*$C$2

I3：=0.6*$C$2

......

I11：=1.4*$C$2

I12：=1.5*$C$2

J2：=PV($G$3,$G$4,-I2,0,G5)

選取 J2 儲存格，按住控點向下拖曳填滿至 J12 儲存格。

「年金金額」工作表

I2：=0.5*$G$2

I3：=0.6*$G$2

......

I11：=1.4*$G$2

I12：=1.5*$G$2

J2：= -PMT($G$3,$G$4,0,I2,$G$5)

選取 J2 儲存格，按住控點向下拖曳填滿至 J12 儲存格。

「年金期數」工作表

I2：=0.5*$G$2

I3：=0.6*$G$2

......

I11：=1.4*$G$2

I12：=1.5*$G$2

J2：=NPER(I2,$G$3,0,$G$5,$G$4)

選取 J2 儲存格，按住控點向下拖曳填滿至 J12 儲存格。

「年金利率」工作表

H2：=0.5*$F$2

H3：=0.6*$F$2

......

H11：=1.4*$F$2

H12：=1.5*$F$2

I2：=RATE(H2,$F$3,0,$F$5,$F$4)

選取 I2 儲存格，按住控點向下拖曳填滿至 I12 儲存格。

輸出

「年金終值」工作表，如圖 3-39 所示。

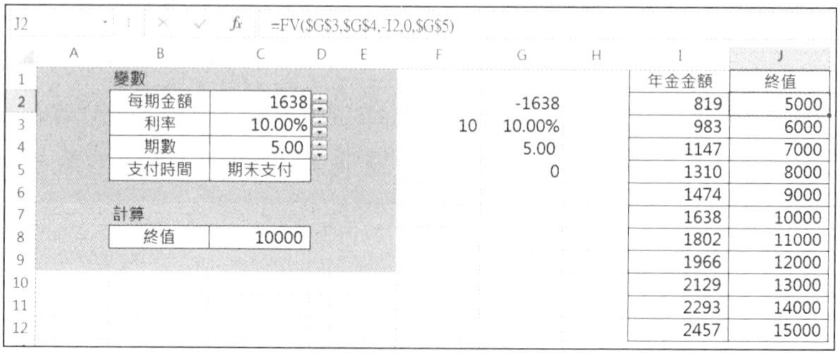

圖 3-39　年金終值

「年金現值」工作表，如圖 3-40 所示。

J2　=PV($G$3,$G$4,-I2,0,G5)

	A	B	C	D	E	F	G	H	I	J
1		變數							年金金額	現值
2		每期金額	100				-100		50	124
3		利率	10.00%			10	10.00%		60	149
4		期數	3.00				3.00		70	174
5		支付時間	期末支付				0		80	199
6									90	224
7		計算							100	249
8		現值	249						110	274
9									120	298
10									130	323
11									140	348
12									150	373

圖 3-40　年金現值

「年金金額」工作表，如圖 3-41 所示。

J2　=-PMT($G$3,$G$4,0,I2,$G$5)

	A	B	C	D	E	F	G	H	I	J
1		變數							年金終值	每期金額
2		終值	10000				10000		5000	819
3		利率	10.00%			10	10.00%		6000	983
4		期數	5.00				5.00		7000	1147
5		支付時間	期末支付				0		8000	1310
6									9000	1474
7		計算							10000	1638
8		每期金額	1638				-1638		11000	1802
9									12000	1966
10									13000	2129
11									14000	2293
12									15000	2457

圖 3-41　年金金額

「年金期數」工作表，如圖 3-42 所示。

J2　=NPER(I2,$G$3,0,$G$5,$G$4)

	A	B	C	D	E	F	G	H	I	J
1		變數							利率	年金期數
2		利率	10.00%			10	10.00%		5.00%	5.46
3		每期金額	1638				-1638		6.00%	5.36
4		支付時間	期末支付				0		7.00%	5.26
5		終值	10000				10000		8.00%	5.17
6									9.00%	5.08
7		計算							10.00%	5.00
8		期數	5.00						11.00%	4.92
9									12.00%	4.85
10									13.00%	4.78
11									14.00%	4.71
12									15.00%	4.65

圖 3-42　年金期數

「**年金利率**」工作表，如圖 3-43 所示。

	期數	利率
	2.50	156.91%
	3.00	81.41%
	3.50	47.58%
	4.00	29.05%
	4.50	17.62%
	5.00	10.00%
	5.50	4.63%
	6.00	0.69%
	6.50	-2.29%
	7.00	-4.60%
	7.50	-6.43%

圖 3-43 年金利率

圖表生成

「年金終值」工作表

1) 選取 I2：J12 區域，按一下「插入」標籤，選取「圖表→插入 XY 散佈圖或泡泡圖→帶有平滑線的 XY 散佈圖」按鈕項，即可插入一個標準的 XY 散佈圖，可先將預設的「圖表標題」刪掉，調整圖表大小及移到適當的位置。

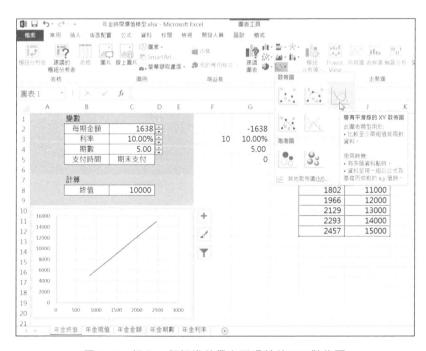

圖 3-44 插入一個標準的帶有平滑線的 XY 散佈圖

2）　在圖表區按下滑鼠右鍵，在展開的功能表中選取「選取資料來源…」指令。此
　　時已有數列 1。按一下「新增」按鈕，新增如下數列 2 和數列 3，如圖 3-45：

數列 2：

X 值：=年金終值!$C$2

Y 值：=年金終值!$C$8

數列 3：

X 值：=(年金終值!$C$2,年金終值!$C$2)

Y 值：=(年金終值!$J$2,年金終值!$J$12)

圖 3-45　圖表生成過程

3）　接著要針對數列 2 的點進行格式化作業；因此，可透過「圖表工具→格式」標
　　籤中右上方的圖表項目下拉方塊，選取「數列 2」，再按下「格式化選取範圍」
　　按鈕展開「資料數列格式」工作面板，並將「標記選項」改為想要的內建格式
　　和填滿色彩。

4）　按下圖表右上角的「+」圖示展開功能表，勾選座標軸標題，並將 X 軸改為
　　「每期金額」；垂直的 Y 軸改為「終值」。若使用者還有需要，可按自己的意願
　　修改圖表。最後年金終值模型的介面如圖 3-46 所示。

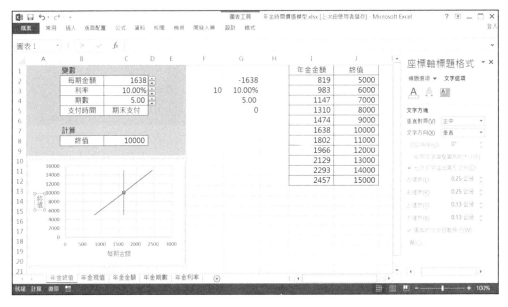

圖 3-46　年金終值模型

「年金現值」工作表

本工作表的圖表生成過程與「年金終值」工作表相同。年金現值模型的最終介面如圖 3-47 所示。

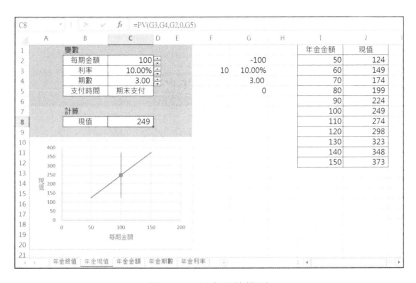

圖 3-47　年金現值模型

「年金金額」工作表

本工作表的圖表生成過程與「年金終值」工作表相同。年金金額模型的最終介面如圖 3-48 所示。

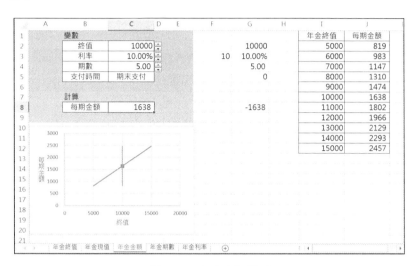

圖 3-48　年金金額模型

「年金期數」工作表

圖表生成過程，本工作表與「年金終值」工作表相同。年金期數模型的最終介面如圖 3-49 所示。

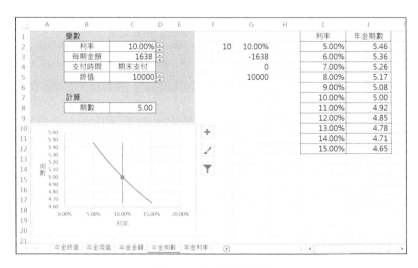

圖 3-49　年金期數模型

「年金利率」工作表

本工作表的圖表生成過程與「年金終值」工作表相同。年金利率模型的最終介面如圖 3-50 所示。

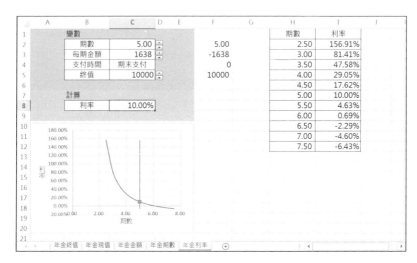

圖 3-50　年金利率模型

操作說明

■　本模型所指的「年金」，是指普通年金。

■　在「年金終值」工作表中，調整「每期金額」、「利率」、「期數」等變數的微調按鈕，模型的計算結果將隨之變化，表格將隨之變化，圖表將隨之變化。

■　在「年金現值」工作表中，調整「每期金額」、「利率」、「期數」等變數的微調按鈕，模型的計算結果將隨之變化，表格將隨之變化，圖表將隨之變化。

■　在「年金金額」工作表中，調整「年金終值」、「利率」、「期數」等變數的微調按鈕，模型的計算結果將隨之變化，表格將隨之變化，圖表將隨之變化。

■　在「年金期數」工作表中，調整 「利率」、「每期金額」、「終值」等變數的微調按鈕，模型的計算結果將隨之變化，表格將隨之變化，圖表將隨之變化。

■　在「年金利率」工作表中，調整 「期數」、「每期金額」、「終值」等變數的微調按鈕，模型的計算結果將隨之變化，表格將隨之變化，圖表將隨之變化。

3.2　風險和報酬模型

CEO：風險與危機有何區別？

CFO：危機包含「危」和「機」兩個意思。風險的定義，
以往是發生財務損失的可能性；現在是預期結果的
不確定性。這種不確定性，既包括負面效應的不確
定性，也包括正面效應的不確定性。按現在對風險
的定義，它與危機應是相同的。另外，風險的概
念，可區分為系統風險和非系統風險。

CEO：系統風險和非系統風險有何區別？

CFO：系統風險，是影響整個資本市場的風險，是不可分散風險；非系統風險，是發
生於個別公司的特有事件造成的風險，是可分散風險。

CEO：風險用什麼度量？

CFO：用標準差。標準差用來判斷可能收益率與期望收益率的偏離程度。

CEO：那麼風險與收益同在，就是一句完全正確的廢話了，因為風險就是這麼定義
的。

CFO：是的。這與「福兮禍所倚，禍兮福所伏」不同，福是一件事，禍是另一件事，
一共是兩件事。而收益是機率下一串數字的預期值，風險則是同一串數字的標
準差，一共是一件事。

證券組合決策模型

應用場景

CEO：為什麼證券組合不會降低收益，卻會降低風險？

CFO：因為證券組合收益率，是各個證券收益率的簡單加權平均；證券組合風險，不
是各個證券風險的簡單加權平均，而採用了共變異數進行計算。共變異數公式
有相關係數，相關係數小於等於 1。

CEO：那我就用各個證券風險的簡單加權平均，作為證券組合風險。這樣，證券組合就不會降低風險了？

CFO：那當然不是。一開始，我們將組合收益率，定義為各證券收益率的簡單加權平均；相對的，組合風險，定義為各證券風險的簡單加權平均。但在實踐中發現行不通，因為收益與實際相符，風險與實際卻不相符。

然後找原因，發現證券之間有相關性，這種相關性可以降低風險。這樣就在相關係數、變異數的概念基礎上，產生了共變異數的概念，並將之用於組合風險新的定義。

檢驗這種新的定義是否能解釋和度量事實存在的風險。如果不能解釋，就需要對組合風險的概念繼續進行改造；如果能夠解釋，組合風險的定義就定格了，就是可以寫進教科書，傳授給芸芸學子了。

CEO：也就是說，先有事實，後有概念。概念，不是從來就有的，而是為了解釋某種事實而人為製造的。

如果概念不能解釋事實，相應的，就要對概念進行調整，直至其符合事實；如果事實在原有事實基礎上發展了、變化了，相應的，就要在原有概念的基礎上進行改造，或者產生新的概念。

我們只能用事實去形成概念，用事實的發展去改造概念。而不可能相反，用概念去形成事實，用概念的發展去改造事實。

CFO：是這樣的。先有證券組合降低風險的事實，後有共變異數的概念。共變異數的概念，不是從來就有的，而是為了解釋證券組合降低了風險這種事實而人為製造的。

如果共變異數概念不能解釋證券組合降低風險的事實，相對的，就要對共變異數概念進行調整，直至其符合事實；如果證券組合降低了風險這種事實在原有事實的基礎上發展了、變化了，相應的，就要在原有共變異數概念的基礎上進行改造，或者產生新的概念。

我們只能用證券組合降低風險的事實去形成共變異數的概念，用事實的發展去改造概念。而不可能相反，用共變異數的概念去形成證券組合降低風險的事實，用概念的發展去改造事實。

基本理論

期望值

是隨機變數的各個取值，以相對應的機率為權數的加權平均數。它反映隨機變數取值的平均化。

$$K= \sum_{i=1}^{n} (K_i \cdot P_i)$$

K：期望收益率。

K_i：證券某種狀況下的收益率。

P_i：證券某種狀況出現的機率。

n：可能狀況的個數。

標準差

判斷實際可能的收益率與期望收益率的偏離程度。

$$\sigma = \sqrt{\sum_{i=1}^{n} (K_i - \overline{K})^2 P_i}$$

σ：標準差。

K：期望收益率。

K_i：證券某種狀況下的收益率。

P_i：證券某種狀況出現的機率。

n：可能狀況的個數。

標準差越大，說明實際可能的結果與期望收益率偏離越大，實際收益率不穩定，因而該證券投資的風險大；標準差越小，說明實際可能的結果與期望收益率偏離越小，實際收益率比較穩定，因而該證券投資的風險較小。

相關係數

確定兩個變數之間的相關方向和相關的密切程度。

$$相關係數(r) = \frac{\sum_{i=1}^{n}\left[\left(x_i - \overline{x}\right) \times \left(y_i - \overline{y}\right)\right]}{\sqrt{\sum_{i=1}^{n}\left(x_i - \overline{x}\right)^2} \times \sqrt{\sum_{i=1}^{n}\left(y_i - \overline{y}\right)^2}}$$

相關係數大於等於 -1，小於等於 +1。當相關係數為 1 時，表示一種證券報酬率的成長總是與另一種證券報酬率的成長成比例；當相關係數為 -1 時，表示一種證券報酬的成長與另一種證券報酬的減少成比例；當相關係數為 0 時，表示缺乏相關性，每種證券的報酬率相對於另外的證券的報酬率獨立變動。一般而言，兩種證券之間的相關係數為小於 1 的正值。

組合收益率

$$r_p = \sum_{j=1}^{m} r_j A_j$$

r_p：組合收益率。

r_j：第 j 種證券的預期報酬率。

A_j：第 j 種證券在全部投資額中的比重。

m：組合中的證券種類總數。

組合風險

$$\sigma_p = \sqrt{\sum_{j=1}^{m}\sum_{k=1}^{m} A_j A_k \sigma_{jk}}$$

p：組合風險（組合標準差）。

m：組合內證券種類總數。

A_j：第 j 種證券在投資總額中的比例。

A_k：第 k 種證券在投資總額中的比例。

σ_{jk}：第 j 種證券與第 k 種證券報酬率的共變異數。

組合共變異數

用來度量兩種證券之間共同變動的程度。

$$\sigma_{jk} = r_{jk}\sigma_j\sigma_k$$

σ_{jk}：組合共變異數。

r_{jk}：證券 j 和證券 k 報酬率之間的預期相關係數。

σ_j：第 j 種證券的標準差。

σ_k：第 k 種證券的標準差。

證券組合的特徵

如圖 3-51 所示，證券組合主要有如下特徵：

圖 3-51　證券組合

1）　證券組合的風險報酬曲線揭示了分散化效應。投資組合的抵銷風險的效應可以
　　　透過曲線的彎曲看出來。拿出一部分資金投資於標準差較大的另一種證券會比
　　　將全部資金投資於標準差小的一種證券的組合標準差還要小。這種結果與人們
　　　的直覺相反，揭示了風險分散化的內在特徵。

2）　證券組合的風險報酬曲線表達了最小變異數組合。曲線最左端點的組合稱作最
　　　小變異數組合，它在持有證券的各種組合中有最小的標準差。

3）　證券組合的風險報酬曲線表達了投資有效集合。最小變異數組合以下的組合
　　　（曲線向下的彎曲部分）是無效的。沒有人會打算持有預期報酬率比最小變異
　　　數組合預期報酬率還低的投資組合，它們不但比最小變異數組合風險大，而且
　　　報酬低。因此，機會集曲線的彎曲部分是無效的。有效集是從最小變異數組合
　　　點到最高預期報酬率組合點的那段曲線。

4）　證券組合的風險報酬曲線說明了相關性對風險的影響。證券報酬率的相關係數
　　　越小，曲線就越彎曲，風險分散化效應也就越強。證券報酬率之間的相關性越
　　　高，風險分散化效應就越弱。完全正相關的投資組合，不具有風險分散化效
　　　應，其機會集是一條直線。

模型建立

……\chapter03\02\證券組合決策模型.xlsx

輸入

在 Excel 中新建活頁簿。並新建以下工作表：已知標準差和相關係數、未知標準差和相關係數。

「已知標準差和相關係數」工作表

1) 在工作表中輸入文字及資料，並加入框線，填滿色彩及 B11:J12 合併儲存格、調整列高欄寬、選取填滿色彩、設定字型和大小等。

2) 在 D2、D3、F2、F3、G2 等儲存格新增微調按鈕，分別用來連結旁邊的儲存格。可按下「開發人員」標籤，選取「插入→表單控制項→微調按鈕」圖示，然後在對應的儲存格位置上拖曳拉出微調按鈕，然後對它按下右鍵選取「控制項格式」指令，進行儲存格連結、目前值、最小值、最大值等的設定。詳細的設定值可參考本節的 Excel 範例檔（範例檔下載網址請見本書前言）。

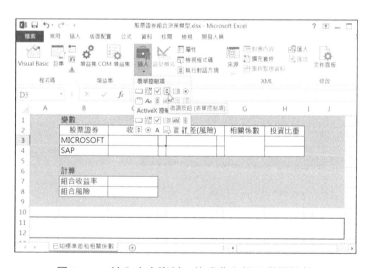

圖 3-52a　輸入文字資料、格式化和插入微調按鈕

3) 在以下儲存格位置輸入公式。完成初步的結果如圖 3-52b 所示。

C3：=K3/100

C4：=K4/100

E3：=L3/100

E4：=L4/100

G3：=M3/100

H3：=N3/100

H4：=1-H3

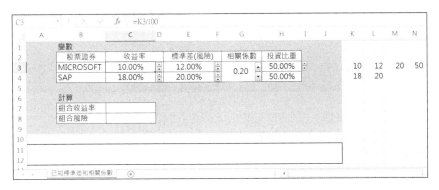

圖 3-52b　初步完成的「已知標準差和相關係數」工作表

「未知標準差和相關係數」工作表

1）　在工作表中輸入資料，中輸入文字及資料，並加入框線，填滿色彩及 B11:J12
　　合併儲存格、調整列高欄寬、選取填滿色彩、設定字型和大小等。

2）　在 F11 儲存格新增微調按鈕，用來連結旁邊的 H11 儲存格。可按下「開發人
　　員」標籤，選取「插入→表單控制項→微調按鈕」圖示，然後在對應的儲存格
　　位置上拖曳拉出微調按鈕，然後對它按下右鍵選取「控制項格式」指令，進行
　　儲存格連結、目前值、最小值、最大值等的設定。

3）　在以下儲存格輸入公式。初步完成結果如圖 3-53 所示。

　　F11：=H11/100

　　F12：=1-F11

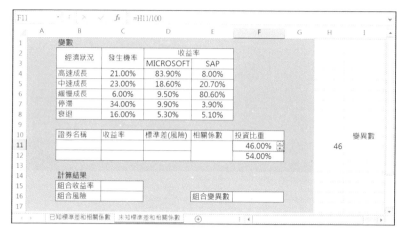

圖 3-53　初步完成「未知標準差和相關係數」工作表

加工

在工作表儲存格中輸入公式：

「已知標準差和相關係數」工作表

C7：=C3*H3+C4*H4

C8：=(H3*H3*1*E3^2+H4*H4*1*E4^2+2*H3*H4*G3*E3*E4)^(1/2)

A11：="證券「 "&(B3)&" 」、「 "&(B4)&" 」投資比重分別為"&(ROUND(H3*100,2))&"
%、 "&(ROUND(H4*100,2))&"%時，投資組合風險為"&(ROUND(C8*100,2))&"%，投
資組合收益率為"&(ROUND(C7*100,2))&"%。 "

「未知標準差和相關係數」工作表

B11：=D3

B12：=E3

C11：=SUMPRODUCT(D4:D8,C4:C8)

C12：=SUMPRODUCT(E4:E8,C4:C8)

I11：=SUMPRODUCT(C4:C8,(D4:D8-C11)^2)

I12：=SUMPRODUCT(C4:C8,(E4:E8-C12)^2)

D11：=I11^(1/2)

D12：=I12^(1/2)

E11：=CORREL(D4:D8,E4:E8)

C15：=SUMPRODUCT(C11:C12,F11:F12)

F16：=F11*F11*1*D11^2+2*F11*F12*E11*D11*D12+F12*F12*1*D12^2

C16：=F16^(1/2)

A19：="證券「"&(B11)&"」、「"&(B12)&"」投資比重分別為"&(ROUND(F11*100, 2))&"%、"&(ROUND(F12*100,2))&"%時，投資組合風險為"&(ROUND(C16*100, 2))&"%，投資組合收益率為"&(ROUND(C15*100,2))&"%。"

輸出

「已知標準差和相關係數」工作表，如圖 3-54 所示。

圖 3-54　已知標準差計算組合收益率和組合風險

「未知標準差和相關係數」工作表，如圖 3-55 所示。

A19　fx　="股票證券「"&(B11)&"」、「"&(B12)&"」投資比重分別為"&(ROUND(F11*10

變數

經濟狀況	發生機率	收益率	
		MICROSOFT	SAP
高速成長	21.00%	83.90%	8.00%
中速成長	23.00%	18.60%	20.70%
緩慢成長	6.00%	9.50%	80.60%
停滯	34.00%	9.90%	3.90%
衰退	16.00%	5.30%	5.10%

證券名稱	收益率	標準差(風險)	相關係數	投資比重
MICROSOFT	26.68%	29.82%	-0.26	46.00%
SAP	13.42%	18.19%		54.00%

	變異數
46	8.89%
	3.31%

計算結果

組合收益率	19.52%
組合風險	14.64%
組合變異數	2.14%

股票證券「MICROSOFT」、「SAP」投資比重分別為46%、54%時，投資組合風險為14.64%，投資組合收益率為19.52%。

已知標準差和相關係數　未知標準差和相關係數

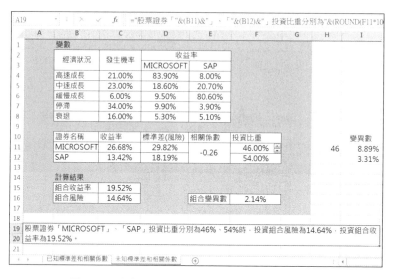

圖 3-55　未知標準差計算組合收益率和組合風險

表格製作

輸入

在「已知標準差和相關係數」工作表 P1:R13 區域中輸入資料及加上框線，如圖 3-56 所示。

變數

股票證券	收益率	標準差(風險)	相關係數	投資比重
MICROSOFT	10.00%	12.00%	0.20	50.00%
SAP	18.00%	20.00%		50.00%

K	L	M	N
10	12	20	50
18	20		

計算

組合收益率	14.00%
組合風險	12.65%

股票證券「MICROSOFT」、「SAP」投資比重分別為50%、50%時，投資組合風險為12.65%，投資組合收益率為14%。

投資比重	組合風險	組合收益率
0.00%		
10.00%		
20.00%		
30.00%		
40.00%		
50.00%		
60.00%		
70.00%		
80.00%		
90.00%		
100.00%		

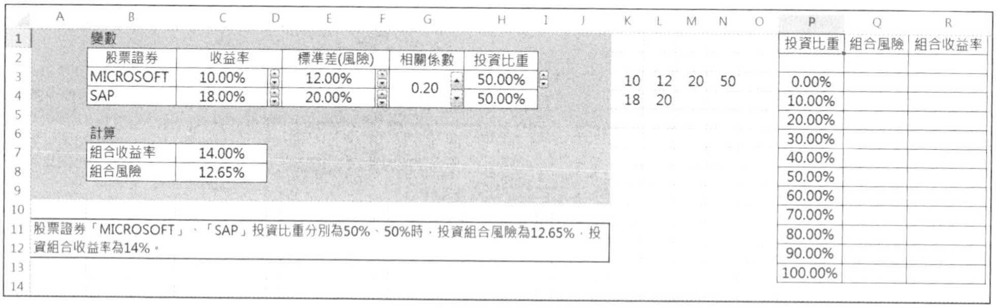

圖 3-56　在「已知標準差和相關係數」工作表中輸入資料

在「未知標準差和相關係數」工作表 K1:M13 區域中輸入資料，如圖 3-57 所示。

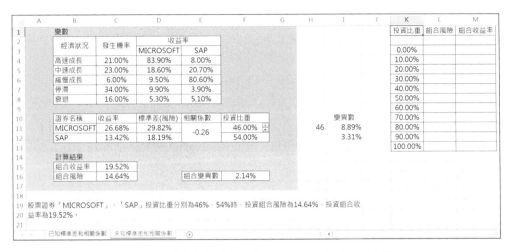

圖 3-57　在「未知標準差和相關係數」工作表中輸入資料

加工

在工作表儲存格中輸入公式：

「已知標準差和相關係數」工作表

Q2：=C8

R2：=C7

Q3：R13 區域：使用運算列表功能自動產生 {=TABLE(,H3)} 公式

選取 P2：R13 區域，按下「資料」標籤，再按下「模擬分析→運算列表…」指令，在對話方塊中的欄變數儲存格輸入「H3」，按一下「確定」按鈕。

圖 3-58　運算列表功能

「未知標準差和相關係數」工作表

L2：=C16

M2：=C15

L3：M13 區域：使用運算列表功能自動產生 {=TABLE(,F11)} 公式

選取 K2：M13 區域，按下「資料」標籤，再按下「模擬分析→運算列表…」指令，在對話方塊中的欄變數儲存格輸入「F11」，按一下「確定」按鈕。

輸出

「已知標準差和相關係數」工作表，如圖 3-59 所示。

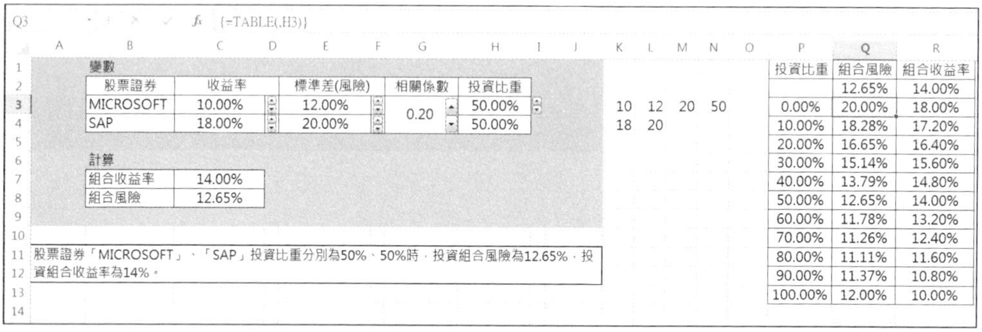

Q3 {=TABLE(,H3)}

變數

股票證券	收益率	標準差(風險)	相關係數	投資比重
MICROSOFT	10.00%	12.00%	0.20	50.00%
SAP	18.00%	20.00%		50.00%

10	12	20	50
18	20		

計算

組合收益率	14.00%
組合風險	12.65%

股票證券「MICROSOFT」、「SAP」投資比重分別為50%、50%時，投資組合風險為12.65%，投資組合收益率為14%。

投資比重	組合風險	組合收益率
	12.65%	14.00%
0.00%	20.00%	18.00%
10.00%	18.28%	17.20%
20.00%	16.65%	16.40%
30.00%	15.14%	15.60%
40.00%	13.79%	14.80%
50.00%	12.65%	14.00%
60.00%	11.78%	13.20%
70.00%	11.26%	12.40%
80.00%	11.11%	11.60%
90.00%	11.37%	10.80%
100.00%	12.00%	10.00%

圖 3-59　已知標準差計算組合收益率和組合風險

「未知標準差和相關係數」工作表，如圖 3-60 所示。

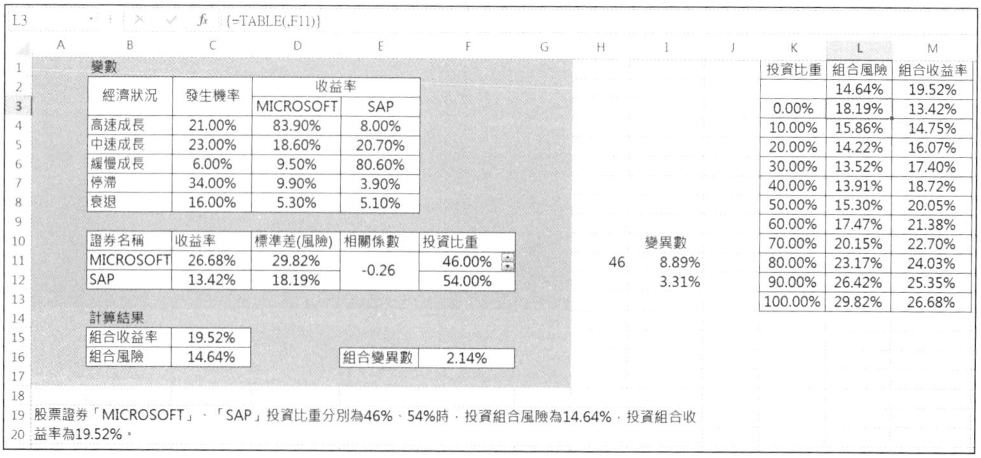

L3 {=TABLE(,F11)}

變數

經濟狀況	發生機率	收益率	
		MICROSOFT	SAP
高速成長	21.00%	83.90%	8.00%
中速成長	23.00%	18.60%	20.70%
緩慢成長	6.00%	9.50%	80.60%
停滯	34.00%	9.90%	3.90%
衰退	16.00%	5.30%	5.10%

證券名稱	收益率	標準差(風險)	相關係數	投資比重
MICROSOFT	26.68%	29.82%	-0.26	46.00%
SAP	13.42%	18.19%		54.00%

	變異數
46	8.89%
	3.31%

計算結果

組合收益率	19.52%
組合風險	14.64%

組合變異數	2.14%

股票證券「MICROSOFT」、「SAP」投資比重分別為46%、54%時，投資組合風險為14.64%，投資組合收益率為19.52%。

投資比重	組合風險	組合收益率
	14.64%	19.52%
0.00%	18.19%	13.42%
10.00%	15.86%	14.75%
20.00%	14.22%	16.07%
30.00%	13.52%	17.40%
40.00%	13.91%	18.72%
50.00%	15.30%	20.05%
60.00%	17.47%	21.38%
70.00%	20.15%	22.70%
80.00%	23.17%	24.03%
90.00%	26.42%	25.35%
100.00%	29.82%	26.68%

圖 3-60　未知標準差計算組合收益率和組合風險

圖表生成

「已知標準差和相關係數」工作表

1) 選取 Q3：R13 區域，按一下「插入」標籤，選取「圖表→插入 XY 散佈圖或泡泡圖→帶有平滑線的 XY 散佈圖」按鈕項，即可插入一個標準的 XY 散佈圖，可先將預設的「圖表標題」刪掉，調整圖表大小及移到適當的位置。

2) 在圖表區按下滑鼠右鍵，在展開的功能表中選取「選取資料來源…」指令。此時已有數列 1。按一下「新增」按鈕，新增如下數列 2 和數列 3：

   數列 2：
   X 值：=已知標準差和相關係數!$C$8
   Y 值：=已知標準差和相關係數!$C$7

   數列 3：
   X 值：=(已知標準差和相關係數!$C$8,已知標準差和相關係數!$C$8)
   Y 值：=(已知標準差和相關係數!$R$3,已知標準差和相關係數!$R$13)

3) 接著要格式化數列 2 的點，因此，可透過「圖表工具→格式」標籤中右上方的圖表項目下拉方塊，選取「數列 2」，再按下「格式化選取範圍」按鈕展開「資料數列格式」工作面板，並將「標記選項」改為想要的內建格式和填滿色彩。

4) 選取上一步驟套入內建格式的「數列 2」點，按下圖表右上角的「+」圖示展開功能表勾選「座標軸標題」和「資料標籤」二項，再點選「資料標籤」右側的▶鈕展開下一層功能表，選取「右」，這樣數列 2 的標籤即顯示在右側，如圖 3-61 所示。

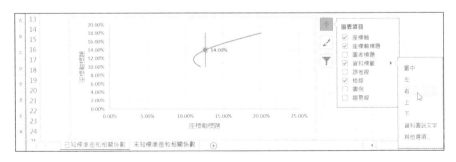

圖 3-61　顯示座標軸標題和「資料標籤」

5) 將水平 X 軸改為「標準差（風險）」；垂直的 Y 軸改為「報酬率」。若使用者還有需要，可按自己的意願修改圖表。已知標準差和相關係數的證券組合決策模型的最終介面如圖 3-62 所示。

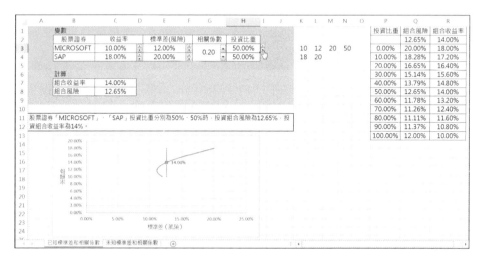

圖 3-62　已知標準差的證券組合決策模型

「未知標準差和相關係數」工作表

圖表生成過程，本工作表與「已知標準差和相關係數」工作表相同。未知標準差和相關係數的證券組合決策模型的最終介面如圖 3-63 所示。

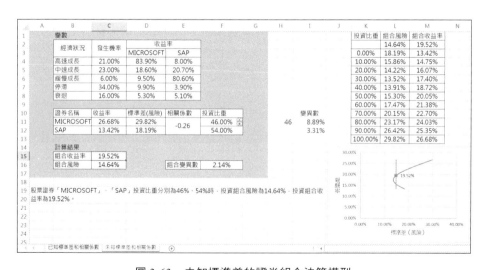

圖 3-63　未知標準差的證券組合決策模型

操作說明

- 在「已知標準差和相關係數」工作表中，使用者若手工輸入標準差，應使標準差大於等於 0；使用者若手工輸入相關係數，應使相關係數大於等於 -1，小於等於 1。

- 在「已知標準差和相關係數」工作表中，調整收益率、標準差、相關係數、投資比重等變數的微調按鈕，模型的計算結果將隨之變化，表格將隨之變化，圖表將隨之變化，文字描述將隨之變化。輸入證券名稱時，文字描述也將隨之變化。

- 在「未知標準差和相關係數」工作表中，使用者可輸入各證券的證券名稱，各種可能的收益率及其機率。本模型支援各證券分別輸入 5 種可能的收益率及其機率。如果收益率的可能值沒有 5 個，則相對應的那一列留空白，不要刪除。

- 在「未知標準差和相關係數」工作表中，使用者調整「投資比重」變數的微調按鈕，或輸入各證券各種可能的收益率及其機率時，模型的計算結果將隨之變化，表格將隨之變化，圖表將隨之變化，文字描述將隨之變化。輸入證券名稱時，文字描述也將隨之變化。

多證券組合決策模型

應用場景

CEO：從這兩種證券的投資組合，我們直觀地看到了風險報酬曲線。兩種證券的所有可能組合，都在這一曲線上。那麼，三種或三種以上的證券組合，其風險報酬圖也會是曲線嗎？

CFO：一種證券的風險報酬圖，就是一個點；兩種證券組合的風險報酬圖，就是一條曲線；三種及三種以上證券組合的風險報酬圖，就是一個面了。這個面是由多條曲線圍成的閉環。

CEO：多條曲線，究竟是多少條？

CFO：如果是 A、B、C 三種證券，應有四條。分別是 AB 組合、AC 組合、BC 組合、ABC 組合的風險報酬曲線。

CEO：這麼說，如果是 A、B、C、D 四種證券，就會有 AB 組合、AC 組合、AD 組合、BC 組合、BD 組合、CD 組合、ABC 組合、ABD 組合、ACD 組合、BCD 組合、ABCD 組合的風險報酬曲線，共 11 條曲線了？

CFO：應該是的。

CEO：這 11 條曲線，正好形成一個閉環？

CFO：應該是的。四種證券組合的風險報酬圖，應是一個面。這個面應該是由 11 條曲線圍成的閉環。所有可能的投資組合都落在這個面上，面上的每一點都與一種可能的投資組合相對應。隨著可供投資的證券數量的增加，所有可能的投資組合數量，會呈幾何級數上升。

CEO：沒有多證券組合模型，要計算證券組合的收益率和標準差，就會碰到很大的數學障礙，畢竟共變異數、矩陣，業務工作者是很少碰的。現在有了多證券組合模型，要計算證券組合的收益率和標準差，就很方便了，因為共變異數、矩陣這些數學障礙給解決了。能不能更進一步告訴我在可接受風險的前提下，證券應該如何組合，能夠使收益率最大；或者在可接受收益率的前提下，證券應該如何組合能夠使風險最小。

CFO：可以的。這就是最優規劃，可用 Excel 的「規劃求解」功能。Excel「規劃求解」功能相當強，當然實作的難度也非常高。微軟 Excel 的非線性規劃求解功能，取自德克薩斯大學 Leon Lasdon 和克里夫蘭州立大學的 Allan Waren 共同開發的 GRG2 非線性最佳化程式碼；線性和整數規劃求解功能取自 Frontline Systems 公司的 John Watson 和 Dan Fylstra 共同開發的有界 simplex 法和 branch-and-bound 法。

基本理論

期望收益率、標準差、相關係數、組合收益率、組合風險、組合共變異數

見前面「財務估價模型→風險和報酬模型→證券組合決策模型→基本理論」的相關介紹。

共變異數矩陣

在組合風險公式中，根號內雙重的求和符號，表示對所有可能配成組合的共變異數，分別乘以兩種證券的投資比例，然後求其總和。

例如，當 m 為 3 時，所有可能的配對組合的共變異數矩陣如下所示。

$\sigma_{1,1}$　　$\sigma_{1,2}$　　$\sigma_{1,3}$

$\sigma_{2,1}$　　$\sigma_{2,2}$　　$\sigma_{2,3}$

$\sigma_{3,1}$　　$\sigma_{3,2}$　　$\sigma_{3,3}$

左上角的組合（1, 1）是 σ_1 與 σ_1 之積，即標準差的平方，稱為變異數，此時，j=k。從左上角到右下角，共有三種 j=k 的組合，在這三種情況下，影響投資組合標準差的是三種證券的變異數。當 j=k 時，相關係數是 1，並且 $\sigma_j\sigma_k$ 變為 σ_j^2。這就是說，對於矩陣對角線位置上的投資組合，其共變異數就是各證券自身的變異數。

組合 $\sigma_{1,2}$ 代表證券 1 和證券 2 報酬率之間的共變異數，組合 $\sigma_{2,1}$ 代表證券 2 和證券 1 報酬率的共變異數，它們的數值是相同的。這就是說需要計算兩次證券 1 和證券 2 之間的共變異數。對於其他不在對角線上的配對組合的共變異數，我們同樣計算了兩次。

雙重求和符號，就是把由各種可能配對組合構成的矩陣中的所有變異數項和共變異數項加起來。3 種證券的組合，一共有 9 項，由 3 個變異數項和 6 個共變異數項（3 個計算了兩次的共變異數項）組成。

共變異數比變異數更重要。影響證券組合的標準差不僅取決於單個證券的標準差，而且還取決於證券之間的共變異數。隨著證券組合中證券個數的增加，共變異數項比變異數項越來越重要。這一結論可以透過考察上述矩陣得到證明。例如，在兩種證券的組合中，沿著對角線有兩個變異數項 $\sigma_{1,1}$ 和 $\sigma_{2,2}$，以及兩項共變異數項 $\sigma_{1,2}$ 和 $\sigma_{2,1}$。對於三種證券的組合，沿著對角線有 3 個變異數項 $\sigma_{1,1}$、$\sigma_{2,2}$、$\sigma_{3,3}$ 以及 6 項共變異數項。在 4 種證券的組合中，沿著對角線有 4 項變異數項和 12 項共變異數。當組合中證券數量較多時，總變異數主要取決於各證券之間的共變異數。例如，在含有 20 種證券的組合中，矩陣共有 20 個變異數項和 380 個共變異數項。當一個組合擴大到能夠包含所有證券時，只有共變異數是重要的，變異數項將變得微不足道。因此，充分投資組合的風險，只受證券之間共變異數的影響而與各證券本身的變異數無關。

模型建立

📁……\chapter03\02\多證券組合決策模型.xlsx

輸入

1) 在工作表中輸入文字數字等資料。

2) 進行格式化。如合併儲存格、調整列高欄寬、填滿色彩、設定字體和字型大小等。初步完成如圖 3-64 所示。

市場狀況	發生機率	收益率							
		IBM	ORACLE	SAP	HYPERION	MICROSOFT	GOOGLE	中國建築	農業銀行
高速發展	13.00%	11.20%	8.50%	9.10%	21.70%	11.20%	8.50%	9.10%	21.70%
中速發展	27.00%	9.70%	9.80%	9.90%	14.60%	9.70%	9.80%	9.90%	14.60%
緩慢發展	34.00%	40.30%	9.90%	9.50%	7.80%	40.30%	9.90%	9.50%	7.80%
停滯	14.00%	29.20%	9.40%	9.40%	3.50%	29.20%	9.40%	9.40%	3.50%
衰退	12.00%	7.00%	9.30%	9.30%	4.90%	7.00%	9.30%	9.30%	4.90%

決策依據

決策過程

決策過程	平均收益率	變異數	標準差 （風險）	共變異數							
				IBM	ORACLE	SAP	HYPERION	MICROSOFT	GOOGLE	中國建築	農業銀行
IBM											
ORACLE											
SAP											
HYPERION											
MICROSOFT											
GOOGLE											
中國建築											
農業銀行											

證券名稱	投資比重
IBM	24.99%
ORACLE	0.00%
SAP	0.00%
HYPERION	4.95%
MICROSOFT	52.86%
GOOGLE	0.00%
中國建築	0.00%
農業銀行	17.20%

計算
| 組合收益率 | |
| 組合風險 | |

組合變異數

圖 3-64　在工作表中輸入資料及美化

加工

在工作表儲存格中輸入公式：

C12：=SUMPRODUCT($C$4:$C$8,D4:D8)

C13：=SUMPRODUCT($C$4:$C$8,E4:E8)

C14：=SUMPRODUCT($C$4:$C$8,F4:F8)

C15：=SUMPRODUCT($C$4:$C$8,G4:G8)

C16：=SUMPRODUCT($C$4:$C$8,H4:H8)

C17：=SUMPRODUCT($C$4:$C$8,I4:I8)

C18：=SUMPRODUCT($C$4:$C$8,J4:J8)

C19：=SUMPRODUCT($C$4:$C$8,K4:K8)

D12：=SUMPRODUCT(C4:C8,(D4:D8-C12)^2)

D13：=SUMPRODUCT(C4:C8,(E4:E8-C13)^2)

D14：=SUMPRODUCT(C4:C8,(F4:F8-C14)^2)

D15：=SUMPRODUCT(C4:C8,(G4:G8-C15)^2)

D16：=SUMPRODUCT(C4:C8,(H4:H8-C16)^2)

D17：=SUMPRODUCT(C4:C8,(I4:I8-C17)^2)

D18：=SUMPRODUCT(C4:C8,(J4:J8-C18)^2)

D19：=SUMPRODUCT(C4:C8,(K4:K8-C19)^2)

E12：E19 區域：選取 E12：E19 區域，輸入公式「=SQRT(D12:D19)」後，按 Ctrl+ Shift+Enter 複合鍵。

F12：=SUMPRODUCT(C4:C8,D: D8-C12,D:D8-C12)

F13：=SUMPRODUCT(C4:C8,E4:E8-C13,D4:D8-C12)

F14：=SUMPRODUCT(C4:C8,F4：F8-C14,D4:D8-C12)

F15：=SUMPRODUCT(C4:C8,G4:G8-C15,D4:D8-C12)

F16：=SUMPRODUCT(C4:C8,H4::：H8-C16,D4:D8-C12)

F17：=SUMPRODUCT(C4:C8,I4:I8-C17,D4:D8-C12)

F18：=SUMPRODUCT(C4:C8,J4:J8-C18,D4:D8-C12)

F19：=SUMPRODUCT(C4:C8,K4:K8-C19,D4:D8-C12)

G12：=SUMPRODUCT(C4:C8,D4:D8-C12,E4:E8-C13)

G13：=SUMPRODUCT(C4:C8,E4:E8-C13,E4:E8-C13)

G14：=SUMPRODUCT(C4:C8,F4:F8-C14,E4:E8-C13)

G15：=SUMPRODUCT(C4:C8,G4:G8-C15,E4:E8-C13)

G16：=SUMPRODUCT(C4:C8,H4:H8-C16,E4:E8-C13)

G17：=SUMPRODUCT(C4:C8,I4:I8-C17,E4:E8-C13)

G18：=SUMPRODUCT(C4:C8,J4:J8-C18,E4:E8-C13)

G19：=SUMPRODUCT(C4:C8,K4:K8-C19,E4:E8-C13)

H12：=SUMPRODUCT(C4:C8,D4:D8-C12,F4:F8-C14)

H13：=SUMPRODUCT(C4:C8,E4:E8-C13,F4:F8-C14)

H14：=SUMPRODUCT(C4:C8,F4:F8-C14,F4:F8-C14)

H15：=SUMPRODUCT(C4:C8,G4:G8-C15,F4:F8-C14)

H16：=SUMPRODUCT(C4:C8,H4:H8-C16,F4:F8-C14)

H17：=SUMPRODUCT(C4:C8,I4:I8-C17,F4:F8-C14)

H18：=SUMPRODUCT(C4:C8,J4:J8-C18,F4:F8-C14)

H19：=SUMPRODUCT(C4:C8,K4:K8-C19,F4:F8-C14)

I12：=SUMPRODUCT(C4:C8,D4:D8-C12,G4:G8-C15)

I13：=SUMPRODUCT(C4:C8,E4:E8-C13,G4:G8-C15)

I14：=SUMPRODUCT(C4:C8,F4:F8-C14,G4:G8-C15)

I15：=SUMPRODUCT(C4:C8,G4:G8-C15,G4:G8-C15)

I16：=SUMPRODUCT(C4:C8,H4:H8-C16,G4:G8-C15)

I17：=SUMPRODUCT(C4:C8,I4:I8-C17,G4:G8-C15)

I18：=SUMPRODUCT(C4:C8,J4:J8-C18,G4:G8-C15)

I19：=SUMPRODUCT(C4:C8,K4:K8-C19,G4:G8-C15)

J12：=SUMPRODUCT(C4:C8,D4:D8-C12,H4:H8-C16)

J13：=SUMPRODUCT(C4:C8,E4:E8-C13,H4:H8-C16)

J14：=SUMPRODUCT(C4:C8,F4:F8-C14,H4:H8-C16)

J15：=SUMPRODUCT(C4:C8,G4:G8-C15,H4:H8-C16)

J16：=SUMPRODUCT(C4:C8,H4:H8-C16,H4:H8-C16)

J17：=SUMPRODUCT(C4:C8,I4:I8-C17,H4:H8-C16)

J18：=SUMPRODUCT(C4:C8,J4:J8-C18,H4:H8-C16)

J19：=SUMPRODUCT(C4:C8,K4:K8-C19,H4:H8-C16)

K12：=SUMPRODUCT(C4:C8,D4:D8-C12,I4:I8-C17)

K13：=SUMPRODUCT(C4:C8,E4:E8-C13,I4:I8-C17)

K14：=SUMPRODUCT(C4:C8,F4:F8-C14,I4:I8-C17)

K15：=SUMPRODUCT(C4:C8,G4:G8-C15,I4:I8-C17)

K16：=SUMPRODUCT(C4:C8,H4:H8-C16,I4:I8-C17)

K17：=SUMPRODUCT(C4:C8,I4:I8-C17,I4:I8-C17)

K18：=SUMPRODUCT(C4:C8,J4:J8-C18,I4:I8-C17)

K19：=SUMPRODUCT(C4:C8,K4:K8-C19,I4:I8-C17)

L12：=SUMPRODUCT(C4:C8,D4:D8-C12,J4:J8-C18)

L13：=SUMPRODUCT(C4:C8,E4:E8-C13,J4:J8-C18)

L14：=SUMPRODUCT(C4:C8,F4:F8-C14,J4:J8-C18)

L15：=SUMPRODUCT(C4:C8,G4:G8-C15,J4:J8-C18)

L16：=SUMPRODUCT(C4:C8,H4:H8-C16,J4:J8-C18)

L17：=SUMPRODUCT(C4:C8,I4:I8-C17,J4:J8-C18)

L18：=SUMPRODUCT(C4:C8,J4:J8-C18,J4:J8-C18)

L19：=SUMPRODUCT(C4:C8,K4:K8-C19,J4:J8-C18)

M12：=SUMPRODUCT(C4:C8,D4:D8-C12,K4:K8-C19)

M13：=SUMPRODUCT(C4:C8,E4:E8-C13,K4:K8-C19)

M14：=SUMPRODUCT(C4:C8,F4:F8-C14,K4:K8-C19)

M15：=SUMPRODUCT(C4:C8,G4:G8-C15,K4:K8-C19)

M16：=SUMPRODUCT(C4:C8,H4:H8-C16,K4:K8-C19)

M17：=SUMPRODUCT(C4:C8,I4:I8-C17,K4:K8-C19)

M18：=SUMPRODUCT(C4:C8,J4:J8-C18,K4:K8-C19)

M19：=SUMPRODUCT(C4:C8,K4:K8-C19,K4:K8-C19)

F27：=C22　　　　G27：=C23　　　　H27：=C24　　　　I27：=C25

J27：=C26　　　　K27：=C27　　　　L27：=C28　　　　M27：=C29

E27：=SUM(C22:C29)

J24：=SUMPRODUCT(MMULT(F27:M27,F12:M19),F27:M27)

G23：=SUMPRODUCT(C12:C19,C22:C29)

G24：=J24^(1/2)

輸出

1）　此時，工作表如圖 3-65 所示。

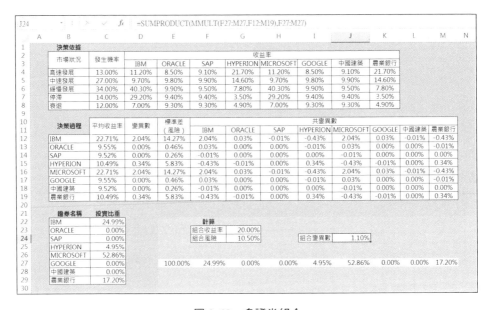

圖 3-65　多證券組合

2） 規劃求解。

規劃求解最大收益率

組合風險受限時，例如可接受風險為 5%（儲存格 G24<=5%）時，可利用 Excel 的規劃求解求得可獲得最高組合收益率時的證券投資比重。

按下「資料」標籤，再按下「分析→規劃求解」項（如果您的 Excel 沒有這項功能，則請在「開發人員」標籤，按下「增益集」按鈕，勾選「規劃求解增益集」項安裝），如圖 3-66a 所示輸入及設定選項。按一下「求解」按鈕。求解結果如圖 3-66b 所示。

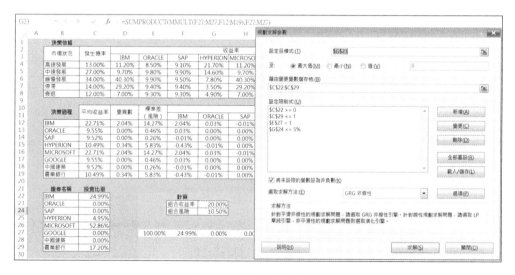

圖 3-66a　輸入及設定選項

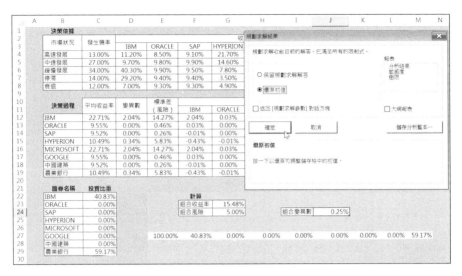

圖 3-66b 求解結果

規劃求解最小風險

組合收益率受限時,例如可接受收益率為 20%(儲存格 G23>=20%)時,求解可獲得最低組合風險時的證券投資比重。

按下「資料」標籤,再按下「分析→規劃求解」項,如圖 3-67a 所示輸入及設定選項。按一下「求解」按鈕。求解結果如圖 3-67b 所示。

圖 3-67a 輸入及設定選項

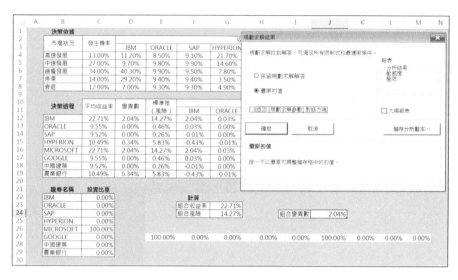

圖 3-67b　求解結果

圖表生成

各證券投資比重圓形圖

1）　選取 B22：C29 區域，按下「插入」標籤，再按下「圖表→插入圓形圖或環圈圖」鈕展開選項，選取「平面圓形圖→圓形圖」項，即可製作標準的圓形圖。

2）　使用者可按自己的意願修改圖表，例如選取圖表後，按下「圖表工具→設計」標籤，再從樣式中套用想要的樣式，如圖 3-68 所示。然後再將圖表中的文字標題縮小，重新調整到適當的位置。

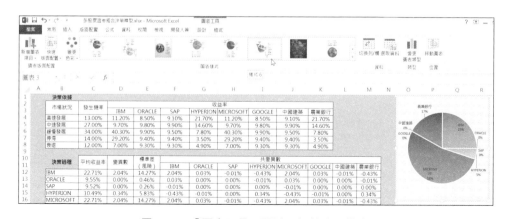

圖 3-68　「圖表工具→設計」標籤套入樣式

組合收益率與組合風險直條圖

1) 選取 F23：G24 區域，按下「插入」標籤，再按下「圖表→插入直條圖」鈕展開選項，選取「平面直條圖→群組直條圖」項，即可製作標準的直條圖。

2) 使用者可按自己的意願修改圖表，例如選取圖表後，按下「圖表工具→設計」標籤，再從樣式中套用想要的樣式。多證券組合決策模型的最終介面如圖 3-69 所示。

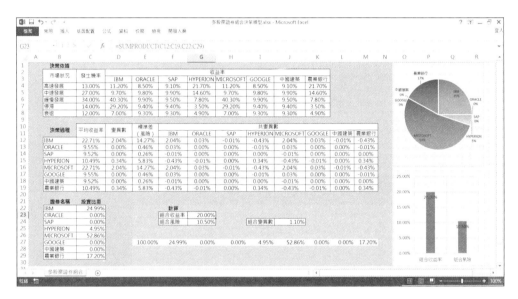

圖 3-69 多證券組合決策模型

操作說明

- 使用者可輸入各證券的證券名稱。本模型支援輸入 8 種證券，如果證券種類沒有 8 種，則相對應的那欄留空白，不要刪除。

- 使用者可輸入各證券可能的收益率及其機率。本模型支援每種證券輸入 5 種可能的收益率及其機率。如果收益率的可能值沒有 5 個，則相對應的列留空白，不要刪除。

- 使用者輸入各證券的證券名稱，以及各證券可能的收益率及其機率時，模型的計算結果將隨之變化，圖表將隨之變化。

3.3 資本資產定價模型

應用場景

CEO：資本資產定價模型，與資產估價模型，一個定價，一個估價，是同一件事嗎？

CFO：兩者緊密相關，但又完全不同。資本資產定價模型是確定的一個模型；而資產估價模型，根據不同資產，如股票、債券、專案、企業自身等各有各的模型，且每一種資產都可能有多個模型。當然，應用最廣泛、理論最健全的是現金流量折現模型。現金流量折現模型的基本思維是增量現金流量原則和時間價值原則，也就是說，任何資產的價值，是其產生的未來現金流量按照含有風險的折現率計算的現值。而資本資產定價模型解決的問題，正是這個「含有風險的折現率」的確定。

CEO：這麼說，資本資產定價模型是確定折現率的，也就是投資者要求的必要報酬率的。它是現金流量折現等資產評估模型的基礎了。

CFO：是的。資本資產定價的結果是一個百分比，資產估價的結果是一個絕對值。資本資產定價模型是 1964 年由威廉‧夏普提出的，是財務學形成和發展過程中最重要的里程碑。它對風險進行量化並定價，可回答如下不可回避的問題：為了補償風險，投資者應該獲得多大的收益率。

CEO：補償風險所說的「風險」，是指系統風險還是非系統風險？

CFO：是戰爭、經濟衰退、通貨膨脹、高利率等天災式的系統風險，而不是工廠工人罷工、新品研發失敗、失去重要合約等人禍式的非系統風險。何況人禍式的非系統風險，同樣可以靠投資者進行投資組合分散掉。投資者能夠自己分散掉而不去分散掉的風險，市場當然不會給他價格補償。

CEO：補償的是系統風險。這時就有兩個問題要解決：（1）如何度量系統風險；（2）如何補償系統風險。但首先有個問題：系統風險不是對資本市場所有股票都有影響嗎？那投資不同股票，系統風險都一樣，補償也都一樣了？

CFO：系統風險對資本市場所有股票都有影響，但影響程度大小有別。有的股票的系統風險大，有的股票的系統風險小。

CEO：這就是要解決的第一個問題了，如何度量不同股票的系統風險。

CFO：股票的系統風險，用貝塔係數度量。它等於某股票收益率與市場收益率的相關係數，乘以某股票收益率的標準差，除以市場收益率的標準差。

CEO：股票的系統風險量化了，如何補償就水到渠成了。

CFO：是的。某股票的必要報酬率＝無風險收益率＋貝塔係數 ×（市場收益率－無風險收益率）。

CEO：這裡面不僅專業概念多，而且數學工具多。看來，相對於會計核算的加減乘除，相關、迴歸、標準差、機率是財務管理的入門級工具。

CFO：是的。資本資產定價模型用到的專業概念有：貝塔係數、必要報酬率、無風險收益率、市場收益率。其中，貝塔係數涉及到的專業概念：股票收益率、市場收益率。我們需要把必要報酬率和股票收益率區分開。

CEO：不考慮無風險報酬率，資本資產定價模型就是：某股票的必要報酬率/某股票的標準差＝相關係數 × 市場收益率/市場標準差

CFO：是的。從這個公式可以看出，股票的必要報酬率與股票的收益率，感覺很相近的兩個概念，實際毫無關係。投資一支歷史收益率 10%的股票，必要報酬率可能高於 10%，也可能低於 10%，兩者毫無關係。相對於市場波動的股票波動越大，必要報酬率越高；與市場的相關性越大，必要報酬率越高；市場收益率越大，必要報酬率越高。

CEO：資本資產定價模型的建立，應該有些假設條件吧？這些條件苛刻嗎？

CFO：假設條件有：股票數量固定不變；任何投資者的交易均不影響股價；沒有稅金；股票充分流動，無交易成本；投資者預期相同、可無限制借入資金、追求收益最大化等。現在，這些假設條件被逐步放開，並在新的基礎上進行研究，不斷突破和發展資本資產定價模型。

基本理論

貝塔係數的計算方法

計算方法 1：

迴歸方程式法：根據一系列某股票收益率與市場收益率，擬合迴歸方程式。貝塔係數即迴歸係數 b。

見前面「財務預測模型→融資需求預測模型→迴歸分析模型→基本理論」的介紹。

計算方法 2：

貝塔係數＝某股票與股票市場的相關係數 × 某股票收益率的標準差/股票市場收益率的標準差

見前面「財務估價模型→風險和報酬模型→證券組合決策模型→基本理論」的相關介紹。

資本資產定價模型

某股票的必要報酬率＝無風險收益率＋貝塔係數 ×（市場收益率－無風險報酬率）

模型建立

📁……\chapter03\03\資本資產定價模型.xlsx

輸入

1) 在工作表中輸入文字資料並格式化，如加上框線、調整列高欄寬、選取填滿色彩、設定字型大小等。

2) 新增微調按鈕。按一下「開發人員」標籤，分別選按「插入→表單控制項→微調按鈕」項，在 I3、I4、I5 儲存格拖曳製作出微調按鈕。隨後對微調按鈕按下滑鼠右鍵，選取「控制項格式」指令，進行儲存格連結、目前值、最小值、最大值等的相關設定。則請參考本節的 Excel 範例檔。

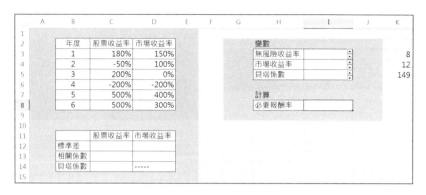

圖 3-70　初步完成的工作表模型

加工

在工作表儲存格中輸入公式：

C12：=STDEV(C3:C8)　　　　I3：=K3/100

D12：=STDEV(D3:D8)　　　　I4：= K4/100

C13：=CORREL(C3:C8,D3:D8)　　I5：= K5/100

C14：=C13*C12/D12　　　　I8：=I3+I5*(I4-I3)

輸出

此時，工作表如圖 3-71 所示。

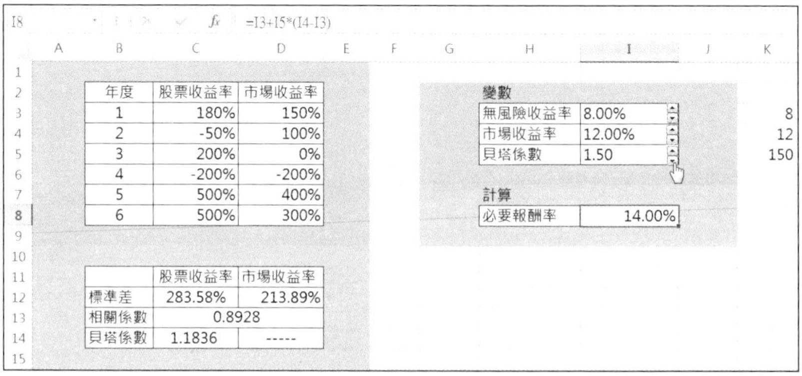

圖 3-71　資本資產定價

表格製作

輸入

在工作表的 M1：N12 和 P2：Q4 中輸入資料及加框線，如圖 3-72 所示。

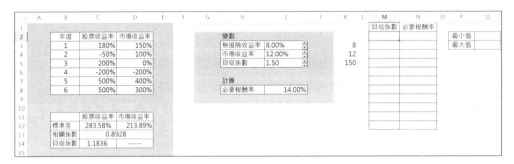

圖 3-72　在工作表中輸入資料

加工

在工作表儲存格中輸入公式：

M2：=0.5*$I$5

M3：=0.6*$I$5

......

M11：=1.4*$I$5

M12：=1.5*$I$5

N2：=$I$3+M2*($I$4-$I$3)

選取 N2 儲存格，按住右下角控點向下拖曳填滿至 N12 儲存格。

Q2：=MIN(N2:N12)

Q3：=MAX(N2:N12)

輸出

此時，工作表如圖 3-73 所示。

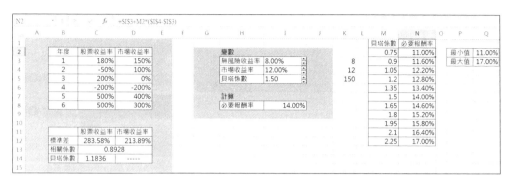

圖 3-73　資本資產定價

圖表生成

1)　選取 M1：N12 區域，按一下「插入」標籤，選取「圖表→插入 XY 散佈圖或泡泡圖→帶有平滑線的 XY 散佈圖」按鈕項，即可插入一個標準的 XY 散佈圖，可先將預設的「圖表標題」刪掉，調整圖表大小及移到適當的位置。

2)　在圖表區按下滑鼠右鍵，在展開的功能表中選取「選取資料來源⋯」指令。

　　此時已有數列 1。按一下「新增」按鈕，新增如下數列 2 和數列 3：

　　數列 2：
　　X 值：=資本資產定價模型!$I$5
　　Y 值：=資本資產定價模型!$I$8

　　數列 3：
　　X 值：=(資本資產定價模型!$I$5,資本資產定價模型!$I$5)
　　Y 值：=(資本資產定價模型!$Q$2,資本資產定價模型!$Q$3)

3)　接著要格式化數列 2 的點，因此，們可透過「圖表工具→格式」標籤中右上方的圖表項目下拉方塊，選取「數列 2」，再按下「格式化選取範圍」按鈕展開「資料數列格式」工作面板，並將「標記選項」改為想要的內建格式和填滿色彩。

4)　將水平 X 軸改為「貝塔係數」；垂直的 Y 軸改為「必要報酬率」。若使用者還有需要，可按自己的意願修改圖表。資本資產定價模型的最終介面如圖 3-74 所示。

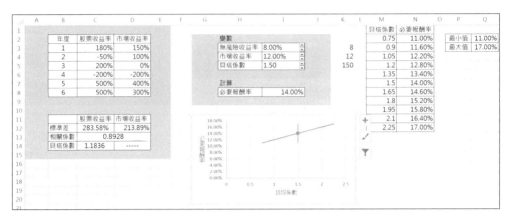

圖 3-74　資本資產定價模型

操作說明

- 使用者可輸入各年度的股票收益率和市場收益率。本模型支援輸入 6 個年度的資料。輸入某年度的股票收益率時，應同時輸入本年度的市場收益率。

- 使用者輸入各年度的股票收益率和市場收益率時，模型的計算結果將隨之變化，表格將隨之變化，圖表將隨之變化。

第 4 章
證券估價模型

CEO：有價證券的定義是：具有一定票面金額，證明持券人或證券指定的特定主體擁有所有權或債權的法律憑證。按照這個定義，鈔票、郵票、股票、債券、國庫券、商業本票、承兌匯票等，都是有價證券了。

CFO：是的。但市場交易的證券，特指證券法規範的有價證券，一般包括股票和債券，鈔票、郵票等就不在其中了。另外，證券估價包括兩個含義，一是價值，一是收益率。這樣一來，證券估價就包括：股票價值、股票收益率、債券價值、債券收益率這 4 方面內容。

4.1 證券價值模型

CEO：股票和債券，都是一種憑證，本身是沒有價值的。以前還有一張紙，現在連紙張都沒有，純粹是數字。它們之所以有價格，是因為它能給持有人帶來預期收益。

CFO：是的。所以股票和債券的價值評估基本模型，就是預期能夠提供的未來現金流量的現值。對於股票來說，包括零成長股票、固定成長股票和非固定成長股票。無論是哪種股票，其價值評估基本模型是完全一樣的。對於債券來說，包括平息債券、純貼現債券和永久債券。無論是哪種債券，其價值評估基本模型是完全一樣的。

CEO：現階段我國股票債券等資本市場的參與者，主要是中小投資者。他們將自己辛苦工作換來的積蓄投入到這一市場，但收益並不如人意。還有一些人，沉迷於股市，造成了不幸的極端案例。

CFO：原因很多。至於極端案例，肯定要反省自己。現在誘惑那麼多，如果在資本市場那麼容易陷入 K 線誘惑，又怎麼能保證在其他地方不陷入其他誘惑呢？

CEO：當年黃世仁買了楊白勞發行的公司債券，楊白勞還不了，黃世仁就要楊白勞賣女抵債。現在這種情況怎麼處理？

CFO：楊白勞如果故意欠債不還，豈不成了楊白撈。這裡白撈一把，那裡白撈一把，把別人撈慘了，自己卻撈成了楊百萬，那就不行。當然，如果實在還不了，且楊白勞的公司是有限責任的，那麼楊白勞僅以自己投入企業的資本對企業債務承擔清償責任，資不抵債的部分自然免除。也就是說，楊白勞可以申請公司破產，清理公司的財產用於還債。但黃世仁不能到楊白勞家裡，索取楊白勞沒有投入企業的個人資產，更不能打喜兒的主意。

股票價值模型

應用場景

CEO：股票的分類方法有哪些？

CFO：很多。按股東所享有的權利，分為普通股和優
　　　先股；按票面是否標明持有者姓名，分為記名
　　　股票和不記名股票；按票面是否記明入股金
　　　額，分為有面值股票和無面值股票；按能否向
　　　股份公司贖回自己的財產，分為可贖回股票和
　　　不可贖回股票。

CEO：購買股票投資，有何利弊？

CFO：優點主要有三點。（1）投資收益可能較高；（2）考慮到通貨膨脹的購買力風險
　　　低；（3）擁有經營控制權。缺點同樣有三點。（1）收入不穩定；（2）價格不穩
　　　定；（3）求償權居後。

CEO：股票的價值如何衡量？

CFO：股票價值，就是股票預期能夠提供的所有未來現金流量的現值。股票帶給投資
　　　者的現金流入包括兩部分：股利收入和出售時的售價。因此，股票的內在價
　　　值，由一系列的股利和將來出售股票時售價的現值所構成。

CEO：股票的價值，債券的價值，都是未來現金流量的現值。債券的未來現金流量我
　　　們可以知道，但股票的未來現金流量，我們如何知道？

CFO：只有靠估計了。我們可以對歷史資料進行統計分析，然後對未來進行估計。當
　　　然很難準確，這也是實際應用中面臨的主要問題。

CEO：這個問題導致股票價值容易被高估或低估。如果高估了，就要以高出股票實際
　　　價值的價格購進。例如，以很高的價格，買進了散發著金色光芒，遠看像黃
　　　金，實則是垃圾的股票，那就不好了。

基本理論

股票價值計算的基本模型

$$V = \sum_{t=1}^{n} \frac{d_t}{(1+K)^t} + \frac{V_n}{(1+K)^n}$$

V：股票內在價值。

d_t：第 t 期的預期股利。

K：投資人要求的必要資金收益率。

V_n：未來出售時預計的股票價格。

n：預計持有股票的期數。

長期持有股票和股利固定成長的股票價值模型

$$V = d_0\,(1+g) \div (K\text{-}g) = d1 \div (K\text{-}g)$$

V：股票內在價值。

d_0：上年股利。

d_1：本年股利。

K：投資人要求的必要資金收益率。

g：每年股利成長率。

模型建立

📁 ……\chapter04\01\股票價值模型.xlsx

輸入

1） 在工作表中輸入文字資料並格式化，如加上框線、調整列高欄寬、選取填滿色彩、設定字型大小等。

2） 新增微調按鈕。按一下「開發人員」標籤，分別選按「插入→表單控制項→微調按鈕」項，在 D2、D3、D4 儲存格拖曳製作出微調按鈕。隨後對微調按鈕按下滑鼠右鍵，選取「控制項格式」指令，進行儲存格連結、目前值、最小值、最大值等的相關設定。例如，D3 儲存格的微調按鈕設定，如圖 4-2 所示。其他則請參考本節的 Excel 範例檔。

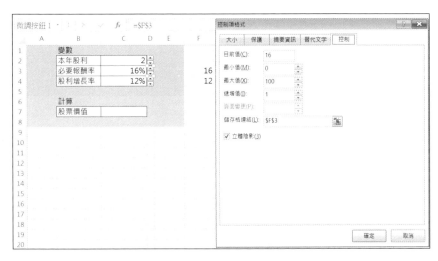

圖 4-1　設定微調按鈕的「控制項格式」屬性

3）　在 C3 儲存格輸入「=F3/100」公式，在在 C4 儲存格輸入「=F4/100」公式。

圖 4-2　初步完成的模式

加工

在工作表儲存格中輸入股票價值的計算公式：

C7：=C2*(1+C4)/(C3-C4)

輸出

此時，工作表如圖 4-3 所示。

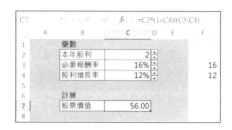

圖 4-3　股票價值

表格製作

輸入

在工作表的 H1：I12，H14：I14 中輸入資料及加上框線，如圖 4-4 所示。

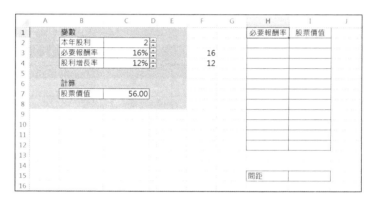

圖 4-4　在工作表中輸入資料

加工

在工作表儲存格中輸入公式：

I15：=(C3-C4)/5

H2：=C4+I15

H3：=C4+2*I15

H4：=C4+3*I15

H5：=C4+4*I15

H6：=C3

H7：=$C$3+$I$15

H8：=$C$3+2*$I$15

H9：=$C$3+3*$I$15

……

H12：=$C$3+6*$I$15

I2：=$C$2*(1+$C$4)/(H2-$C$4)

選取 I2 儲存格，按住控點向下拖曳填滿至 I12 儲存格。

輸出

此時，工作表如圖 4-5 所示。

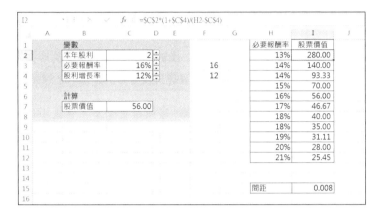

圖 4-5　股票價值

圖表生成

1) 選取 H2：I12 區域，按一下「插入」標籤，選取「圖表→插入 XY 散佈圖或泡泡圖→帶有平滑線的 XY 散佈圖」按鈕項，即可插入一個標準的 XY 散佈圖，可先將預設的「圖表標題」刪掉，調整圖表大小及移到適當的位置。

2) 在圖表區按下滑鼠右鍵，在展開的功能表中選取「選取資料來源…」指令。此時已有數列 1。按一下「新增」按鈕，新增如下數列 2 和數列 3：

數列 2：
X 值：=股票估價!$C$3
Y 值：=股票估價!$C$7

數列 3：
X 值：=(股票估價!$C$3,股票估價!$C$3)
Y 值：=(股票估價!$I$2,股票估價!$I$12)

3) 接著要格式化數列 2 的點，因此，我們可透過「圖表工具→格式」標籤中右上方的圖表項目下拉方塊，選取「數列 2」，再按下「格式化選取範圍」按鈕展開「資料數列格式」工作面板，並將「標記選項」改為想要的內建格式和填滿色彩。如圖 4-6 所示。

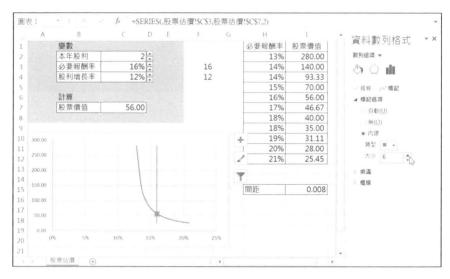

圖 4-6 「資料數列格式」面板設定標記選項

4) 將水平 X 軸改為「必要報酬率」；垂直的 Y 軸改為「股票價值」。

5) 維持圖表在選取狀態，按下圖表右上方第二個「圖表樣式」鈕，從展開的選項樣式中選一個適合的樣式。如圖 4-7 所示。

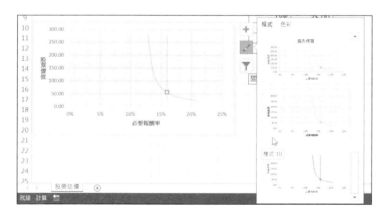

圖 4-7 選擇適合的圖表樣式

6) 若使用者還有需要，可按自己的意願修改圖表。股票估價模型的最終介面如圖 4-8 所示。

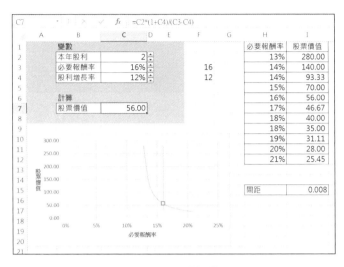

圖 4-8　股票估價模型

操作說明

- 本模型是長期持有股票，股利固定成長的股票價值模型。

- 調整「本年股利」、「必要報酬率」、「股利成長率」等變數的微調按鈕時，模型的計算結果將隨之變化，表格將隨之變化，圖表將隨之變化。

債券價值模型

應用場景

CEO：債券的分類方法有哪些？

CFO：很多。按債券的償還方式，分為到期一次清償本息債券和分期償還債券；按債券的發行人，分為中央政府債券、地方政府債券、公司債券和國際債券；另外，還可以按是否記名分類，按能否轉換為股票分類，按有無財產抵押分類，按能否上市分類。

CEO：和人一樣，可以按性別分類，按高矮分類，按胖瘦分類。根據不同的分析需要進行不同的分類。

CFO：是的。不管債券按什麼分類，是什麼類別，其估價原理是一致的。就像人，不管人按什麼分類，是什麼類別，其生命的價值原理是一致的。

CEO：購買債券投資，有何利弊？

CFO：優點主要有三：（1）投資收益穩定；（2）投資風險較低；（3）流動性強。缺點主要有二：（1）無經營管理權；（2）考慮到通貨膨脹的購買力風險較大。

CEO：我們購買債券，如果價格高了，導致自己吃虧；如果價格低了，可能購買不到。對債券的價值，我們如何衡量？

CFO：債券的價值，是發行者按照合約規定，從現在至債券到期日所支付的款項的現值。款項主要包括利息和到期收回的本金或出售時獲得的現金兩部分；計算現值時使用的折現率，取決於目前的市場利率和現金流量的風險水準。

CEO：購買債券時的溢價購買、折價購買和平價購買，分別是什麼意思？

CFO：溢價購買，就是以高於債券面值的價格購買；折價購買，就是以低於債券面值的價格購買；平價購買，就是以等於債券面值的價格購買。

CEO：為什麼會出現溢價或折價的情況？

CFO：價格與市場利率相關聯，面值與票面利率相關聯。溢價或折價的概念，是將價格與面值進行比較。進行這種比較，同時要進行市場利率與票面利率的比較。溢價，即價格比面值高，說明市場利率比票面利率低；折價，即價格比面值小，說明市場利率比票面利率高。

CEO：是否能這樣理解，溢價，是對未來好處的現時代價；折價，是對未來代價的現時好處。

CFO：是這樣的。例如，拿 3000 元買 1000 元面值的債券，現時代價很大，未來的利息收入就很多；拿 1000 元買 3000 元面值的債券，現時好處很大，未來的利息收入就很少。

CEO：像你這麼說，我如果拿 10000 元買 1000 元面值的債券，現時代價很大很大，未來的利息收入就會很多很多了？

CFO：那當然不是。未來的利息已經是確定的一個數值了。我們討論問題的前提，是所有人都是經濟人，嚴格按照價值規律行事。

我舉的例子，拿 3000 元買 1000 元面值的債券，實際是拿債券價值與面值進行比較。你舉的例子，拿 10000 元買 1000 元面值的債券，實際是拿債券價格與面值進行比較。一個是債券價值，一個是債券價格，這是兩件事。價值與價格，儘管關係如膠似漆，但應用涇渭分明。

基本理論

債券價值計算的基本模型

債券價值的基本模型主要是指按複利方式計算的每年定期付息、到期一次還本情況下的債券的估價模型。

$$V= \sum_{t=1}^{n} \frac{i \times F}{(1+K)^{t}} + \frac{F}{(1+K)^{n}}$$

V：債券價值。

i：債券票面利息率。

F：債券面值。

K：市場利率或投資人要求的必要收益率。

n：付息總期數。

模型建立

📁……\chapter04\01\債券價值模型.xlsx

輸入

1) 在工作表中輸入文字資料並格式化，如加上框線、調整列高欄寬、選取填滿色彩、設定字型大小等。

2) 新增微調按鈕。按一下「開發人員」標籤，分別選按「插入→表單控制項→微調按鈕」項，在 D4、D5、D6、D7 儲存格拖曳製作出微調按鈕。隨後對微調按鈕按下滑鼠右鍵，選取「控制項格式」指令，進行儲存格連結、目前值、最小值、最大值等的相關設定。其他則請參考本節的 Excel 範例檔。

3) 在如下的儲存格位址輸入公式。完成如圖 4-9 所示的初步模型。

C4：=F4/100

C5：=F5/100

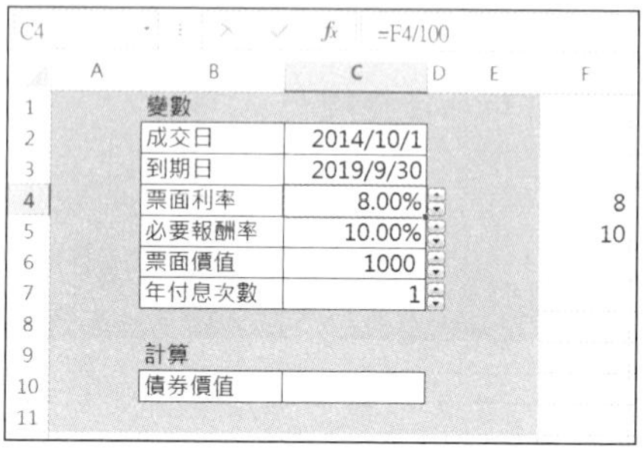

圖 4-9　初步的債券價值模型

加工

在工作表儲存格中輸入公式：

C10：=PRICE(C2,C3,C4,C5,100,C7)*C6/100

輸出

此時，工作表如圖 4-10 所示。

圖 4-10　債券價值

表格製作

輸入

在工作表中輸入資料，如圖 4-11 所示。

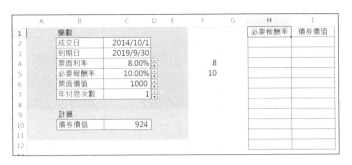

圖 4-11　在工作表中輸入資料

加工

在工作表儲存格中輸入公式：

H2：=0.5*$C$5

H3：=0.6*$C$5

……

H11：=1.4*$C$5

H12：=1.5*$C$5

I2：
=PRICE($C$2,$C$3,$C$4,H2,100,$C$7)*$C$6/100

選取 I2 儲存格，按住右下角的控點向下拖曳填滿至 I12 儲存格。

輸出

此時，工作表如圖 4-12 所示。

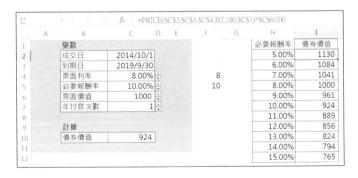

圖 4-12　債券價值

圖表生成

1) 選取 G2：L12 區域，按一下「插入」標籤，選取「圖表→插入 XY 散佈圖或泡泡圖→帶有平滑線的 XY 散佈圖」按鈕項，即可插入一個標準的 XY 散佈圖，可先將預設的「圖表標題」刪掉，調整圖表大小及移到適當的位置。

2) 在圖表區按下滑鼠右鍵，在展開的功能表中選取「選取資料來源…」指令。此時已有數列 1。按一下「新增」按鈕，新增如下數列 2 和數列 3：

   數列 2：

   X 值：=債券估價!$C$5

   Y 值：=債券估價!$C$10

   數列 3：

   X 值：=(債券估價!$C$5,債券估價!$C$5)

   Y 值：=(債券估價!$I$2,債券估價!$I$12)

3) 接著要格式化數列 2 的點，因此，我們可透過「圖表工具→格式」標籤中右上方的圖表項目下拉方塊，選取「數列 2」，再按下「格式化選取範圍」按鈕展開「資料數列格式」工作面板，並將「標記選項」改為想要的內建類型和大小，也可變更填滿色彩等處理。如圖 4-13 所示。

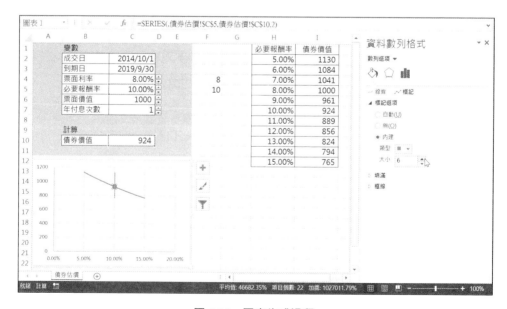

圖 4-13　圖表生成過程

4） 將水平 X 軸改為「必要報酬率」；垂直的 Y 軸改為「債券價值」。

5） 維持選取「數列 2」的點，按下圖表右上方第一個「＋」鈕，從展開的選項中
先勾選「資料標籤」，再按下右側的　鈕展開下一層功能表，選「右」，如圖 4-
14 所示。

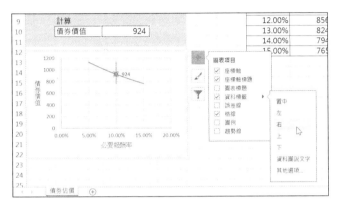

圖 4-14　圖表生成過程

6） 若使用者還有需要，可按自己的意願修改圖表。債券估價模型的最終介面如圖
4-15 所示。

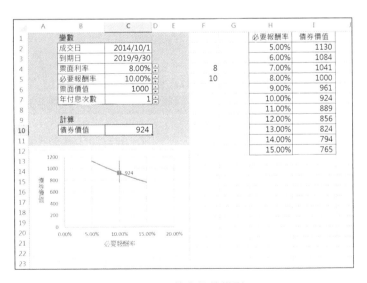

圖 4-15　債券價值模型

操作說明

■ 使用者可手工輸入成交日和到期日。輸入日期時，成交日應小於到期日。

■ 調整「票面利率」、「必要報酬率」、「票面價值」、「年付息次數」等變數的微調按鈕，或手工輸入成交日和到期日時，模型的計算結果將隨之變化，表格將隨之變化，圖表將隨之變化。

4.2 證券收益率模型

CEO：在前面的財務估價中，我們已經討論了證券組合收益率與組合風險，它們就是根據證券收益率計算的。現在才討論證券收益率，是不是前後順序搞反了？

CFO：看不同的討論思考方式。前面的討論，是「貨幣的時間價值－收益率與風險－組合收益率與組合風險」這樣一條思考方式。當時討論收益率與風險、組合收益率與組合風險時，是把證券收益率當成已知數。現在我們討論原來當成已知數的證券收益率是如何計算的。

股票收益率模型

應用場景

CEO：股票收益率如何衡量？

CFO：一般情況下，企業進行股票投資可以取得股利，股票出售時也可收回一定資金，只是股利不同於債券利息，股價不同於債券面值，它們是經常變動的。股票收益率，是使各期股利及股票售價的複利現值等於股票買價時的貼現率。

CEO：據說，我國股票市場的參與者，是一贏二平七虧。這個標準是什麼？本年投入10 元，明年還是 10 元，算是「平」還是「虧」呢？

CFO：算是「平」。明年的 10 元進行貼現，複利現值等於 10 元的貼現率是 0，所以股票收益率是 0。算收益率時不考慮市場利率，不考慮通貨膨脹。收益率算出來後，可以與市場利率、通貨膨脹進行比較，看自己是跑贏了還是跑輸了。

基本理論

長期持有股票和股利固定成長的股票收益率模型

根據股票價值模型，得出股票收益率模型如下：

$$K=d1/V+g$$

d1/V：股利收益率。

g：股利成長率。

股票價值模型，見前面「證券估價模型→證券價值模型→股票價值模型→基本理論」的相關介紹。

模型建立

📂……\chapter04\02\股利收益率模型.xlsx

輸入

1）　在工作表中輸入文字資料並格式化，如加上框線、調整列高欄寬、選取填滿色彩、設定字型大小等。

2）　新增微調按鈕。按一下「開發人員」標籤，分別選按「插入→表單控制項→微調按鈕」項，在 D2、D3、D4 儲存格拖曳製作出微調按鈕。隨後對微調按鈕按下滑鼠右鍵，選取「控制項格式」指令，進行儲存格連結、目前值、最小值、最大值等的相關設定。其他則請參考本節的 Excel 範例檔。

3）　在 C4 儲存格位址輸入公式「=F4/100」。完成如圖 4-16 所示的初步模型。

加工

在工作表儲存格中輸入公式：

C7：=C3/C2

C8：=C4

C9：=C7+C8

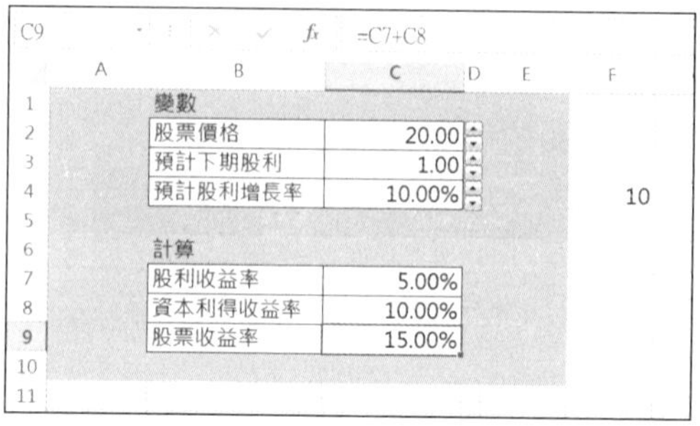

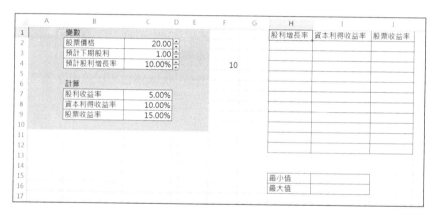

圖 4-16　在工作表中輸入資料、格式化和插入微調按鈕

輸出

此時，工作表如圖 4-17 所示。

圖 4-17　初步完成股票收益率模型

表格製作

輸入

在工作表的 H 欄到 J 欄中輸入資料及套入框線，如圖 4-18 所示。

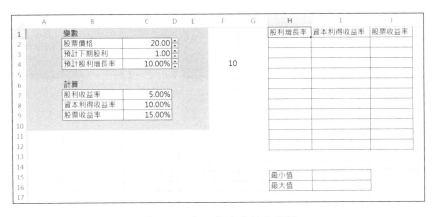

圖 4-18　在工作表中輸入資料

加工

在工作表儲存格中輸入公式：

H2：=0.5*$C$4

H3：=0.6*$C$4

……

H11：=1.4*$C$4

H12：=1.5*$C$4

I2：I12 區域：選取 I2：I12 區域，輸入「=H2:H12」後，按下 Ctrl+Shift+Enter 複合鍵。

J2：=$C$3/$C$2+I2

選取 J2 儲存格，按住控點向下拖曳填滿至 J12 儲存格。

I15：=MIN(H2:J12)

I16：=MAX(H2:J12)

輸出

此時，工作表如圖 4-19 所示。

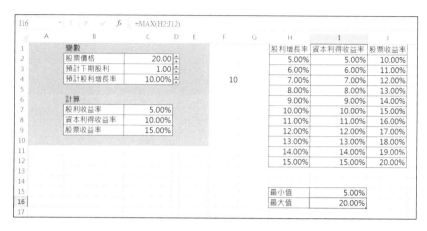

圖 4-19　製作表格並輸入公式

圖表生成

1) 選取 G1：L12 區域，按一下「插入」標籤，選取「圖表→插入 XY 散佈圖或泡泡圖→帶有平滑線的 XY 散佈圖」按鈕項，即可插入一個標準的 XY 散佈圖，可先將預設的「圖表標題」刪掉，調整圖表大小及移到適當的位置。

2) 在圖表區按下滑鼠右鍵，在展開的功能表中選取「選取資料來源…」指令。此時對話方弓中已有兩個數列：股票收益率、資本利得收益率。按下「新增」按鈕，新增如下數列 3～數列 7：

數列 3：
數列名稱：股利增長率
X 值：=(股票收益率!$H$2,股票收益率!$H$12)
Y 值：=(股票收益率!$C$7,股票收益率!$C$7)

數列 4：
X 值：=(股票收益率!$C$4,股票收益率!$C$4)
Y 值：=(股票收益率!$I$15,股票收益率!$I$16)

數列 5：
X 值：=股票收益率!$C$4
Y 值：=股票收益率!$C$7

數列 6：

X 值：=股票收益率!$C$4

Y 值：=股票收益率!$C$8

數列 7：

X 值：=股票收益率!$C$4

Y 值：=股票收益率!$C$9

圖 4-20　新增數列

3)　　接著要格式化數列 5、數列 6 和數列 7 的點，因此，我們可透過「圖表工具→格式」標籤中右上方的圖表項目下拉方塊，選取「數列 5」，再按下「格式化選取範圍」按鈕展開「資料數列格式」工作面板，並將「標記選項」改為想要的內建類型和大小，也可變更填滿色彩等處理。如圖 4-21 所示。

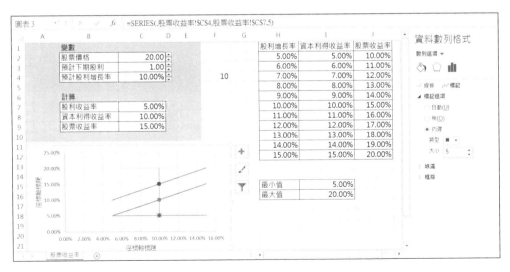

圖 4-21　格式化數列 5、數列 6 和數列 7 三個「點」

4) 　　將水平 X 軸改為「股利成長率」；垂直的 Y 軸改為「收益率」。

5) 　　使用者可按自己的意願修改圖表，例如：利用「圖表工具→格式」標籤的「插入圖案→文字方塊」鈕，在圖表中對三條數列加入說明文字，如圖 4-22 所示。如此即完成股票收益率模型的最終介面。

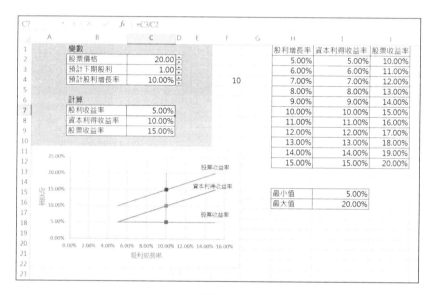

圖 4-22　股票收益率模型

操作說明

■ 本模型是長期持有股票，股利固定成長的股票收益率模型。

■ 調整「股票價格」、「預計下期股利」、「預計股利成長率」等變數的微調按鈕時，模型的計算結果將隨之變化，表格將隨之變化，圖表將隨之變化。

債券收益率模型

應用場景

CEO：我們購買債券投資，債券收益率就是債券上的票面利率嗎？

CFO：不是。債券面值 1000 元，票面利率 10%。如果我們購買價格是 3000 元，能說收益率是 10% 嗎？

CEO：那什麼是債券收益率？

CFO：債券收益率，是指以特定價格購買債券並持有至到期日所能獲得的收益率。這個收益率，是使未來現金流量現值等於債券購買價格的折現率。未來現金流量，包括債券利息和債券到期收回的本金。

CEO：債券收益率與票面利率，是什麼關係？

CFO：債券收益率與票面利率的關係，取決於購買價格與票面面值的關係。購買價格與票面面值的關係有三種：溢價、折價和平價。

CEO：購買價格與票面面值的溢價、折價、平價關係，相應就決定了債券收益率與票面利率的關係？

CFO：是的。溢價購買時，債券收益率比票面利率低；折價購買時，債券收益率比票面利率高；平價購買時，債券收益率與票面利率相同。

基本理論

債券收益率模型

債券收益率，根據債券價值的基本模型反算。

見前面「證券估價模型→證券價值模型→債券價值模型→基本理論」的相關介紹。

模型建立

📁 ……\chapter04\02\債券收益率模型.xlsx

輸入

1）在工作表中輸入文字資料並格式化，如加上框線、調整列高欄寬、選取填滿色彩、設定字型大小等。

2）新增微調按鈕。按一下「開發人員」標籤，分別選按「插入→表單控制項→微調按鈕」項，在 D4、D5、D6、D7 儲存格拖曳製作出微調按鈕。隨後對微調按

鈕按下滑鼠右鍵，選取「控制項格式」指令，進行儲存格連結、目前值、最小值、最大值等的相關設定。其他則請參考本節的 Excel 範例檔。

3） 在 C4 儲存格位址輸入公式「=F4/100」。完成如圖 4-23 所示的初步模型。

圖 4-23　在工作表中輸入資料

加工

在工作表儲存格中輸入公式：

C10：=YIELD(C2,C3,C4,C5*100/C6,100,C7)

輸出

此時，工作表如圖 4-24 所示。

圖 4-24　債券收益率

表格製作

輸入

在工作表的 H1：I12 中輸入資料及加上框線，如圖 4-25 所示。

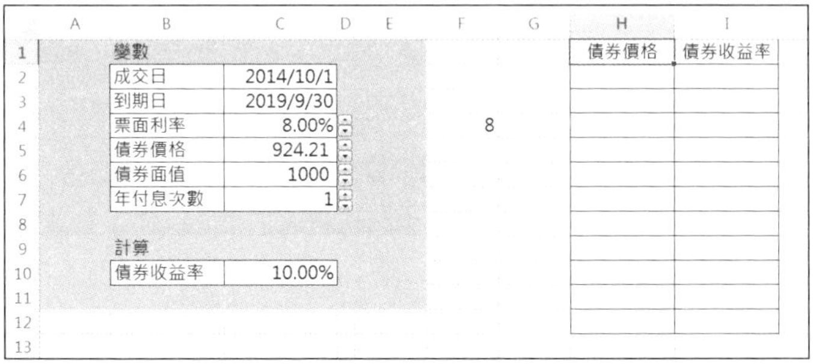

圖 4-25　在工作表中輸入資料及加框線製作表格

加工

在工作表儲存格中輸入公式：

H2：=0.5*$C$5

H3：=0.6*$C$5

……

H11：=1.4*$C$5

H12：=1.5*$C$5

I2：=YIELD($C$2,$C$3,$C$4,H2*100/$C$6,100,$C$7)
選取 I2 儲存格，按住控點向下拖曳填滿至 I12 儲存格。

輸出

此時，工作表如圖 4-26 所示。

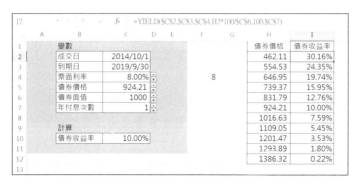

圖 4-26　債券收益率模型

圖表生成

1） 選取 H2：I12 區域，按一下「插入」標籤，選取「圖表→插入 XY 散佈圖或泡泡圖→帶有平滑線的 XY 散佈圖」按鈕項，即可插入一個標準的 XY 散佈圖，可先將預設的「圖表標題」刪掉，調整圖表大小及移到適當的位置。

2） 在圖表區按下滑鼠右鍵，在展開的功能表中選取「選取資料來源…」指令。此時已有數列 1。按一下「新增」按鈕，新增如下數列 2 和數列 3：

數列 2：
X 值：=債券收益率!$C$5
Y 值：=債券收益率!$C$10

數列 3：
X 值：=(債券收益率!$C$5,債券收益率!$C$5)
Y 值：=(債券收益率!$I$2,債券收益率!$I$12)

3） 接著要格式化數列 2 的點，因此，可透過「圖表工具→格式」標籤中右上方的圖表項目下拉方塊，選取「數列 2」，再按下「格式化選取範圍」按鈕展開「資料數列格式」工作面板，並將「標記選項」改為想要的內建格式和填滿色彩。

4） 將水平 X 軸改為「債券價格」；垂直的 Y 軸改為「債券收益率」。

5） 選取「數列 2」，按下圖表右上方第一個「＋」鈕，從展開的選項樣式中勾選「資料標籤」，再按下右側的▶鈕，選取「右」，如圖 4-27 所示。

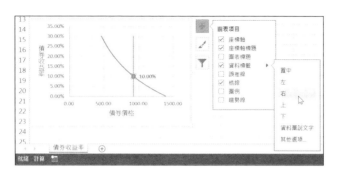

圖 4-27　顯示資料標籤

6）　維持圖表在選取狀態，按下「圖表工具→設計」標籤，再從「圖表樣式」右側
　　下拉選項鈕展開的選項樣式中選一個適合的樣式。如圖 4-28 所示。

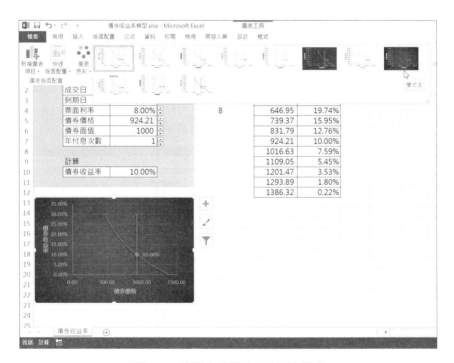

圖 4-28　套用內建設計好的圖表樣式

7）　使用者還可按自己的意願修改圖表。如圖表的大小、位置等。調整後，債券收
　　益率模型的最終介面如圖 4-29 所示。

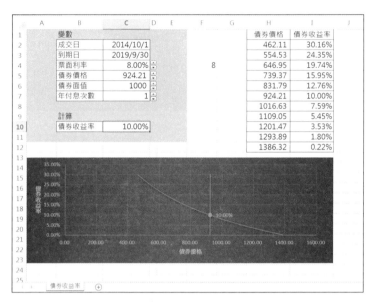

圖 4-29　債券收益率模型

操作說明

■ 使用者可手工輸入成交日和到期日。輸入日期時，成交日應小於到期日。

■ 調整「票面利率」、「債券價格」、「債券面值」、「年付息次數」等變數的微調按鈕，或手工輸入成交日和到期日時，模型的計算結果將隨之變化，表格將隨之變化，圖表將隨之變化。

第 5 章
資本成本模型

CEO：什麼是資本成本？

CFO：資本成本的概念有兩個：一個是公司的資本成本。它與公司的籌資活動有關，是公司募集和使用資金的成本，即籌資的成本；另一個是專案的資本成本，它與公司的投資活動有關，是投資所要求的必要報酬率。

CEO：看來資本成本的概念很重要。一方面，籌資時要正確估計資本成本，努力使公司資本成本最小化；另一方面，投資時要正確估計資本成本，努力使投資報酬率高於專案資本成本。

CFO：是的，資本成本既是制定籌資決策的基礎，也是制定投資決策的基礎。

CEO：我們都希望籌資成本越低越好。各公司的籌資成本有差異嗎？如果有差異，原因是什麼？

CFO：各公司的籌資成本有差異。原因是不同公司經營的業務不同，資本結構不同，反映的經營風險和財務風險就不同。經營風險和財務風險越大，股東要求的報酬率就會越高，公司的資本成本就會越高。

不僅不同公司的資本成本不同，就是同一公司，不同資本來源的資本成本也不同。一般來說，因為債權人的風險比股東要小，所以來源負債的資本成本會低於來源股東的資本成本。

CEO：除了籌資決策與投資決策，資本成本還有哪些用途？

CFO：還可用於營運資本管理。例如，用於流動資產的資本成本提高時，應適當減少營運資本投資額，並採用相對激進的籌資策略；還可用於企業價值評估。例如，在現實中，經常會碰到需要評估企業價值的情況，如併購、重組等。評估企業價值時，主要採用現金流量折現法，需要使用公司的資本成本作為現金流量的折現率；還可用於業績評價。例如，日漸興起的以價值為基礎的業績評價，其核心指標是經濟增加值。計算經濟增加值需要使用公司的資本成本。

CEO：影響資本成本的有哪些因素？

CFO：外部影響因素主要有利率、市場風險溢價、稅率。其中，市場風險溢價，就是平均風險報酬率與無風險報酬率的差額。當利率、市場風險溢價、稅率上升時，公司的資本成本也會上升。

內部影響因素主要有資本結構、股利策略、投資策略。例如，當公司向高於現有資產風險的新專案大量投資，公司資產的平均風險就會提高，並使得資本成本上升。

5.1 個別與加權資本成本模型

應用場景

CEO：什麼是個別資本成本？

CFO：個別資本成本是指各種籌資方式所籌資金的成本。主要包括銀行借款成本、債券成本、優先股成本、普通股成本和保留盈餘成本。

CEO：7 月份公司有銀行借款 1000 萬，資本成本是 10%。準備在 8 月份再向銀行借款 1000 萬，資本成本是 8%。那麼，銀行借款的資本成本，是 8%，還是 9%，或者 10% 呢？

CFO：是 8%。資本成本的用途是面向未來的籌資決策，相關的資本成本是未來的增量資金的邊際成本，而不是已經籌集資金的歷史成本。

CEO：什麼是加權資本成本？

CFO：由於受多種因素的制約，企業不可能只使用某種單一的籌資方式，往往需要透過多種方式籌集所需資本。為進行籌資決策，就要計算確定企業全部長期資金的總成本，這就是加權資本成本。

CEO：加權資本成本是按照什麼加權？

CFO：加權資本成本的加權方案有三種：帳面價值加權、實際市場價值加權、目標資本結構加權。

CEO：分別代表過去、現在和未來了？

CFO：正是如此。帳面價值加權，是根據企業資產負債表上顯示的會計價值來衡量每種資本的比例。資產負債表提供了負債和權益的比例，計算時很方便。但是，帳面結構反映的是歷史的結構，不一定符合未來的狀態；帳面價值會歪曲資本成本，因為帳面價值與市場價值有極大的差異。

實際市場價值加權，根據目前負債和權益的市場價值比例來衡量每種資本的比例。由於市場價值不斷變動，負債和權益的比例也隨之變動，計算出的加權資本成本也是轉瞬即逝的。

目標資本結構加權，根據市場價值計量的目標資本結構來衡量每種資本的比例。管理層決定的目標資本結構，代表未來將如何籌資的最佳估計。如果企業向目標結構發展，目標加權是最有意義的。這種方法可以選用平均市場價格，回避證券市場價格變動頻繁的不便；可以適用於企業籌措新資金，而不像帳面價值權數和市場價值權數那樣只反映過去和現在的資本結構。

目前大多數公司在計算資本成本時，採用目標資本結構作為權重。

基本理論

個別資本成本

銀行借款資本成本
> ＝銀行借款年利息率 ×（1－所得稅稅率）÷（1－銀行借款籌資費率）

債券資本成本
> ＝債券面值總額 × 債券年利息率 ×（1－所得稅稅率）÷ 債券籌資總額
> ×（1－債券籌資費率）

優先股資本成本
> ＝優先股年股利額 ÷ 優先股籌資總額 ×（1－優先股籌資費率）

普通股資本成本
> ＝預期第 1 年普通股股利/普通股籌資總額 ×（1－普通股籌資費率）
> ＋ 普通股年股利成長率

保留盈餘資本成本
> ＝預期第 1 年普通股股利 ÷ 普通股籌資總額＋普通股年股利成長率

加權平均資本成本

以各種資本占全部資本的比重為權數，對個別資本成本進行加權平均確定。

$$加權資本成本 = \sum_{j=1}^{n} K_j W_j$$

K_j：第 j 種資金的資本成本。

W_j：第 j 種資金占全部資金的比重。

模型建立

📂……\chapter05\01\個別與加權資本成本模型.xlsx

輸入

1) 在工作表中輸入文字及資料，進行框線字型、調整列高欄寬、選取填滿色彩、設定字體字型大小等。

2) 新增捲軸。按一下「開發人員→插入→表單」按鈕,點選「捲軸」項,在 D8~D12、F8~F10、H8~H11 等各變數對應的儲存格拖曳製作橫式捲軸,然後對捲軸控制項的屬性設定,輸入儲存格連結、目前值、最小值、最大值等;例如,F8 儲存格的捲軸設定,如圖 5-1 所示。

圖 5-1 設定 F8 捲軸的控制項格式

3) 如下輸入儲存格陣列公式。

選取 E8:E10 區域,輸入公式「=J8:J10/100」後,按 Ctrl+Shift+Enter 複合鍵。

選取 G8:G11 區域,輸入公式「=K8:K11/100」後,按 Ctrl+Shift+Enter 複合鍵。

完成初步的模型表格。

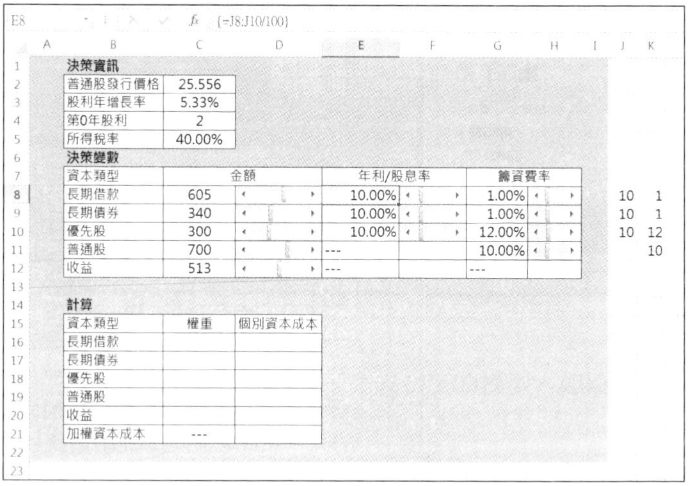

圖 5-2 初步完成的模型

加工

在工作表儲存格中輸入公式：

C16：=C8/SUM($C$8:$C$12)

選取 C16 儲存格，按住右下角的控點向下拖曳填滿至 C20 儲存格。

D16：=E8*(1-C5)/(1-G8)

D17：=E9*(1-C5)/(1-G9)

D18：=E10/(1-G10)

D19：=C4/(C2*(1-G11))+C3

D20：=C4/C2+C3

D21：

=SUMPRODUCT(C16:C20,D16:D20)

輸出

此時，工作表如圖 5-3 所示。

D16 fx =E8*(1-C5)/(1-G8)

決策資訊

普通股發行價格	25.556
股利年增長率	5.33%
第0年股利	2
所得稅率	40.00%

決策變數

資本類型	金額	年利/股息率	籌資費率	J	K
長期借款	605	10.00%	1.00%	10	1
長期債券	340	10.00%	1.00%	10	1
優先股	300	10.00%	12.00%	10	12
普通股	700	---	10.00%		10
收益	513	---	---		

計算

資本類型	權重	個別資本成本
長期借款	24.61%	6.06%
長期債券	13.83%	6.06%
優先股	12.21%	11.36%
普通股	28.48%	14.49%
收益	20.87%	13.16%
加權資本成本	---	10.59%

圖 5-3　個別與加權資本成本

圖表生成

資本成本直條圖

1）選取 B16：B21 區域，再按住 Ctrl 鍵不放，加選 D16：D21 區域，按下「插入」標籤，選按「圖表→插入直條圖」鈕展開選項，再選取「平面直條圖→群組直條圖」項即可插入預設標準的群組直條圖。如圖 5-4 所示。

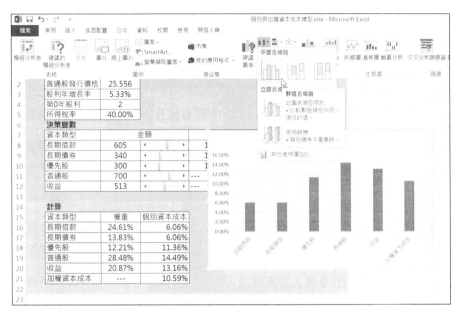

圖 5-4　選取「平面直條圖→群組直條圖」

2）　選取圖表，將不要的圖表標題刪除，並調整其大小和位置，再按下圖表右上角的「＋」鈕展開選項功能表，將不要的圖表標題刪除，勾選「座標軸標題」和「資料標籤」二項後，將垂直軸的標題文字改輸入「資本成本」，然後點選水平軸的標題文字，按下 Del 鍵刪去。如圖 5-5 所示。

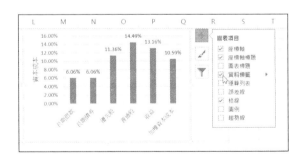

圖 5-5　圖表生成過程

3）　選取垂直座標軸標題的文字框，按下滑鼠右鍵再選取「座標軸標題格式…」指令項，展開「座標軸標題格式」工作面板，點選「文字選項」的「文字方塊」，將「文字方向」改為「垂直」。如此即完成資本成本的的直條圖了。

資本類型比重圖

1） 選取 B16：C20 區域，按下「插入」標籤，再選按「圖表→插入圓形圖」鈕展
開選項，再選取「平面圓形圖→圓形圖」項即可插入預設標準的圓形圖。如圖
5-6 所示。

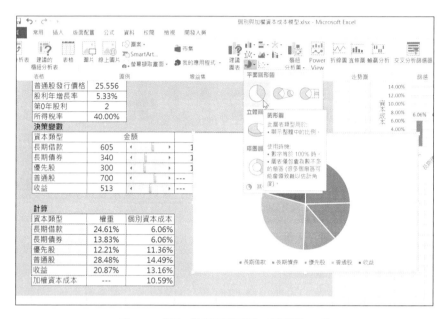

圖 5-6　選取「平面圓形圖→圓形圖」項

2） 將圖表標題的文字改為「資本類型比重圖」。

3） 按下圖表右上角的「＋」鈕展開功能表，勾選「資料標籤」後，再按下右側的
▶鈕展開下一層的功能表，選取「其他選項…」指令，如圖 5-7 所示。

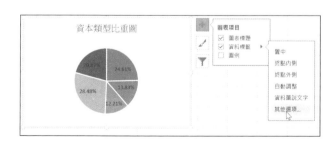

圖 5-7　圖表生成過程

4） 在展開的「資料標籤格式」工作面板內，在標籤選項中勾選「類別名稱」，如圖 5-8 所示。

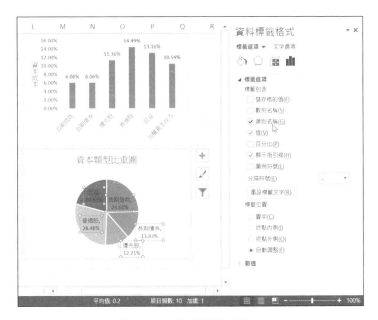

圖 5-8 勾選「類別名稱」

5） 使用者可按自己的意願修改圖表。例如，將圓形圖中「資料標籤」的位置拖曳調動到想要的位置。如此，個別與加權資本成本模型就完成了，其最終介面如圖 5-9 所示。

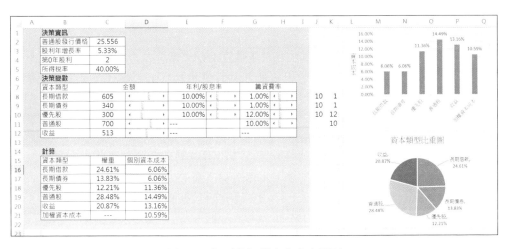

圖 5-9 個別與加權資本成本模型

操作說明

■ 拖動各個資本類型「金額」、「年利/股息率」、「籌資費率」等變數的捲軸，或調整普通股發行價格、股利年成長率、第 0 年股利、所得稅率時，模型的計算結果將隨之變化，圖表將隨之變化。

5.2 邊際資本成本模型

應用場景

CEO：什麼是邊際資本成本？

CFO：向銀行借款 300 萬，資本成本是 10%；向銀行借款 1000 萬，資本成本仍是 10%；向銀行借款 1001 萬，資本成本將變成 12%。12%就是邊際資本成本。邊際資本成本，就是資金增加一個單位而增加的成本。

CEO：也就是量變引發質變。這和累進稅率、累進折扣好像有些類似。而且，不是超額累進，而是全額累進。

CFO：資本成本在一定範圍內不會改變，但公司無法以某一固定的資本成本籌集無限的資金。當公司籌集的資金超過一定限度時，原來的資本成本就會增加，這就是邊際資本成本的由來。

CEO：這和企業市場有很大的不同。我們採購時，訂貨量越大，供應商給的價格就越低；我們銷售時，銷售量越大，給客戶的價格就越低。銀行相反，你借款越多，資本成本反而越高，規模效應怎麼展現不了了？

CFO：金融市場有其特殊性。借款越多，風險越大，要求的回報率，即資本成本就越高。在保持某個資本成本的條件下，可以籌集到的資金總限度就是籌資突破點。

CEO：向銀行借款 300 萬，資本成本是 10%；向銀行借款 1000 萬，資本成本仍是 10%；向銀行借款 1001 萬，資本成本將變成 12%。在這個例子中，籌資突破點就是 1000 萬了？

CFO：是的。這個例子，籌資只有銀行借款這一種方式，籌資突破點就是 1000 萬。小於 1000 萬時，邊際資本成本就是 10%；大於 1000 萬時，邊際資本成本就是 12%。如果籌資有多種方式，就要結合資本結構計算籌資突破點和邊際資本成本。

例如，資本結構中，銀行借款占比 20%，普通股占比 80%。則籌資突破點就是 1000 萬除以 20%，即 5000 萬。各區間的邊際資本成本要加權計算。

小於 5000 萬時，邊際資本成本＝銀行借款占比 20%*資本成本 10%+股票占比 80%*股票資本成本；大於 5000 萬時，邊際資本成本＝銀行借款占比 20%*資本成本 12%+股票占比 80%*股票資本成本。

基本理論

邊際資本成本

公司無法以某一固定的資本成本籌集無限的資金，當公司籌集的資金超過一定限度時，原來的資本成本就會增加。追加一個單位的資本增加的成本稱為邊際資本成本。

邊際資本成本計算步驟：

1） 確定公司資本結構。

2） 確定各種籌資方式各區間的資本成本。

3） 計算籌資突破點。籌資突破點區別各種籌資方式計算，是其個別資本成本的籌資分界點與目標資本結構中該種籌資方式所占比重的比值。它反映在保持個別資本成本不變的條件下，可以籌集到的資金總限度。

籌資突破點
＝個別資本成本的籌資分界點 ÷ 目標資本結構中該種籌資方式所占比重

4） 計算邊際資本成本。根據計算出的籌資突破點，得到若干組新的籌資範圍。對各籌資範圍，分別查詢各籌資方式對應的個別資本成本。根據個別資本成本和籌資方式所占比重，計算加權平均資本成本，即得到不同籌資範圍的邊際資本成本。

模型建立

📁……\chapter05\02\邊際資本成本模型.xlsx

輸入

1） 在工作表中輸入文字及資料，進行框線字型、調整列高欄寬、選取填滿色彩、設定字體字型大小等。如圖 5-10 所示。

	資本類型	資本結構	下限	上限	資本成本	籌資突破點
變數						
	長期借款	0.3	0	6	5%	
			7	30	6%	
			31		7%	
	應付債券	0.2	0	18	9%	
			19		10%	
	普通股	0.5	0	150	11%	
			151		15%	
計算						
	下限	上限	資本類型	資本成本	邊際資本成本	
			長期借款			
			應付債券			
			普通股			
			長期借款			
			應付債券			
			普通股			
			長期借款			
			應付債券			
			普通股			
			長期借款			
			應付債券			
			普通股			
			長期借款			
			應付債券			
			普通股			

圖 5-10　輸入資料和格式化

加工

在工作表儲存格中輸入公式：

G3：=E3/C3

G4：=E4/C3

G6：=E6/C6

G8：=E8/C8

將 G3：G9 區域的資料按大小排列，由小到大分別填入 C13：C25 區域。

B13：=0

B16：=C13+1

B19：=C16+1

B22：=C19+1

B25：=C22+1

根據下限和上限的資料區間，查詢對應的各資本類型的資本成本，填入 E13：E27 儲存格。

H13：=C3

H14：=C6

H15：=C8

F13：

=SUMPRODUCT(E13:E15,H13:H15)

F16：

=SUMPRODUCT(E16:E18,H13:H15)

F19：

=SUMPRODUCT(E19:E21,H13:H15)

F22：

=SUMPRODUCT(E22:E24,H13:H15)

F25：

=SUMPRODUCT(E25:E27,H13:H15)

輸出

此時，工作表如圖 5-11 所示。

圖 5-11　邊際資本成本

表格製作

輸入

在工作表 J1：K11 中輸入資料及框線，如圖 5-12 所示。

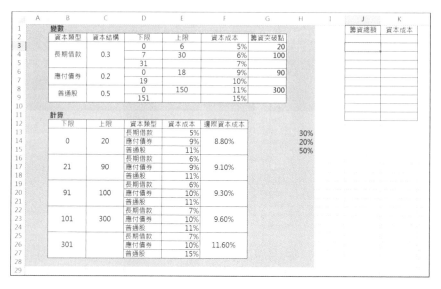

圖 5-12　在工作表中輸入資料

加工

在工作表儲存格中輸入公式：

J2：=0	K2：=F13
J3：=C13	K3：=F13
J4：=C13	K4：=F16
J5：=C16	K5：=F16
J6：=C16	K6：=F19
J7：=C19	K7：=F19
J8：=C19	K8：=F22
J9：=C22	K9：=F22
J10：=C22	K10：=F25
J11：=1.1*J10	K11：=F25

輸出

此時，工作表如圖 5-13 所示。

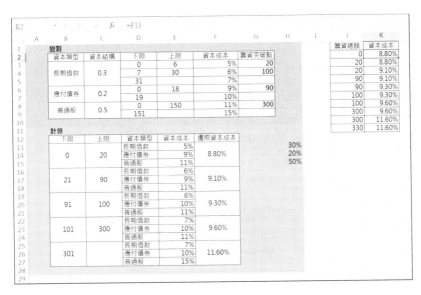

圖 5-13　邊際資本成本

圖表生成

1）　選取 J2：K11 區域，按一下「插入」標籤，選取「圖表→插入 XY 散佈圖或泡
泡圖→帶有直線的 XY 散佈圖」按鈕項，即可插入一個標準的 XY 散佈圖，如
圖 5-14 所示。

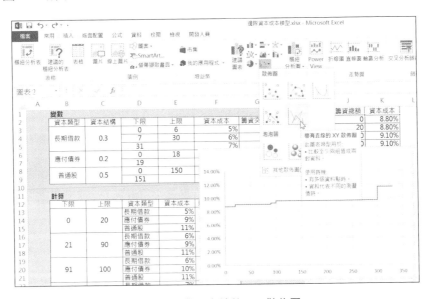

圖 5-14　帶有直線的 XY 散佈圖

2） 可先將預設的「圖表標題」刪掉，調整圖表大小及移到適當的位置，按下圖表右上角的「＋」鈕展開功能表，勾選「座標軸標題」。如圖 5-15 所示。

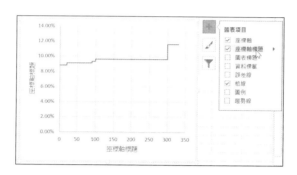

圖 5-15　圖表生成過程

3） 選取垂直座標軸標題，將其改為「籌資總額」，選取水平座標軸標題，將其改為「資本成本」。

4） 使用者還可按自己的意願修改圖表。完成的邊際資本成本模型如圖 5-16 所示。

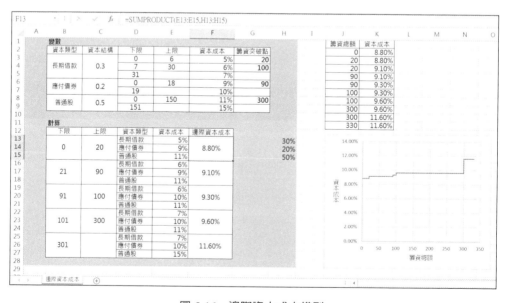

圖 5-16　邊際資本成本模型

操作說明

- 使用者在輸入「資本結構」時，應使各資本類型的資本結構之和等於 1。

- 使用者在輸入某一資本類型某一區間「下限」和「上限」時，應使上限值大於下限值。

- 使用者在輸入某一資本類型不同區間「下限」和「上限」時，應使本區間的下限值，與上一區間的上限值銜接。

- 使用者在輸入某一資本類型不同區間「資本成本」時，應注意：籌資額越大，資本成本越高。

- 在本模型的計算結果中，下限、上限、各資本類型在相應上下限區間的資本成本，是使用者根據「籌資突破點」的計算結果填入的。

- 使用者填寫下限、上限、各資本類型在對應上下限區間的資本成本時，模型的計算結果將隨之變化，表格將隨之變化，圖表將隨之變化。

5.3　資本概算模型

應用場景

CEO：我們常說的資本運作，既包括籌資決策，也包括投資決策。籌資決策與投資決策，有什麼樣的關係嗎？

CFO：有非常緊密的關係。籌資決策與投資決策，以資本成本為紐帶，構成了一個資本循環。在「籌資決策→資本成本→投資決策→資本成本→籌資決策」的迴圈中，資本成本把籌資決策與投資決策連結起來了。

CEO：資本成本是籌資決策和投資決策共同的基礎？

CFO：是的。籌資決策時，為了實現股東財富最大化的目標，必須尋求資本成本最小化；投資決策時，為了達到淨現值最大化的目標，必須投資於報酬率高於資本成本的項目。

CEO：資本成本是如何在籌資與投資之間發揮紐帶作用的？

CFO：首先，籌資決策決定了一個公司的加權平均資本成本；其次，加權平均資本成本作為必要報酬率，又成為投資決策的依據；再次，投資決策決定了公司所需資金的數額和時間，成為籌資決策的依據；最後，投資於高於現有資產平均風險的項目，會增加公司的風險並提高公司的資本成本。這樣又開始了新的循環迴圈。資本成本就是這樣發揮紐帶作用，使籌資和投資資本運作構成一個完整循環的。

CEO：這個理論在資本運作的實務中很重要。特別是當一個投資型公司或機構既有多個專案投資機會，又有多種籌集資金管道時，即有多個資金來源和多個資金去向時，可以幫助確定最佳籌資額。

CFO：是的。我們可以將不同投資額及對應的投資報酬率與不同籌資區間及對應的資本成本進行對比。透過對比，可以確定最佳籌資額。此時的最佳籌資額，就是最佳投資額。從籌資決策的角度看，可以避免籌資過多，卻沒有好的投資機會；或者籌資過少，錯過好的投資機會。從投資決策的角度看，可以避免投資過於積極，卻沒有籌資保障；或者投資過於謹慎，籌資沒派上用場，沒能使淨現值最大化的失誤。

基本理論

最佳資本概算的決策方法如下。

投資收益率高於邊際資本成本的投資專案應予接受；投資收益率低於邊際資本成本的投資專案應予拒絕；兩者相等時對應的籌資額，亦即投資額，就是最優資本概算。

最佳資本概算的決策步驟如下。

1） 將專案投資機會按投資收益率排序。例如：

專案 H，投資額 32，投資收益率 15%。
專案 C，投資額 29，投資收益率 12.1%。
專案 F，投資額 30，投資收益率 12%。
專案 D，投資額 29，投資收益率 11.7%。
專案 B，投資額 25，投資收益率 11.5%。
專案 G，投資額 28，投資收益率 11%。

2）　從高到低，計錄累計投資額和最低收益率。例如：

專案 H，累計投資額 32，最低投資收益率 15%。

專案 H+專案 C，累計投資額 61，最低投資收益率 12.1%。

專案 H+專案 C+專案 F，累計投資額 91，最低投資收益率 12%。

專案 H+專案 C+專案 F+專案 D，累計投資額 120，最低投資收益率 11.7%。

專案 H+專案 C+專案 F+專案 D+專案 B，累計投資額 145，最低投資收益率 11.5%。

專案 H+專案 C+專案 F+專案 D+專案 B+專案 G，累計投資額 173，最低投資收益率 11%。

3）　查詢累計投資額所處的籌資區間，以及對應的資本成本。例如：

累計投資額 32（最低投資收益率 15%），所處的籌資區間是 0~40，資本成本是 10.1%。此時，繼續操作。

累計投資額 61（最低投資收益率 12.1%），所處的籌資區間是 41~70，資本成本是 10.4%；此時，繼續操作。

累計投資額 91（最低投資收益率 12%），所處的籌資區間是 91~150，資本成本是 11%；此時，繼續操作。

累計投資額 120（最低投資收益率 11.7%），所處的籌資區間是 91~150，資本成本是 11%；此時，繼續操作。

累計投資額 145（最低投資收益率 11.5%），所處的籌資區間是 91~150，資本成本是 11%；此時，繼續操作。

累計投資額 173（最低投資收益率 11%），所處的籌資區間是 151~180，資本成本是 11.2%；此時，停止操作。

4）　確定最佳籌投資額

累計籌投資額為 173 時，可投資專案 H、C、F、D、B、G，最低投資收益率為專案 G 的 11%，小於此時的籌資資本成本 11.2%。故累計籌投資額 173 不可行。

累計籌投資額為 145 時，可投資專案 H、C、F、D、B，最低投資收益率為專案 B 的 11.5%，大於此時的籌資資本成本 11%。故累計籌投資額 145 可行。

即：為取得最大淨現值，最佳籌投資額為 145。

模型建立

……\chapter05\03\資本概算模型.xlsx

輸入

1） 在工作表中輸入文字及資料，進行框線字型、調整列高欄寬、選取填滿色彩、設定字體字型大小等。如圖 5-17 所示。

投資資訊		
專案投資機會	初始投資	內含報酬率
A	39	10.20
B	25	11.50
C	29	12.10
D	29	11.70
E	25	10.70
F	30	12.00
G	28	11.00
H	32	15.00

籌資資訊		
籌資總額		資本成本
下限	上限	
0	40	10.10
41	70	10.40
71	90	10.90
91	150	11.00
151	180	11.20
181	200	11.30
201	250	11.40
251		11.50

圖 5-17　在工作表中輸入資料

加工

1） 先複製 B2：D10 區域到 H2：J10 區域，然後選取 H2：J10 區域，再按下「資料」標籤下的「排序」鈕，開啟如圖 5-18 的對話方塊，在欄下拉方塊中選取「內含報酬率」，順序下拉方塊選取「最大到最小」。

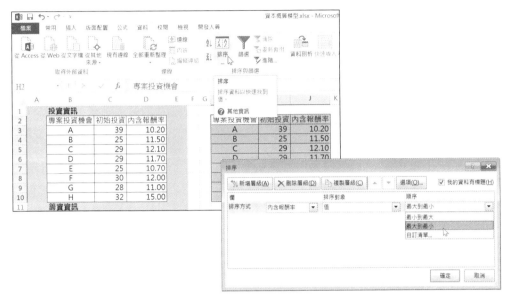

圖 5-18　資料排序

2）　依照內含報酬率的值由最大到最小的排列結果，如圖 5-19 所示。

	A	B	C	D	E	F	G	H	I	J	K
1	投資資訊										
2	專案投資機會	初始投資	內含報酬率					專案投資機會	初始投資	內含報酬率	
3	A	39	10.20					H	32	15.00	
4	B	25	11.50					C	29	12.10	
5	C	29	12.10					F	30	12.00	
6	D	29	11.70					D	29	11.70	
7	E	25	10.70					B	25	11.50	
8	F	30	12.00					G	28	11.00	
9	G	28	11.00					E	25	10.70	
10	H	32	15.00					A	39	10.20	
11	籌資資訊										
12	籌資總額		資本成本								
13	下限	上限									
14	0	40	10.10								
15	41	70	10.40								
16	71	90	10.90								
17	91	150	11.00								
18	151	180	11.20								
19	181	200	11.30								
20	201	250	11.40								
21	251		11.50								
22											

圖 5-19　按內含報酬率降冪排列

3）　依據前面基本理論中對專案 A~H 所介紹的決策步驟，先以報酬率排序再累計，
然後查詢籌資區間，這個實例所得到的最佳籌/投資資本概算就是 145。在 G19
中輸入「最佳籌/投資資本概算為 145 萬元」。

輸出

此時，工作表如圖 5-20 所示，可計算出最佳投資和籌資額。

圖 5-20　最佳籌投資的資本概算

表格製作

輸入

在工作表的 L1：M17~O1：P17 中輸入資料並加框線，如圖 5-21 所示。

圖 5-21　在工作表中輸入資料

加工

在工作表儲存格中輸入公式：

L2：=0

L3：=C14

L4：=C14

L5：=C15

L6：=C15

L7：=C16

L8：=C16

L9：=C17

L10：=C17

L11：=C18

L12：=C18

L13：=C19

L14：=C19

L15：=C20

L16：=C20

L17：=1.1*C20

M2：=D14

M3：=D14

M4：=D15

M5：=D15

M6：=D16

M7：=D16

M8：=D17

M9：=D17

M10：=D18

M11：=D18

M12：=D19

M13：=D19

M14：=D20

M15：=D20

M16：=D21

M17：=D21

O2：=0

O3：=I3

O4：=I3

O5：=I3+I4

O6：=I3+I4

O7：=SUM(I3:I5)

O8：=SUM(I3:I5)

O9：=SUM(I3:I6)

O10：=SUM(I3:I6)

O11：=SUM(I3:I7)

O12：=SUM(I3:I7)

O13：=SUM(I3:I8)

O14：=SUM(I3:I8)

O15：=SUM(I3:I9)

O16：=SUM(I3:I9)

O17：=SUM(I3:I10)

P2：=J3

P3：=J3

P4：=J4

P5：=J4

P6：=J5

P7：=J5

P8：=J6

P9：=J6

P10：=J7

P11：=J7

P12：=J8

P13：=J8

P14：=J9

P15：=J9

P16：=J10

P17：=J10

輸出

此時，工作表如圖 5-22 所示。

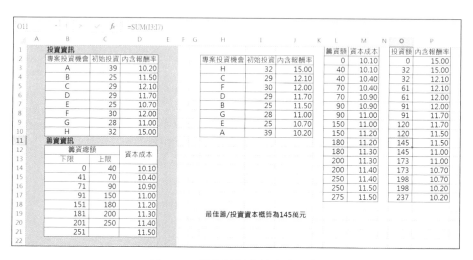

圖 5-22　最佳籌投資的資本概算

圖表生成

1）　選取 L2：M17 區域，按一下「插入」標籤，選取「圖表→插入 XY 散佈圖或泡
泡圖→帶有直線的 XY 散佈圖」項，即可插入一標準散佈圖，如圖 5-23 所示。

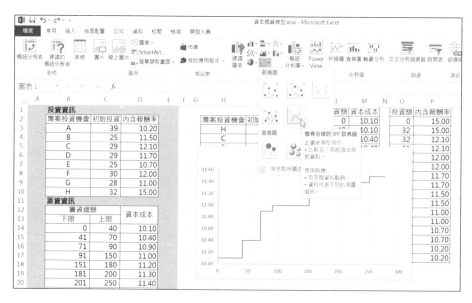

圖 5-23　帶有直線的 XY 散佈圖

2）　刪除預設標準 XY 散佈圖的圖表標題，然後對圖表區按下右鍵，選取「選取資料…」指令打開對話方塊，此時已有數列 1。按下「新增」按鈕，新增如下的數列。

數列 2：

X 值：=資本概算!$O$2:$O$17

Y 值：=資本概算!$P$2:$P$17

3）　調整圖表大小及其位置，然後對圖表中新增的「數列 2」按下滑鼠右鍵展開快顯功能表，選取「資料數列格式…」指令，如圖 5-24 所示。

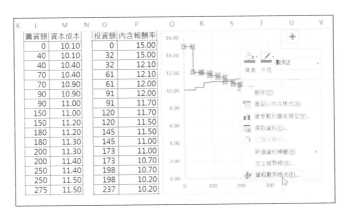

圖 5-24　對「數列 2」按下滑鼠右鍵

4）　在「資料數列格式」工作面板中數列選項的數列資料繪製於選項中，按下「副座標軸」項，圖表區右側即會顯示數列 2 的副座標軸。如圖 5-25 所示。

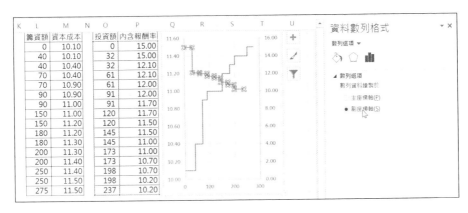

圖 5-25　副座標軸

5） 使用者還可按自己的意願修改圖表格式。例如，按下圖表右上方的「＋」鈕，勾選顯示「座標軸標題」，將水平的 X 軸標題改為：籌/投資額；將左側垂直的 Y 軸標題改為：資本成本；再將右側垂直副軸標題改為：內含報酬率。資本概算模型的最終介面如圖 5-26 所示。

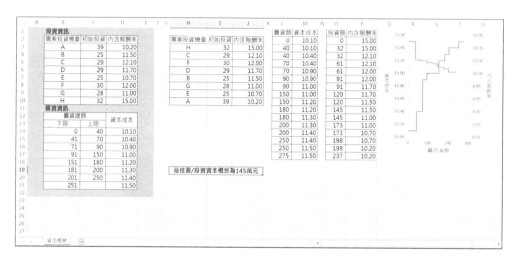

圖 5-26　最佳籌投資的資本概算模型

操作說明

■ 使用者在輸入籌資資訊的籌資總額「下限」和「上限」時，應使上限值大於下限值。

■ 使用者在輸入籌資資訊的籌資總額不同區間「下限」和「上限」時，應使本區間的下限值與上一區間的上限值銜接。

■ 使用者在輸入籌資資訊的籌資總額不同區間「資本成本」時，應注意：籌資額越大，資本成本越高。

■ 在本模型中，使用者在輸入「投資資訊」時，可不按內含報酬率大小順序。此時，使用者需按內含報酬率大小順序，另填寫專案投資機會表。模型支援輸入 8 個不同的專案投資機會。

■ 使用者填寫關於投資資訊的專案投資機會表，關於籌資資訊的籌資總額的下限、上限，以及相應上下限區間的資本成本時，模型的表格將隨之變化，圖表將隨之變化。

■ 關於本模型的文字描述，是使用者根據決策步驟計算結果自行填寫的。

第6章
企業價值評估模型

CEO：2012 年 5 月，全球最大的社交網路公司 Facebook 在 Nasdaq 上市。上市前，投行對 Facebook 的定價是每股 38 美元，總估值 1040 億美元，相當於波音公司、通用汽車和戴爾電腦三家市值之總和。2014 年 2 月，Facebook 宣佈以大約 190 億美元的價格，收購不到 50 人的跨平臺行動資訊公司 WhatsApp。這些匪夷所思的案例，讓人如何理解呢？

CFO：這些不在企業價值評估模型的討論範圍之列，但我們在討論企業價值評估模型之前，不可能也不應該回避眼前這些駭人聽聞的神話般的真實案例。這些案例清晰地昭示著一個新時代的到來，那就是大資料時代。在大資料時代，誰控制了資料，誰就擁有了財富；誰控制了資料之源，誰就佔據了產業之巔。

上市前，Facebook 提供的 2011 年的財務報表，顯示資產僅 66 億美元，包括硬體、軟體、專利和其他所有實物資產。而 Facebook 的資料庫儲存的大量資料，則不具有帳面價值。儘管除了資料，Facebook 幾乎一文不值。

CEO：我們不談帳面價值，大家都清楚，它反映不了一個企業的價值。我想搞明白，什麼樣的企業價值評估模型，能把 Facebook 評估到上千億美元，能把不到 50 人的 WhatsApp 評估到 190 億美元？

CFO：Gartner 公司副總裁 Doug Laney，研究了 Facebook 在 IPO 前的資料，估算出 Facebook 在 2009~2011 年間，共收集了 2.1 萬億條有用資訊，例如使用者的喜好、發佈的資訊和評論等。與其 IPO 估值相比，意味著每條資訊有 4 美分左右的價值；相對的，每名 Facebook 使用者有 100 美元左右的價值，他們是 Facebook 資訊的提供者。

也就是說，能把 Facebook 評估到上千億美元，能把不到 50 人的 WhatsApp 評估到 190 億美元，依據的是公司獲取的這些數據資料。

CEO：數據資料既然這麼重要，它在資產負債表上是如何展現的？

CFO：目前沒有展現出來。如果以後展現，可能會以無形資產形式來展現。80 年代，無形資產在美國上市公司市值中所佔比例約為 40%；到了 2002 年，這一比例已經成長為 75%。公司持有的資料，今後可能會漸漸納入無形資產的範疇。

CEO：這麼看來，企業價值評估，以後的關鍵點，就是資料資產的評估。那麼，如何給資料估值呢？

CFO：這需要建立全新的概念，去構造全新的價值體系和商業體系。在新的體系中，數據資料是一個平臺，是新價值的核心，新商業的基石。資料買賣的產業鏈將逐步形成，在資料生產、流通、交換和消費的過程中，資料自然就可估值了。

CEO：新的體系既然還沒有建立起來，那我們還是討論傳統體系吧。對企業進行價值評估，就是用於收購或出售嗎？

CFO：企業價值評估，是評估企業作為一個整體的公平市場價值，主要用途有三方面：

1）用於投資分析。投資人可以借此尋找並且購進被市場低估的證券或企業，以期獲得高於市場平均報酬率的收益。

2）用於戰略分析。戰略分析是指使用定價模型，說明經營設想，挖掘這些設想可能創造的價值，尋找增加股東財富的關鍵因素。價值評估在戰略分析中起核心作用。

3）　用於價值管理。企業決策是否正確的根本標誌，就是能否增加企業價值。為了搞清楚財務決策對企業價值的影響，需要清晰地描述財務決策、企業戰略和企業價值之間的關係。

CEO：企業實行以價值為基礎的管理，才能依據價值最大化原則制定和執行經營計畫，才能透過度量價值的增加來監控經營業績並確定相應報酬。這一點，珠海的遠光軟體公司做得很好。

2014 年 5 月，國務院發文鼓勵上市公司建立市值管理制度。2014 年 8 月 27 日，遠光軟體的「首吃螃蟹」，在擬推出的限制性股權激勵計畫中，不是將淨利潤成長作為股權激勵的考核目標，而是將公司市值作為股權激勵的考核目標。遠光軟體的公告顯示，計畫授予的限制性股票，第一次解鎖條件包括：相比 2013 年度，2015 年公司市值成長率不低於中小板綜合指數成長率的 115%或公司市值的降低率不高於中小板綜合指數降低率的 85%；第二次解鎖條件包括：相比 2013 年度，2016 年公司市值成長率不低於中小板綜合指數成長率的 115%或公司市值降低率不高於中小板綜合指數降低率的 85%。

CFO：公司採用市值考核而非業績考核，好處是明顯的，那就是可以將股東利益與激勵物件的利益更有效、更直接地結合起來。

CEO：我們可以把企業當成一項資產，企業價值評估和資產評估，原理是一樣的嗎？

CFO：原理是一樣的。但企業價值評估的對象，是企業整體經濟價值。其中的整體價值觀念，展現在 4 方面：（1）整體不是各部分的簡單相加；（2）整體價值來源於要素的結合方式；（3）部分只有在整體中才能展現價值；（4）整體價值只有在執行中才能展現。其中的經濟價值觀念，要求區分會計價值與市場價值，區分現時市場價值與公平市場價值。

CEO：區分會計價值與市場價值，實際上，就是不看一個人有什麼東西，而看一個人是什麼東西。詩書滿箱，不算有道；金銀滿筐，不算有寶。社會賦予一個人財富，更多的是賦予其以後創造更大財富的責任，而不是坐享其成的權力。不創造財富的人，擁有再多的財富，其價值也是零。

CFO：是這樣的。有什麼東西，是看帳面價值；是什麼東西，是看以後現金流入的現值。帳面價值再大，如果以後不創造財富，其市場價值就是零，價值評估也就是零了。

CEO：我想知道我們公司的價值。

CFO：那當然可以。值得說明的是，企業價值評估提供的資訊不僅僅是企業價值一個數位，還包括評估過程中產生的大量資訊。例如，企業價值是由哪些因素驅動的，銷售淨利率對企業價值的影響有多大等。即使企業價值的最終評估值不是很準確，這些中間資訊也是很有意義的。不應過分關注最終結果而忽視評估過程中產生的其他資訊。

CEO：按照整體經濟價值觀念，對企業進行價值評估，很有必要，也很有意義。我們可以嘗試開展這項工作。

CFO：是的。值得說明的是，價值評估是一項分析工作，不是簡單地找幾個資料代入模型的計算工作，它要透過符合邏輯的分析來完成。好的分析來源於好的理解，好的理解建立在正確的概念框架基礎之上。管理人員進行企業價值評估，必須正確理解企業價值的有關概念。如果不能比較全面地理解評估原理，在一知半解的情況下隨意套用模型，就很可能出錯。這種「人為」錯誤，與價值評估中由於帶有一定的主觀估計成分而必然存在的「天然」誤差，是完全不同的性質。

6.1　現金流量模型

應用場景

CEO：在討論資本資產定價模型時，我們比較過資本資產定價模型與資產評估模型。比較時，我們也討論過現金流量模型。現金流量模型的基本思維，是增量現金流量原則和時間價值原則，也就是任何資產的價值是其產生的未來現金流量按照含有風險的折現率計算的現值。現金流量模型，可用於評估資產價值或專案價值，也可以用於評估企業價值嗎？

CFO：可以。而且，現金流量模型，是企業價值評估使用最廣泛、理論最健全的模型。企業本身也是資產，具有資產的一般特徵；企業本身也是項目，是一個由

若干投資專案組成的大型複合專案，或者說是一個專案組合。因此，企業價值評估與投資專案評估有許多類似之處。例如，無論是企業還是專案，都可以給投資主體帶來現金流量，現金流量越大則經濟價值越大；現金流都具有不確定性，其價值計量都要使用風險概念；現金流量都是陸續產生的，價值計量都要使用現值概念。所以，我們可以將現金流量模型應用於企業價值評估。

CEO：企業價值評估，與投資專案評估，完全一樣嗎？如果完全一樣，乾脆將內容合併算了。

CFO：企業價值評估，與投資專案評估，也有許多明顯區別。例如：（1）投資專案的壽命是有限的，而企業的壽命是無限的，因此，要處理無限期現金流折現問題；（2）投資專案有穩定的或下降的現金流，而企業通常將收益再投資並產生成長的現金流，它們的現金流分佈有不同特徵；（3）投資專案的現金流屬於項目投資人，而企業產生的現金流僅在決策層決定分配時才流向企業投資人。這些差別，導致企業價值評估比投資專案評估更困難，是現金流量模型應用於企業價值評估時需要解決的問題。

基本理論

實體現金流量模型

實體現金流量模型的基本形式是：

$$實體價值 = \sum_{t=1}^{\infty} \frac{實體現金流量_t}{(1+加權平均資本成本)^t}$$

實體現金流量：是企業全部現金流入扣除成本費用和必要的投資後的剩餘部分，它是企業一定期間內可以提供給所有投資人（包括股權投資人和債權投資人）的稅後現金流量。

加權平均資本成本：計算現值使用的折現率。折現率是現金流量風險的函數，風險越大則折現率越大，因此折現率和現金流量要相互匹配。實體現金流量只能用企業實體的加權平均資本成本來折現。

t：即現金流量的持續年數。從理論上，現金流量的持續年數應當等於資源的壽命。企業的壽命是不確定的，通常採用持續經營假設，即假設企業將無限期的持續下去。預測無限期的現金流量資料是很困難的，時間越長，遠期的預測越不可靠。為

了避免預測無限期的現金流量，大部分估價將預測的時間分為兩個階段。第一階段是有限的、明確的預測期，稱為「預測期」，在此期間需要對每年的現金流量進行詳細預測，並根據現金流量模型計算其預測期價值；第二階段是預測期以後的無限時期，稱為「後續期」，在此期間假設企業進入穩定狀態，有一個穩定的成長率，可以用簡便方法直接估計後續期價值。

實體現金流量的兩階段成長模型

假設預測期為 n，則：

實體價值

=預測期實體現金流量現值+後續期價值的現值

$$= \sum_{i=1}^{n} \left[\text{實體現金流量}_t \div (1+\text{資本成本})^t \right] + \text{實體現金流量}_{n+1} \div$$
$$(\text{資本成本} - \text{永續成長率}) \div (1+\text{資本成本})^n$$

兩階段成長模型的使用條件：兩階段成長模型適用於成長呈現兩個階段的企業。第一個階段為超常成長階段，成長率明顯快於永續成長階段；第二個階段具有永續成長的特徵，成長率比較低，是正常的成長率。

模型建立

……\chapter06\01\企業價值評估之現金流量模型.xlsx

輸入

1）　在工作表中輸入資料及文字，然後進行格式化作業，如合併儲存格、調整列高欄寬、選取填滿色彩、設定字體字型大小等。

2）　在 D2~D5 插入捲軸，在 C8、C9、D8、D9 右側插入微調按鈕。按一下「開發人員」標籤，選取「插入→表單控制項→捲軸」按鈕，在對應的儲存格拖曳拉出適當大小的橫式捲軸。接著對該捲軸按下滑鼠右鍵，選取「控制項格式」指令，對其屬性設定儲存格連結、目前值、最小值、最大值等。例如C8儲存格的微調按鈕的控制項格式中連結 F8，其屬性設定如圖 6-1 所示。其他的詳細設定值可參考下載的本節 Excel 範例檔。

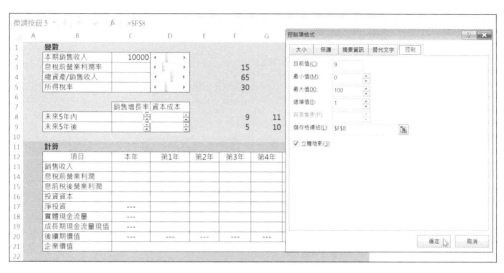

圖 6-1　設定微調按鈕的屬性

3）　輸入儲存格公式，完成初步的模型。如圖 6-2 所示。

C3：=F3/100　　　　　　　　C4：=F4/100　　　　　　　　C5：=F5/100

C8：=F8/100　　　　　　　　C9：=F9/100　　　　　　　　D8：=G8/100

D9：=G9/100

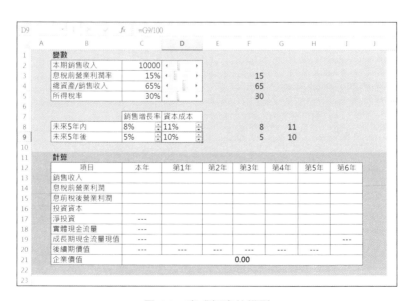

圖 6-2　完成初步的模型

加工

在工作表儲存格中輸入公式：

C13：=C2

D13：=C13*(1+$C$8)
選取 D13 儲存格，按住控點向右拖曳填
滿至 H13 儲存格。

I13：=H13*(1+C9)

C14：I14 區域：選取 C14：I14 區域，輸
入「=C13:I13*$C$3」公式後，按 Ctrl+
Shift+Enter 複合鍵。

C15：I15 區域：選取 C15：I15 區域，輸
入「=C14:I14*(1-$C$5)」公式後，按
Ctrl+Shift+Enter 複合鍵。

C16：I16 區域：選取 C16：I16 區域，輸
入「=C13:I13*$C$4」公式後，按 Ctrl+

Shift+Enter 複合鍵。

D17：=D16-C16
選取 D17 儲存格，按住控點向右拖曳填
滿至 I17 儲存格。

D18：I18 區域：選取 D18：I18 區域，
輸入「=D15:I15-D17:I17」公式後，按
Ctrl+Shift+Enter 複合鍵。

D19：=D18/(1+$D$8)^1
E19：=E18/(1+$D$8)^2
F19：=F18/(1+$D$8)^3
G19：=G18/(1+$D$8)^4
H19：=H18/(1+$D$8)^5
I20：=I18/(D9-C9)/(1+D8)^5
C21：=SUM(D19:H19)+I20

輸出

此時，工作表如圖 6-3 所示。

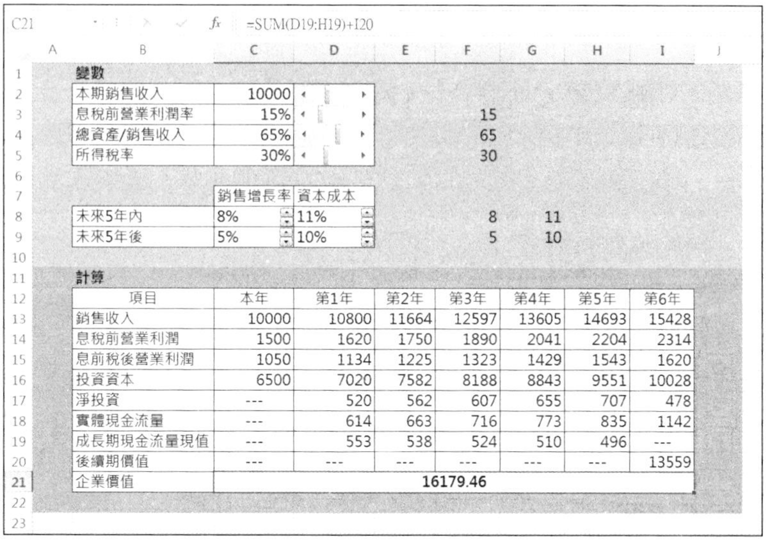

圖 6-3　企業價值評估的現金流量法

表格製作

輸入

在工作表的 L1：M13 中輸入資料及套入框線，如圖 6-4 所示。

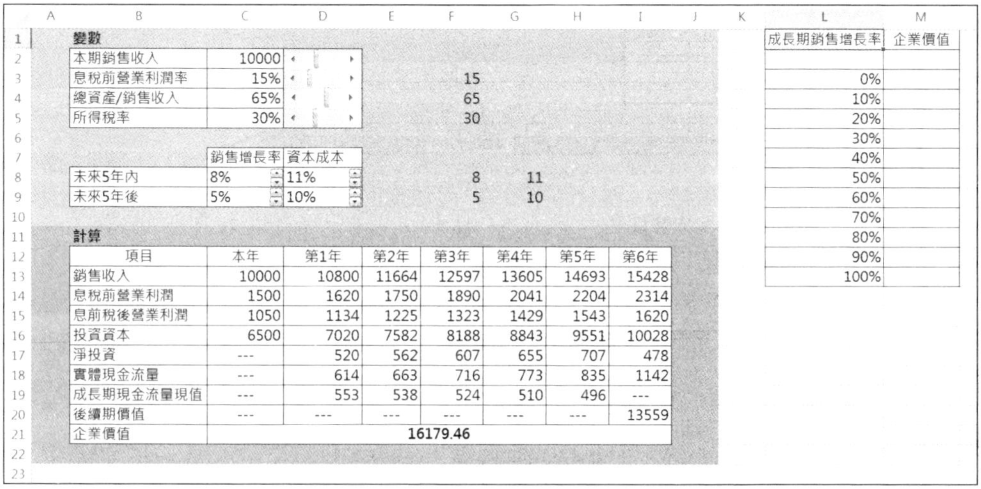

圖 6-4　在工作表中輸入資料

加工

在工作表儲存格中輸入公式：

M2：=C21

M3：M13 區域：使用運算列表指令完成自動加入=TABLE(,C8)公式

選取 L2：M13 區域，按下「資料」標籤的「模擬分析→運算列表」指令，輸入引用
列的儲存格 C8，按一下「確定」按鈕。

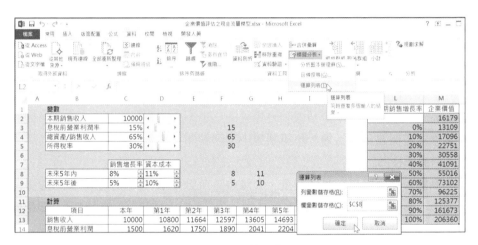

圖 6-5　運算列表

輸出

此時，工作表如圖 6-6 所示。

	項目	本年	第1年	第2年	第3年	第4年	第5年	第6年				成長期銷售增長率	企業價值
1	變數												16179
2	本期銷售收入	10000										0%	13109
3	息稅前營業利潤率	15%		15								10%	17096
4	總資產/銷售收入	65%		65								20%	22751
5	所得稅率	30%		30								30%	30558
6												40%	41091
7		銷售增長率	資本成本									50%	55016
8	未來5年內	8%	11%	8	11							60%	73102
9	未來5年後	5%	10%	5	10							70%	96225
10												80%	125377
11	計算											90%	161673
12	項目	本年	第1年	第2年	第3年	第4年	第5年	第6年				100%	206360
13	銷售收入	10000	10800	11664	12597	13605	14693	15428					
14	息稅前營業利潤	1500	1620	1750	1890	2041	2204	2314					
15	息稅後營業利潤	1050	1134	1225	1323	1429	1543	1620					
16	投資資本	6500	7020	7582	8188	8843	9551	10028					
17	淨投資	---	520	562	607	655	707	478					
18	實體現金流量	---	614	663	716	773	835	1142					
19	成長期現金流量現值	---	553	538	524	510	496	---					
20	後續期價值	---	---	---	---	---	---	13559					
21	企業價值			16179.46									

圖 6-6　企業價值評估的現金流量法

圖表生成

1） 選取 L3：M13 區域，按一下「插入」標籤，選取「圖表→插入 XY 散佈圖或泡泡圖→帶有平滑線的 XY 散佈圖」按鈕項，即可插入一個標準的 XY 散佈圖，可先將預設的「圖表標題」刪掉，調整圖表大小及移到適當的位置。

2） 在圖表區按下滑鼠右鍵，在展開的功能表中選取「選取資料來源…」指令。此時已有數列 1。按下「新增」按鈕，新增如下數列 2 和數列 3：

數列 2：
X 值：=現金流量法!$C$8
Y 值：=現金流量法!$C$21

數列 3：
X 值：=(現金流量法!$C$8,現金流量法!$C$8)
Y 值：=(現金流量法!$M$3,現金流量法!$M$13)

3） 接著要格式化數列 2 的點，因此，可透過「圖表工具→格式」標籤中右上方的圖表項目下拉方塊，選取「數列 2」，再按下「格式化選取範圍」按鈕展開「資料數列格式」工作面板，並將「標記選項」改為想要的內建格式和填滿色彩，如圖 6-7 所示

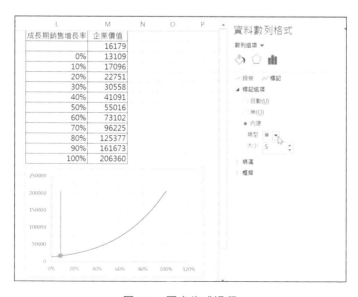

圖 6-7　圖表生成過程

4） 將水平 X 軸改為「成長期銷售增長率」；垂直的 Y 軸改為「企業價值」。

5） 使用者還可按自己的意願修改圖表。最後企業價值評估的現金流量模型的最終介面如圖 6-8 所示。

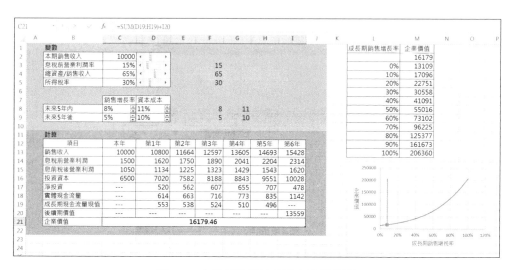

圖 6-8 企業價值評估的現金流量模型

操作說明

■ 現金流量模型包括股利現金流量模型、股權現金流量模型和實體現金流量模型。本模型是實體現金流量模型示例。

■ 實體現金流量模型包括永續成長模型和兩階段成長模型，本模型是兩階段成長模型示例。

■ 拖動「本期銷售收入」、「息稅前營業利潤率」、「總資產/銷售收入」、「所得稅率」等變數的捲軸，或調整「未來 5 年內銷售成長率」、「未來 5 年後銷售成長率」、「未來 5 年內資本成本」、「未來 5 年後資本成本」等變數的微調按鈕時，模型的計算結果將隨之變化，表格將隨之變化，圖表將隨之變化。

6.2　經濟利潤模型

應用場景

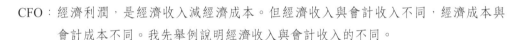

CEO：經濟利潤與會計利潤有什麼區別？

CFO：區別很大。兩者的服務主體不同；目的角度不同；計量範圍、計量依據、計量程式不同；成本計量不同；應用範圍不同；評價企業經濟效益的依據不同。

CEO：經濟利潤，也應該是收入減成本吧？你舉個簡單的例子，具體說明一下經濟利潤與會計利潤的區別。

CFO：經濟利潤，是經濟收入減經濟成本。但經濟收入與會計收入不同，經濟成本與會計成本不同。我先舉例說明經濟收入與會計收入的不同。

　　某企業年初資產 10 萬元，年末升值為 12 萬元；本年營業收入 5 萬元。則經濟收入為 7 萬元；會計收入為 5 萬元，2 萬元資產升值不算會計收入。理由是它沒有透過銷售達成，缺乏客觀的收入證據。

CEO：你再舉例說明經濟成本與會計成本的區別。

CFO：舉例，王某是某公司主管，年薪 8 萬元，存入銀行可得利息 0.5 萬元。現決定離職開一家超市。他將自己擁有的一個店面作為超市營業用房，原店面房租收入 3 萬元；另雇用 5 名員工。經營 1 年後，帳目如下：營業收入 25 萬元，營業成本 6 萬元，雇員工資 3 萬元，水電雜費 1 萬元。即：顯性成本 =6+3+1=10 萬元，會計利潤 =25-10=15 萬元。

　　但會計利潤忽略了隱性成本，包括放棄的薪金收入 8 萬元，放棄的利息收入 0.5 萬元，放棄的租金收入 3 萬元。即：隱性成本 =8+0.5+3=11.5 萬元，經濟利潤 =15-11.5=3.5 萬元。

CEO：看來，會計利潤是會計師的概念，經濟利潤是經濟師的概念。

CFO：是的。會計利潤只考慮顯性成本，不考慮隱性成本；經濟利潤，則既考慮顯性成本，也考慮隱性成本。

CEO：什麼是顯性成本，什麼是隱性成本？

CFO：企業為吸引資源，必須向資源提供者支付報酬。這些報酬可以是顯性的，也可以是隱性的。企業使用非自己資源的成本是顯性成本，企業使用自己資源的成本是隱性成本。

CEO：考慮隱性成本是有必要的。無論是非自己的外部資源，如債務資本，還是自己的內部資源，如股東資本，都是有成本的。股東投入資本的回報要求，不亞於債權人的利息要求和雇員的工資要求。

對企業來說，是不是可以這樣理解：隱性成本是將自己的內部資源用在其他用途能夠獲取的最大利潤。

CFO：是的。會計師不確認隱性成本，不將隱性成本列入利潤表的減項，原因是沒有客觀的辦法計算隱性成本，不能做沒有根據的估計。

CEO：企業的目標應是經濟利潤最大化，而不是會計利潤最大化。我們做電子賺了 100 萬，但如果做房地產可以賺 1000 萬，我們還有什麼可得意的？這種差異，會計利潤反映不出來，經濟利潤可以反映出來。

CFO：是的。如果以投資房地產的收益率為資本成本，那麼其他行業的經濟利潤幾乎都是負數。會計利潤是站在企業所有者角度的經營成果指標，經濟利潤是站在公司角度的經營成果指標。

由於所有權與經營權的分離，公司是相對獨立的法人主體，可以透過債務資本和股權資本兩個管道來籌集資本。對於公司而言，無論是債權人還是股東都是「投資人」。當公司有經濟利潤時，說明投資這家公司會獲得「超額利潤」，就會吸引更多資金進入這個行業，這個公司。

CEO：但房地產行業不是想進就能進的，這裡面有壟斷等其他因素。會計利潤與經濟利潤的區別已經清楚了，經濟利潤知道後，就可用於企業價值評估了？

CFO：是的。企業價值＝投資成本＋預期經濟利潤現值。知道了經濟利潤，只要貼現，就知道企業價值了。

CEO：同樣用於企業價值評估，經濟利潤模型與現金流量模型，有什麼區別？

CFO：評估結果是完全一樣的。但經濟利潤法可以計量單一年份的價值增加，例如：

預期經濟利潤現值＝企業價值－投資成本

　　　　　　　　＝現金流現值－投資成本

　　　　　　　　＝淨現值

現金流量法卻不可以計量單一年份的價值增加。

CEO：經濟利潤模型在實務中的應用現狀如何？

CFO：經濟利潤模型越來越受到重視，不僅受到理論家的贊同，而且許多有影響的顧問公司也在實務中使用這類模型。它以經濟利潤為企業目標，既可以推動價值創造的觀念，又與股東和債權人的收益目標一致，有助於實現企業價值和股東財富的最大化。

基本理論

經濟利潤

經濟利潤　＝經濟收入－經濟成本

　　　　　＝息前稅後營業利潤－投資資本 × 資本成本

其中，經濟成本＝投資資本 × 資本成本

經濟收入等於息前稅後利潤，證明過程如下：

實體現金流量＝債權現金流量＋股東現金流量。
因此：息前稅後利潤－財產增加＝稅後利息＋股利。
因此：息前稅後利潤＝財產增加＋稅後利息＋股利。
因此：息前稅後利潤＝財產增加＋支付投資者。
因此：息前稅後利潤＝經濟收入。

經濟利潤計算公式也可以由以下過程推導：

經濟利潤　＝期初投資資本 ×（期初投資資本報酬率－資本成本）

　　　　　＝期初投資資本 × 期初投資資本報酬率－投資資本 × 資本成本

　　　　　＝息前稅後營業利潤－投資資本 × 資本成本

企業價值評估的經濟利潤模型

企業價值　＝投資資本＋預計經濟利潤的現值

模型建立

……\chapter06\02\企業價值評估之經濟利潤模型.xlsx

輸入

1） 本模型與前一範例類似，可直接複製檔案來開啟修改。一樣在工作表中輸入資料及文字，然後進行格式化作業，如合併儲存格、調整列高欄寬、選取填滿色彩、設定字體字型大小等。

2） 在 D2~D5 插入捲軸，在 C8、C9、D8、D9 右側插入微調按鈕。按一下「開發人員」標籤，選取「插入→表單控制項→捲軸」按鈕，在對應的儲存格拖曳拉出適當大小的橫式捲軸。接著對該捲軸按下滑鼠右鍵，選取「控制項格式」指令，對其屬性設定儲存格連結、目前值、最小值、最大值等。詳細設定值可參考下載的本節 Excel 範例檔。

3） 輸入儲存格公式，完成初步的模型。如圖 6-9 所示。

C3：=F3/100　　　C4：=F4/100　　　C5：=F5/100　　　C8：=F8/100

C9：=F9/100　　　D8：=G8/100　　　D9：=G9/100

圖 6-9　在工作表中輸入資料

加工

在工作表儲存格中輸入公式：

C13：=C2

D13：=C13*(1+$C$8)
選取 D13 儲存格，按住控點向右拖曳填滿至 H13 儲存格。

I13：=H13*(1+C9)

C14：I14 區域：選取 C14：I14 區域，輸入「=C13:I13*$C$3」公式後，按 Ctrl+Shift+Enter 複合鍵。

C15：I15 區域：選取 C15：I15 區域，輸入「=C14:I14*(1-$C$5)」公式後，按 Ctrl+Shift+Enter 複合鍵。

C16：I16 區域：選取 C16：I16 區域，輸入「=C13：I13*$C$4」公式後，按 Ctrl+Shift+Enter 複合鍵。

D17：=D15-C16*$D$8
選取 D17 儲存格，按住控點向右拖曳填滿至 H17 儲存格。

I17：=I15-H16*$D$9
D18：=D17/(1+$D$8)^1
E18：=E17/(1+$D$8)^2
F18：=F17/(1+$D$8)^3
G18：=G17/(1+$D$8)^4
H18：=H17/(1+$D$8)^5
I19：=I17/(D9-C9)/(1+D8)^5
C20：=C16+SUM(D18:H18)+I19

輸出

此時，工作表如圖 6-10 所示。

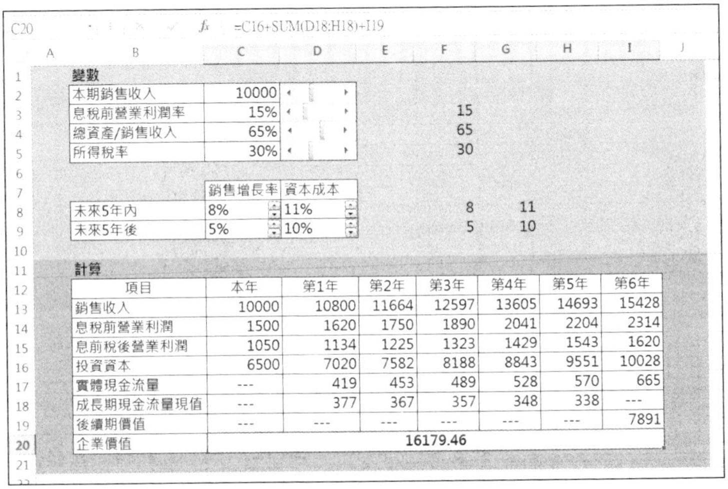

圖 6-10　企業價值評估的經濟利潤法

表格製作

輸入

在工作表中輸入資料，如圖 6-11 所示。

	A	B	C	D	E	F	G	H	I	J	K	L	M
1		變數										成長期銷售增長率	企業價值
2		本期銷售收入	10000	◄	►							0%	
3		息稅前營業利潤率	15%	◄	►	15						10%	
4		總資產/銷售收入	65%	◄	►	65						20%	
5		所得稅率	30%	◄	►	30						30%	
6												40%	
7			銷售增長率	資本成本								50%	
8		未來5年內	8%	11%		8	11					60%	
9		未來5年後	5%	10%		5	10					70%	
10												80%	
11		計算										90%	
12		項目	本年	第1年	第2年	第3年	第4年	第5年	第6年			100%	
13		銷售收入	10000	10800	11664	12597	13605	14693	15428				
14		息稅前營業利潤	1500	1620	1750	1890	2041	2204	2314				
15		息前稅後營業利潤	1050	1134	1225	1323	1429	1543	1620				
16		投資資本	6500	7020	7582	8188	8843	9551	10028				
17		實體現金流量	---	419	453	489	528	570	665				
18		成長期現金流量現值	---	377	367	357	348	338	---				
19		後續期價值	---	---	---	---	---	---	7891				
20		企業價值				16179.46							
21													

圖 6-11　在工作表中輸入資料

加工

在工作表儲存格中輸入公式：

M2：=C20

M3：M13 區域：使用運算列表指令完成自動加入「{=TABLE(,C8)}」公式
選取 L2：M13 區域，按下「資料」標籤的「模擬分析→運算列表」指令，輸入引用
列的儲存格 C8，按一下「確定」按鈕。

輸出

此時，工作表如圖 6-12 所示。

M3 {=TABLE(,C8)}

	項目	本年	第1年	第2年	第3年	第4年	第5年	第6年		成長期銷售增長率	企業價值
											16179
	本期銷售收入	10000				15				0%	13109
	息稅前營業利潤率	15%				65				10%	17096
	總資產/銷售收入	65%				30				20%	22751
	所得稅率	30%								30%	30558
										40%	41091
		銷售增長率	資本成本							50%	55016
	未來5年內	8%	11%			8	11			60%	73102
	未來5年後	5%	10%			5	10			70%	96225
										80%	125377
計算										90%	161673
	項目	本年	第1年	第2年	第3年	第4年	第5年	第6年		100%	206360
	銷售收入	10000	10800	11664	12597	13605	14693	15428			
	息稅前營業利潤	1500	1620	1750	1890	2041	2204	2314			
	息前稅後營業利潤	1050	1134	1225	1323	1429	1543	1620			
	投資資本	6500	7020	7582	8188	8843	9551	10028			
	實體現金流量	---	419	453	489	528	570	665			
	成長期現金流量現值	---	377	367	357	348	338	---			
	後續期價值	---	---	---	---	---	---	7891			
	企業價值				16179.46						

圖 6-12　企業價值評估的經濟利潤法

圖表生成

本模型的圖表生成過程與前一範例「現金流量模型」相同。企業價值的經濟利潤法
模型的最終介面如圖 6-13 所示。

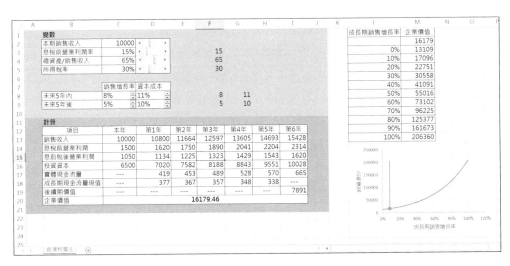

圖 6-13　企業價值評估的經濟利潤模型

操作說明

■　本模型是實體經濟利潤模型的兩階段成長模型示例。

■ 拖動「本期銷售收入」、「息稅前營業利潤率」、「總資產/銷售收入」、「所得稅率」等變數的捲軸，或調整「未來 5 年內銷售成長率」、「未來 5 年後銷售成長率」、「未來 5 年內資本成本」、「未來 5 年後資本成本」等變數的微調按鈕時，模型的計算結果將隨之變化，表格將隨之變化，圖表將隨之變化。

6.3 相對價值模型

應用場景

CEO：我們上網搜尋房產資訊，在查詢目標房產的資訊時，介面會彈出與此房產的地段、品質、樓齡、交通、環境等相近的其他房產。我們不能確定目標房產的報價是高還是低，就會與其他類似房產進行比較。在企業評估中，我們不知道或難以知道公司的價值，就找一個或幾個與本公司類似的其他公司作參照物，根據參照物的價值，來評估本公司的價值，這就是相對價值模型了？

CFO：是的。相對價值模型分為兩類，一類是以企業實體價值為基礎的模型，包括實體價值/息稅折舊攤銷前利潤、實體價值/息前稅後經營利潤、實體價值/實體現金流量、實體價值/投資資本、實體價值/銷售額等比率模型。只要知道可比較企業的實體價值，可比較企業與目標企業的息稅折舊攤銷前利潤、息前稅後經營利潤、實體現金流量、投資資本、銷售額，就可以知道目標企業的價值了。

CEO：這個理論上很簡單。另一類相對價值模型呢？

CFO：另一類是以股票市價為基礎的模型，包括本益比模型、股價淨值比模型、股價營收比模型。顧名思義，本益比，就是每股市價/每股收益；股價淨值比，就是每股市價/每股淨資產；股價營收比，就是每股市價/每股收入。

CEO：只要知道可比較企業的本益比，目標企業的每股收益，就可以知道目標企業的價值了；或者，只要知道可比較企業的股價淨值比，目標企業的每股淨資產，就可以知道目標企業的價值了；或者，只要知道可比較企業的股價營收比，目標企業的每股收入，就可以知道目標企業的價值了。理論上也挺簡單的。

CFO：理論上簡單，但真正使用起來卻並不簡單。就像買房子，找類似房產進行比較，類似房產的價格不一定是公平市場價格；另外，就算類似房產的價格是公平市場價格，但目標房產與類似房產進行比較，總會有不類似的地方。所以，企業價值評估中的相對價值模型的應用，應解決三方面的問題：

1) 如何選取合適的模型，究竟應選取本益比模型，股價淨值比模型還是股價營收比模型？

2) 如何選取可比較企業？

3) 如何消除不類似的影響？如何修正不類似的地方帶來的影響？

CEO：先說說如何選取合適的模型。

CFO：本益比模型，適用於連續盈利、貝塔係數接近於 1 的企業。貝塔係數接近於 1，就是說企業收益率的變動，與市場收益率的變動同步。

股價淨值比模型，適用於有大量資產、淨資產為正值的企業。

股價營收比模型，適用於銷售成本率較低的服務型企業，或銷售成本率趨同的傳統型企業。

CEO：如何選取可比較企業？

CFO：應用本益比模型時，應尋找成長率類似的企業；應用股價淨值比模型時，應尋找淨資產收益率類似的企業；應用股價營收比模型時，應尋找銷售淨利率類似的企業。如果符合條件的企業較多，可進一步根據規模的類似性再篩選。

CEO：如何修正不類似的地方帶來的影響？

CFO：可以採用修正係數進行修正。例如：

本益比模型：目標企業價值＝目標企業每股收益 × 可比較企業本益比 ×（目標企業成長率 ÷ 可比較企業成長率）

股價淨值比模型：目標企業價值＝目標企業每股淨資產 × 可比較企業股價淨值比 ×（目標企業淨資產淨利率 ÷ 可比較企業淨資產淨利率）

股價營收比模型：目標企業價值＝目標企業每股收入 × 可比較企業股價營收比 ×（目標企業銷售淨利率 ÷ 可比較企業銷售淨利率）

基本理論

本益比模型

本期本益比 ＝每股市價÷每股收益

　　　　　＝每股股利（1＋成長率）÷（資本成本－成長率）÷每股收益

　　　　　＝股利支付率×（1＋成長率）÷（資本成本－成長率）

內在本益比 ＝每股市價÷下期每股收益

　　　　　＝每股股利（1＋成長率）÷（資本成本－成長率）÷ 下期每股收益

　　　　　＝每股股利（1＋成長率）÷（資本成本－成長率）÷

　　　　　　每股收益 ×（1＋成長率）

　　　　　＝股利支付率 ÷（資本成本－成長率）

目標企業價值（根據可比較企業本期本益比計算）

　　　　　＝目標企業每股收益 × 可比較企業本期本益比

目標企業價值（根據可比較企業內在本益比計算）

　　　　　＝目標企業每股收益 ×（1＋成長率）× 可比較企業內在本益比

股價淨值比模型

本期股價淨值比

　　　　＝每股市價 ÷ 每股淨資產

　　　　＝每股股利（1＋成長率）÷（資本成本－成長率）÷每股淨資產

　　　　＝每股股利 ÷ 每股收益 × 每股收益 ×（1＋成長率）÷（資本成本－

　　　　成長率）÷每股淨資產

　　　　＝每股股利 ÷ 每股收益 × 每股收益 ÷ 每股淨資產 ×（1＋成長率）÷

　　　　（資本成本－成長率）

　　　　＝股利支付率 × 淨資產收益率 ×（1＋成長率）÷（資本成本－成長率）

內在股價淨值比

　　　　＝每股市價 ÷ 下期每股淨資產

　　　　＝每股股利（1＋成長率）÷（資本成本－成長率）÷ 每股淨資產 ×

　　　　（1＋成長率）

　　　　＝每股股利 ÷ 每股收益 × 每股收益 ×（1＋成長率）÷（資本成本－

　　　　成長率）÷每股淨資產 ×（1＋成長率）

＝每股股利 ÷ 每股收益 × 每股收益÷每股淨資產 ÷（資本成本－成長率）

＝股利支付率 × 淨資產收益率 ÷（資本成本－成長率）

目標企業價值（根據可比較企業本期股價淨值比計算）

　　＝目標企業每股淨資產 × 可比較企業本期股價淨值比

目標企業價值（根據可比較企業內在股價淨值比計算）

　　＝目標企業每股淨資產 ×（1＋成長率）× 可比較企業內在股價淨值比

股價營收比模型

本期股價營收比

　　＝每股市價 ÷ 每股收入

　　＝每股股利（1＋成長率）÷（資本成本－成長率）÷每股收入

　　＝每股股利 ÷ 每股收益 × 每股收益 ×（1＋成長率）÷（資本成本－
　　成長率）÷ 每股收入

　　＝每股股利 ÷ 每股收益 × 每股收益 ÷ 每股收入×（1＋成長率）÷
　　（資本成本－成長率）

　　＝股利支付率 × 銷售淨利率 ×（1＋成長率）÷（資本成本－成長率）

內在股價營收比

　　＝每股市價 ÷ 下期每股收入

　　＝每股股利（1＋成長率）÷（資本成本－成長率）÷每股收入 ×
　　（1＋成長率）

　　＝每股股利 ÷ 每股收益 × 每股收益 ×（1＋成長率）÷（資本成本－
　　成長率）÷每股收入×（1＋成長率）

　　＝每股股利 ÷ 每股收益 × 每股收益 ÷ 每股收入÷（資本成本－成長率）

　　＝股利支付率 × 銷售淨利率 ÷（資本成本－成長率）

目標企業價值（根據可比較企業本期股價營收比計算）

　　＝目標企業每股收入 × 可比較企業本期股價營收比

目標企業價值（根據可比較企業內在股價營收比計算）

　　＝目標企業每股收入 ×（1＋成長率）× 可比較企業內在股價營收比

模型修正

修正本益比

　　＝本益比 ÷ 可比較企業成長率 ÷ 100

目標企業每股價值

　　＝目標企業每股收益 × 目標企業成長率 × 可比較企業修正本益比 × 100

修正股價淨值比

　　＝股價淨值比 ÷ 可比較企業淨資產淨利率 ÷ 100

目標企業每股價值

　　＝目標企業每股淨資產 × 目標企業淨資產淨利率
　　　× 可比較企業修正股價淨值比×100

修正股價營收比

　　＝股價營收比 ÷ 可比較企業銷售淨利率 ÷ 100

目標企業每股價值

　　＝目標企業每股收入 × 目標企業銷售淨利率 × 可比較企業修正股價營收比
　　　× 100

模型建立

　　……\chapter06\03\企業價值評估之相對價值模型.xlsx

輸入

在 Excel 新增活頁簿。並新增以下工作表：本益比模型、股價淨值比模型、股價營收比模型。

「本益比模型」工作表

在工作表中輸入資料及文字，然後進行格式化作業，如圖 6-14 所示。

1	可比企業	
2	每股收益	0.5
3	每股股利	0.35
4	成長率	0.06
5	資本成本	11.125%
6	目標企業	
7	每股收益	1
8	成長率	6%
9		
10	計算過程	
11	股利支付率	
12	本期本益比	
13	內在本益比	
14	計算結果	
15	目標企業價值	

本益比模型 | 股價淨值比模型 | 股價營收比模型

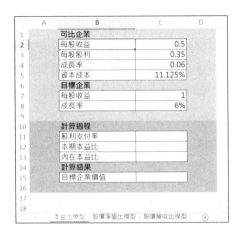

圖 6-14　在「本益比模型」工作表中輸入資料

「股價淨值比模型」工作表

在工作表中輸入資料及文字，然後進行格式化作業，如圖 6-15 所示。

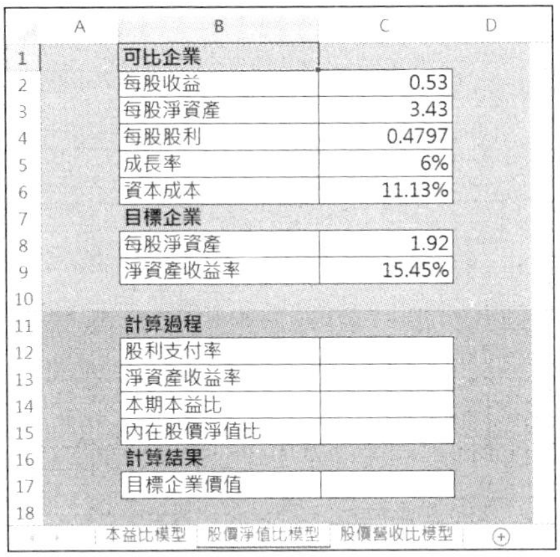

1	可比企業	
2	每股收益	0.53
3	每股淨資產	3.43
4	每股股利	0.4797
5	成長率	6%
6	資本成本	11.13%
7	目標企業	
8	每股淨資產	1.92
9	淨資產收益率	15.45%
10		
11	計算過程	
12	股利支付率	
13	淨資產收益率	
14	本期本益比	
15	內在股價淨值比	
16	計算結果	
17	目標企業價值	

本益比模型 | 股價淨值比模型 | 股價營收比模型

圖 6-15　在「股價淨值比模型」工作表中輸入資料

「股價營收比模型」工作表

在工作表中輸入資料及文字，然後進行格式化作業，如圖 6-16 所示。

圖 6-16　在「市銷量模型」工作表中輸入資料

加工

在工作表儲存格中輸入公式：

「本益比模型」工作表

C11：=C3/C2

C12：=C11*(1+C4)/(C5-C4)

C13：=C11/(C5-C4)

C15：=C7*C12*C8/C4

「股價淨值比」工作表

C12：=C4/C2

C13：=C2/C3

C14：=C12*C13*(1+C5)/(C6-C5)

C15：=C12*C13/(C6-C5)

C17：=C8*C14*C9/C13

「股價營收比模型」工作表

C12：=C4/C2

C13：=C2/C3

C14：=C12*C13*(1+C5)/(C6-C5)

C15：=C12*C13/(C6-C5)

C17：=C8*C14*C9/C13

輸出

「本益比模型」工作表，如圖 6-17 所示。

C15　=C7*C12*C8/C4

可比企業	
每股收益	0.5
每股股利	0.35
成長率	0.06
資本成本	11.125%
目標企業	
每股收益	1
成長率	6%
計算過程	
股利支付率	70%
本期本益比	14.48
內在本益比	13.66
計算結果	
目標企業價值	14.48

圖 6-17　本益比模型

「股價淨值比模型」工作表，如圖 6-18 所示。

C17　=C8*C14*C9/C13

可比企業	
每股收益	0.53
每股淨資產	3.43
每股股利	0.4797
成長率	6%
資本成本	11.13%
目標企業	
每股淨資產	1.92
淨資產收益率	15.45%
計算過程	
股利支付率	90.51%
淨資產收益率	15.45%
本期本益比	2.893
內在股價淨值比	2.729
計算結果	
目標企業價值	5.553

圖 6-18　股價淨值比模型

「股價營收比模型」工作表，如圖 6-19 所示。

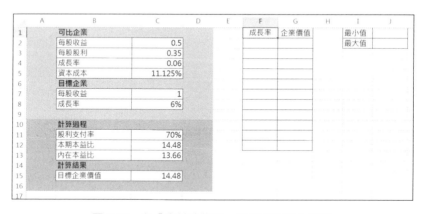

圖 6-19　股價營收比模型

表格製作

輸入

在「本益比模型」工作表中輸入資料，如圖 6-20 所示。

圖 6-20　在「本益比模型」工作表中輸入資料

在「股價淨值比模型」工作表中輸入資料，如圖 6-21 所示。

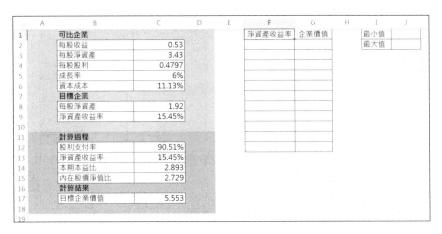

圖 6-21　在「股價淨值比模型」工作表中輸入資料

在「股價營收比模型」工作表中輸入資料，如圖 6-22 所示。

	A	B	C	D	E	F	G	H	I	J
1		可比企業				銷售淨利率	企業價值		最小值	
2		每股收益	3.82						最大值	
3		每股收入	83.06							
4		每股股利	2.8268							
5		成長率	6%							
6		資本成本	11.13%							
7		目標企業								
8		每股收入	50							
9		銷售淨利率	4.60%							
10										
11		計算過程								
12		股利支付率	74%							
13		銷售淨利率	4.60%							
14		本期股價營收比	70.39%							
15		內在股價營收比	66.41%							
16		計算結果								
17		目標企業價值	35.202							
18										
19										

圖 6-22　在「股價營收比模型」工作表中輸入資料

加工

在工作表儲存格中輸入公式：

「本益比模型」工作表

F2：=0.5*$C$8

F3：=0.6*$C$8

……

F11：=1.4*$C$8

F12：=1.5*$C$8

G2：=$C$7*$C$12*F2/$C$4

選取 G2 儲存格，按住控點向下拖曳填滿
至 G12 儲存格。

J1：=MIN(G2:G12)

J2：=MAX(G2:G12)

「股價淨值比模型」工作表

F2：=0.5*$C$9

F3：=0.6*$C$9

……

F11：=1.4*$C$9

F12：=1.5*$C$9

G2：=$C$8*$C$14*F2/$C$13

選取 G2 儲存格，按住控點向下拖曳填滿至 G12 儲存格。

J1：=MIN(G2:G12)

J2：=MAX(G2:G12)

「股價營收比模型」工作表

F2：=0.5*$C$9

F3：=0.6*$C$9

……

F11：=1.4*$C$9

F12：=1.5*$C$9

G2：=$C$8*$C$14*F2/$C$13

選取 G2 儲存格，按住控點向下拖曳填滿至 G12 儲存格。

J1：=MIN(G2:G12)

J2：=MAX(G2:G12)

輸出

「本益比模型」工作表，如圖 6-23 所示。

J1 fx =MIN(G2:G12)

	A	B	C	D	E	F	G	H	I	J
1		**可比企業**				成長率	企業價值		最小值	7.239
2		每股收益	0.5			3.00%	7.239		最大值	21.717
3		每股股利	0.35			3.60%	8.687			
4		成長率	0.06			4.20%	10.135			
5		資本成本	11.125%			4.80%	11.582			
6		**目標企業**				5.40%	13.030			
7		每股收益	1			6.00%	14.478			
8		成長率	6%			6.60%	15.926			
9						7.20%	17.374			
10		**計算過程**				7.80%	18.821			
11		股利支付率	70%			8.40%	20.269			
12		本期本益比	14.48			9.00%	21.717			
13		內在本益比	13.66							
14		**計算結果**								
15		目標企業價值	14.48							
16										
17										

圖 6-23　本益比模型

「股價淨值比模型」工作表，如圖 6-24 所示。

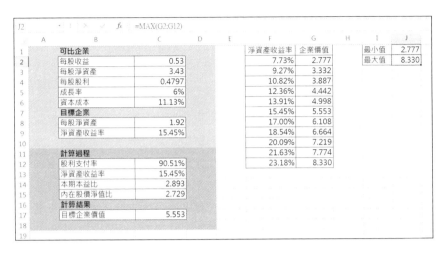

圖 6-24　股價淨值比模型

「股價營收比模型」工作表，如圖 6-25 所示。

圖 6-25　股價營收比模型

圖表生成

「本益比模型」工作表

1)　選取 F1：G12 區域，按一下「插入」標籤，選取「圖表→插入 XY 散佈圖或泡泡圖→帶有平滑線的 XY 散佈圖」按鈕項，即可插入一個標準的 XY 散佈圖，可先將預設的「圖表標題」刪掉，調整圖表大小及移到適當的位置。

2） 在圖表區按下滑鼠右鍵，在展開的功能表中選取「選取資料來源…」指令。此時已有「企業價值」數列。按一下「新增」按鈕，新增如下數列 2 和數列 3，如圖 6-26 所示：

數列 2：
X 值：=本益比模型!$C$8
Y 值：=本益比模型!$C$15

數列 3：
X 值：=(本益比模型!$C$8,本益比模型!$C$8)
Y 值：=(本益比模型!$J$1,本益比模型!$J$2)

圖 6-26　圖表生成過程

3） 接著要格式化數列 2 的點，因此，我們可透過「圖表工具→格式」標籤中右上方的圖表項目下拉方塊，選取「數列 2」，再按下「格式化選取範圍」按鈕展開「資料數列格式」工作面板，並將「標記選項」改為想要的內建類型、大小和填滿的色彩。

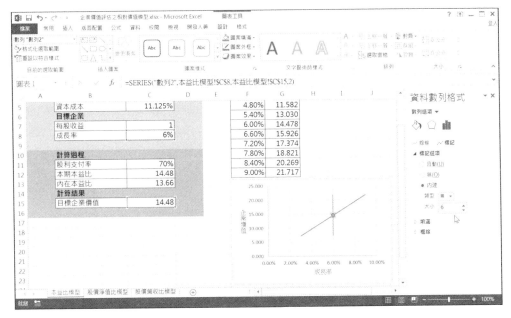

圖 6-27　「資料數列格式」工作面板的「標記選項」

4)　將水平 X 軸改為「成長率」；垂直的 Y 軸改為「企業價值」。

5)　使用者還可按自己的意願修改圖表。最後本益比模型的介面如圖 6-28 所示。

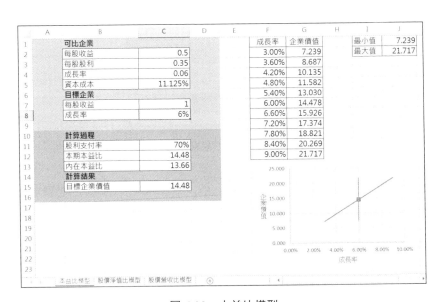

圖 6-28　本益比模型

「股價淨值比模型」工作表

本工作表的圖表生成過程與前述的「本益比模型」的圖表相類似。股價淨值比模型的最終介面如圖 6-29 所示。

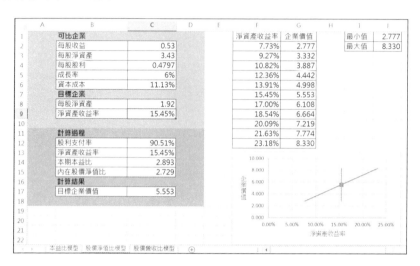

圖 6-29　股價淨值比模型

「股價營收比模型」工作表

圖表生成過程，本工作表與前述的「本益比模型」的圖表相類似。股價營收比模型的最終介面如圖 6-30 所示。

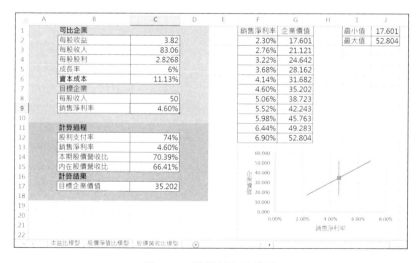

圖 6-30　股價營收比模型

操作說明

■ 在「本益比模型」工作表中使用者輸入可比較企業的「每股收益」、「每股股利」、「成長率」、「資本成本」，以及目標企業的「每股收益」、「成長率」時，模型的計算結果將隨之變化，表格將隨之變化，圖表將隨之變化。

■ 在「股價淨值比模型」工作表中使用者輸入可比較企業的「每股收益」、「每股淨資產」、「每股股利」、「成長率」、「資本成本」，以及目標企業的「每股淨資產」、「淨資產收益率」時，模型的計算結果將隨之變化，表格將隨之變化，圖表將隨之變化。

■ 在「股價營收比模型」工作表中使用者輸入可比較企業的「每股收益」、「每股收入」、「每股股利」、「成長率」、「資本成本」，以及目標企業的「每股收入」、「銷售淨利率」時，模型的計算結果將隨之變化，表格將隨之變化，圖表將隨之變化。

第7章
資本預算模型

CEO：資本預算，是指全面預算體系中的資本支出預算嗎？是根據長期銷售預算編制資本支出預算表嗎？

CFO：不是。這裡說的資本預算，是指投資決策。

CEO：投資的概念很廣，包括債券股票投資、期權投資、流動資產投資。這裡說的投資，是指什麼？

CFO：是指生產性資產的投資，即專案投資，例如機器、設備、廠房的購建與更新改造等。它是一種以特定專案為對象，直接與新建專案或更新改造專案有關的長期投資行為。

CEO：專案投資決策，需要考慮哪些因素？

CFO：考慮現金流量。專案現金流量，即一個項目引起的企業現金流入和現金流出增加的數量。這裡的「現金」是廣義的現金，不僅包括各種貨幣資金，而且還包括專案需要投入的企業現有的非貨幣資源的變現價值。現金流量包括現金流入量、現金流出量和現金淨流量三個概念。現金淨流量，是現金流入量減去現金流出量的淨額。

CEO：專案投資的現金流入量和現金流出量，其主要內容有哪些？

CFO：現金流入量主要有營業現金收入、生產線報廢或出售時的殘值收入、收回的營運資本；現金流出量主要有增加生產線的價款、墊支的營運資本。知道了現金流量，我們就可以進行專案投資決策了。

CEO：理論上是這樣。學校的老師出考試題目，會將各期現金流量做為已知數，然後考學生，讓學生計算各種指標。

但我們知道，有個叫程翔的 1998 年的註冊會計師，把包括投資決策在內的各種財務模型，全部以 Excel 為工具實作了。各種複雜的計算，全部在滑鼠拖曳之間自動完成，而且圖、文、表連動。數學計算不再是障礙，這時，對業務的要求就更突出了。

具體到投資決策上，就是原來考試時做為已知數的現金流量，在實務中究竟應該如何估計？

CFO：實務和理論確實有很大的區別。在實務中，真正的困難不是計算指標，而是確定現金流量和折現率，以及計算結果的正確使用。但現金流量的估計會涉及很多變數，不是財務部門能獨立完成的，需要其他部門配合。

CEO：具體的說，涉及哪些變數？需要哪些部門配合？做哪些事情配合？

CFO：很多。例如，銷售部門負責預測售價和銷量，涉及產品價格彈性、廣告效果、競爭者動向等變數；研發部門負責估計投資方案的淨經營性長期資產總投資，涉及研製費用、設備購置、廠房建築等變數；生產和成本部門負責估計製造成本，涉及原材料採購價格、生產工藝安排、產品成本等變數……

財務部門的主要任務有三：（1）為預測建立共同的基本假設條件，如物價水準、折現率等；（2）協調參與的部門和人員，使之相互銜接；（3）防止預測者因個人偏好或部門利益而高估或低估收入和成本。

CEO：對現金流量進行估計，看來要做的相關事情不少。

CFO：是的。在確定項目投資的現金流量時，有一個基本原則：只有增量現金流量才是與項目相關的現金流量。

所謂增量現金流量，是指接受某個投資方案後，企業總現金流量因此發生的變動。由於接受某個投資方案引起的現金流入增加額，才是該項目的現金流入；由於接受某個投資方案引起的現金流出增加額，才是該項目的現金流出。

CEO：前幾年我們曾打算新建一條生產線，並請一家顧問公司做過可行性分析，支付顧問費 5 萬元。後因市場變化，該專案擱置。現在市場好轉，於是舊事重提。在進行投資分析時，這筆 5 萬元的顧問費，是否仍要作為專案成本考慮？

CFO：不考慮。因為不管公司現在做出什麼樣的投資決策，這筆 5 萬元的顧問費都已無法收回，它與公司未來的現金流量無關。估計現金流量時，我們要區分決策相關成本和非相關成本。

相關成本包括差額成本、未來成本、重置成本、機會成本；非相關成本包括沉沒成本、過去成本、帳面成本。5 萬元的顧問費是沉沒成本，屬於非相關成本。

CEO：如果某項目投資可以使用公司目前閒置的一塊土地，土地的成本是否不用考慮？畢竟目前是閒置的。

CFO：要考慮。要將土地的市場價格作為專案成本考慮，因為土地市價是機會成本。在投資決策過程中考慮機會成本，有利於全面分析評價面臨的各個投資機會，以便選取經濟上最為有利的投資專案。

CEO：一個專案建成後，該項目如果對公司的其它部門和產品產生影響，這些影響引起的現金流量變化，也應計入專案現金流量了？

CFO：是的。另外，新專案投產後，存貨和應收帳款等經營性流動資產的需求隨之增加，應付帳款等經營性流動負債也會隨之增加。這些與專案相關的新增流動資產與流動負債的差額，也應計入專案現金流量。

7.1　專案可行性分析模型

應用場景

CEO：我們用哪些指標，對一個專案投資方案進行評價？

CFO：根據是否考慮資金的時間價值，專案投資決策評價指標可分為非貼現指標和貼現指標兩大類。非貼現指標包括投資回收期，會計報酬率。

CEO：投資回收期和會計報酬率，各有何利弊？

CFO：投資回收期法，優點是計算簡便；容易理解，可以大體衡量專案的流動性和風險；缺點是忽視了時間價值，沒有考慮回收期以後的現金流，也就是沒有衡量盈利性；促使公司接受短期專案，放棄有戰略意義的長期專案。

會計報酬率法，優點是計算簡便，容易理解，可衡量盈利性，使用財務報告的資料容易取得；考慮了整個專案壽命期的全部利潤；使經理人員知道業績預期，便於後期有評價。缺點是使用帳面收益而非現金流量；忽視了折舊對現金流量的影響；忽視了淨收益的時間分佈對專案經濟價值的影響。

CEO：貼現指標包括哪些？

CFO：貼現指標是考慮資金時間價值因素的指標，主要包括淨現值、現值指數、內含報酬率等。

CEO：淨現值指標有何優缺點？

CFO：淨現值指標優點在於：一是綜合考慮了資金時間價值，能較合理地反映了投資專案的真正經濟價值；二是考慮了專案計算期的全部現金淨流量，展現了流動性與收益性的統一；三是考慮了投資風險性，因為貼現率的大小與風險大小有關，風險越大，貼現率就越高。淨現值指標缺點在於：無法直接反映投資專案的實際投資收益率水準；當各專案投資額不同時，難以確定最優的投資專案。

CEO：現值指數指標有何優缺點？

CFO：現值指數指標的優點在於：可以比較投資額不同的專案的盈利性。現值指數指標的缺點在於：現值指數消除了投資額的差異，但是沒有消除項目期限的差異。

CEO：內含報酬率指標有何優缺點？

CFO：內含報酬率指標考慮了資金時間價值，能從動態的角度直接反映投資專案的實際報酬率，且不受貼現率高低的影響，比較客觀。

CEO：淨現值、現值指數、內含報酬率三個貼現指標之間有何關係？

CFO：淨現值是絕對值，現值指數和內含報酬率是相對值。淨現值、現值指數和內含報酬率指標之間存在以下數量關係，即：

當淨現值＞0 時，現值指數＞1，內含報酬率＞貼現率。
當淨現值＝0 時，現值指數＝1，內含報酬率＝貼現率。
當淨現值＜0 時，現值指數＜1，內含報酬率＜貼現率。

CEO：這麼說，評價一個方案是否可行，三個貼現指標，只要使用其中一個就夠了。

CFO：是的。在只有一個投資項目可供選取的條件下，淨現值大於 0 時，則是財務可行的；或者說，現值指數大於 1 時，則是財務可行的；或者說，內含報酬率＞貼現率時，則是財務可行的。

CEO：我們在實際投資決策過程中，更多的是考慮當地政府提供的土地優惠策略、稅收減免策略，以及下班工人的安置策略。這些因素往往就直接決定了專案是否可行。

CFO：這些策略，實際上是透過影響初始投資和未來現金流量，來影響投資淨現值、現值指數、內含報酬率的計算結果，從而影響最終決策的。

基本理論

淨現值

是指在專案計算期內，按一定貼現率計算的各年現金淨流量現值的代數和。所用的貼現率可以是企業的資本成本，也可以是企業所要求的最低報酬率水準。

$$淨現值 = \sum_{t=0}^{n} NCFt \times (P/F, i, t)$$

N：專案計算期（包括建設期與經營期）。
NCFt：第 t 年的現金淨流量。
P/F, I, t：第 t 年、貼現率為 i 的複利現值係數。

淨現值指標的決策標準是：如果投資方案的淨現值大於或等零，該方案為可行方案；如果投資方案的淨現值小於零，該方案為不可行方案；如果幾個方案的投資額相同，項專案計算期相等且淨現值均大於零，那麼淨現值最大的方案為最優方案。所以，淨現值大於或等於零是專案可行的必要條件。

現值指數

是指專案投產後按一定貼現率計算的在經營期內各年現金淨流量的現值合計與投資現值合計的比值。

$$現值指數 = \frac{\Sigma 經營期各年現金淨流量現值}{投資現值}$$

現值指數指標的決策標準是：現值指數大於 1，表示專案的報酬率高於貼現率，存在額外收益；現值指數等於 1，表示專案的報酬率等於貼現率，收益只能抵補資本成本；現值指數小於 1，表示專案的報酬率小於貼現率，收益不能抵補資本成本。所以，對於單一方案的專案來說，現值指數大於或等於 1 是專案可行的必要條件。當有多個投資專案可供選取時，由於現值指數越大，企業的投資報酬水準就越高，所以應採用現值指數大於 1 中的最大者。

內含報酬率

是指投資專案在專案計算期內各年現金淨流量現值合計數等於零時的貼現率，也即能使投資項目的淨現值等於零時的貼現率。

內含報酬率應滿足下列等式：

$$\sum_{t=0}^{n} NCFt \times (P/F, IRR, t) = 0$$

N：專案計算期（包括建設期與經營期）。

NCFt：第 t 年的現金淨流量。

（P/F, IRR, t）：第 t 年、貼現率為 IRR 的複利現值係數。

IRR：內含報酬率。

內含報酬率指標的決策標準是：內含報酬率大於或等於貼現率。

模型建立

🗂️ ……\chapter07\01\專案可行性分析模型.xlsx

輸入

1）　在工作表中輸入資料及文字，然後進行格式化作業，如合併儲存格、調整列高
　　　欄寬、選取填滿色彩、設定字體字型大小等。

2）　在 D2~D8 插入捲軸。按一下「開發人員」標籤，選取「插入→表單控制項→捲
　　　軸」按鈕，在對應的儲存格拖曳拉出適當大小的橫式捲軸。接著對該捲軸按下
　　　滑鼠右鍵，選取「控制項格式」指令，對其屬性設定儲存格連結、目前值、最
　　　小值、最大值等。例如，D2 儲存格的捲軸設定連結到 F2，如圖 7-1 所示。其他
　　　詳細設定值可參考下載的本節 Excel 範例檔。

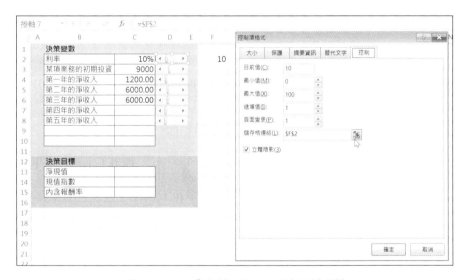

圖 7-1　在工「控制項格式」設定捲軸屬性

3）　在 C2 儲存格輸入「=F2/100」公式，完成初步的模型。如圖 7-2 所示。

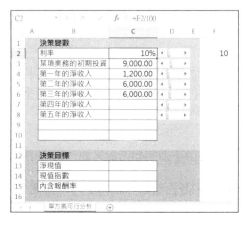

圖 7-2　完成初步的模型

加工

在工作表儲存格中輸入公式：

G2：=C2

G3：= -C3

G4：G8 區域：=C4:C8

選取 G4：G8 區域，輸入公式後，按 Ctrl +Shift+Enter 複合鍵。

C13：=NPV(G2,G4:G8)+G3

C14：=NPV(G2,G4:G8)/-G3

C15：=IRR(G3:G8)

A18：=IF(C13<0,"建議放棄新專案","建議開發新專案")

輸出

此時，工作表如圖 7-3 所示。

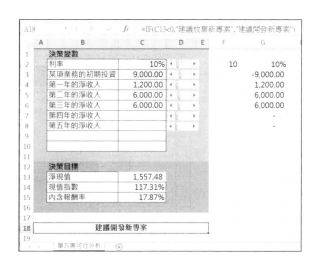

圖 7-3　投資評價指標的計算

表格製作

輸入

在工作表中輸入資料，如圖 7-4 所示。

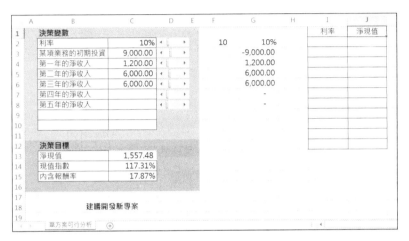

圖 7-4　在工作表中輸入資料

加工

在工作表儲存格中輸入公式：

I2：=0.5*$G$2

I3：=0.6*$G$2

……

I11：=1.4*$G$2

I12：=1.5*$G$2

J2：=NPV(I2,$G$4:$G$8)+$G$3

選取 J2 儲存格，按住控點向下拖曳填滿至 J12 儲存格。

輸出

此時，工作表如圖 7-5 所示。

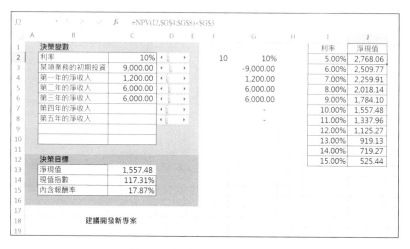

圖 7-5 投資評價指標的計算

圖表生成

1) 選取 I2：J12 區域，按一下「插入」標籤，選取「圖表→插入 XY 散佈圖或泡泡圖→帶有平滑線的 XY 散佈圖」按鈕項，即可插入一個標準的 XY 散佈圖，可先將預設的「圖表標題」刪掉，調整圖表大小及移到適當的位置。

2) 在圖表區按下滑鼠右鍵，在展開的功能表中選取「選取資料來源…」指令。此時已有數列 1。按下「新增」按鈕，新增如下數列 2 和數列 3，如圖 7-6 所示：

數列 2：
X 值：=單方案可行分析!$G$2
Y 值：=單方案可行分析!$C$13

數列 3：
X 值：=(單方案可行分析!$G$2,單方案可行分析!$G$2)
Y 值：=(單方案可行分析!$J$2,單方案可行分析!$J$12)

圖 7-6　新增數列

3）　接著要格式化數列 2 的點，因此，我們可透過「圖表工具→格式」標籤中右上
方的圖表項目下拉方塊，選取「數列 2」，再按下「格式化選取範圍」按鈕展開
「資料數列格式」工作面板，並將「標記選項」改為想要的內建類型和大小。
如圖 7-7 所示將類型改為◆，大小為 8。

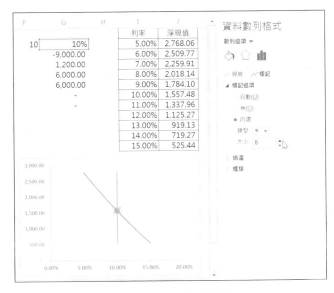

圖 7-7　圖表生成過程

4） 按下圖表右上角的＋圖示，勾選「座標軸標題」，將水平 X 軸改為「利率」；垂直的 Y 軸改為「淨現值」。

5） 使用者還可按自行修改圖表。最後單方案可行性分析模型的介面如圖 7-8。

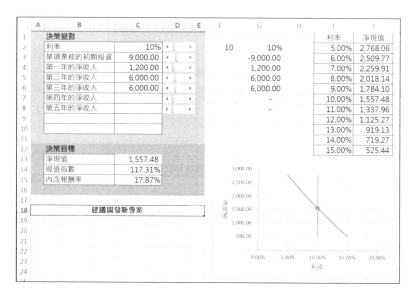

圖 7-8　單方案可行性分析模型

操作說明

■ 拖動「利率」、「某項業務的初期投資」、「第一年的淨收入」、「第二年的淨收入」、「第三年的淨收入」等變數的捲軸時，模型的計算結果將隨之變化，表格將隨之變化，圖表將隨之變化，文字描述將隨之變化。

7.2　互斥專案優選模型

應用場景

CEO：如果只有一個投資方案，判斷其是否可行，我們可以用淨現值、現值指數、內含報酬率三個指標中的任意一個，判斷結果都是一致的。如果有多個投資方案，判斷孰優孰劣，我們也可以用淨現值、現值指數、內含報酬率三個指標中的任意一個，比較結果也會是一致的嗎？

CFO：這是互斥專案的優選問題。互斥專案，就是接受一個專案就必須放棄另一個專案的情況。

　　例如，為了生產一個新產品，可以選取進口設備，也可以選取國產設備。它們的使用壽命、購置價格和生產能力均不同。企業只要購買其中之一就能解決問題，而不會同時購置。

　　互斥方案的決策過程，就是在每一個入選方案都已具備項目可行性的前提下，利用具體決策方法比較各個方案的優劣，利用評價指標從各個備選方案中最終選出一個最優方案的過程。

　　在這種情況下，淨現值、現值指數、內含報酬率三個指標的比較，可能會出現矛盾。例如 A 方案的淨現值比 B 方案的淨現值較大，但內含報酬率卻較小。

CEO：出現這種情況的原因是什麼？

CFO：原因主要有兩種。一是投資額不同，二是項目壽命不同。

CEO：這時如何進行方案取捨呢？

CFO：如果專案壽命相同而投資額不同，應當以淨現值法優先，儘管內含報酬率可能較小。因為淨現值較大，可以給股東帶來更多的財富。股東需要的是實實在在的報酬，而不是報酬的比率。

CEO：如果專案壽命不同呢？

CFO：有兩種解決辦法。一是共同年限法，一是等值年金法。

CEO：共同年限法的原理是什麼？有什麼優缺點？

CFO：共同年限法，是假設投資專案可以在終止時進行重置，透過重置使兩個專案達到相同的年限，然後比較其淨現值。它的主要困難，是共同比較期的時間可能很長。例如一個專案是 7 年，另一個專案是 9 年，就需要以 63 年作為共同比較期。

CEO：那算了，即使我們有電腦，不怕長期限的分析帶來的巨大計算量，但讓我們預計 63 年的現金流量，我自知既沒有能力，也沒有信心。等值年金法的原理和優缺點呢？

CFO：等值年金法，就是計算兩專案的淨現值以及淨現值的等額年金。這種方法應用簡單，但比較難以理解。

CEO：這兩種方法的應用前提都有問題。都只從重置的角度考慮，而不考慮技術進步和升級換代；都不考慮通貨膨脹因素；都不考慮專案利潤下降或淘汰的可能。

CFO：是的。只有重置機率很高的專案，才適宜採用共同年限法或等值年金法。

CEO：如果互斥方案的專案壽命相差不是太多，還是應用淨現值法比較方便。

CFO：是的。多個方案的淨現值法，就是透過比較互斥方案的淨現值指標的大小來選取最優方案。當然，也有可能會用到內含報酬率法。多個方案的內含報酬率法，就是透過比較不互斥方案的內含報酬率指標的大小優先選取方案。

基本理論

見前面「資本預算模型→專案可行性分析模型→基本理論」的相關介紹。

模型建立

📁……\chapter07\02\互斥專案優選模型.xlsx

輸入

1） 在工作表中輸入資料及文字，然後進行格式化作業，如合併儲存格、調整列高欄寬、選取填滿色彩、設定字體字型大小等。

2） 在 D2~D9、F2~F9 插入捲軸。按一下「開發人員」標籤，選取「插入→表單控制項→捲軸」按鈕，在對應的儲存格拖曳拉出適當大小的橫式捲軸。接著對該捲軸按下滑鼠右鍵，選取「控制項格式」指令，對其屬性設定儲存格連結、目前值、最小值、最大值等。詳細設定值可參考下載的本節 Excel 範例檔。

3） 在 C3 儲存格輸入「＝H3/100」公式，在 E3 儲存格輸入「＝I3/100」公式，完成初步的模型。如圖 7-9 所示。

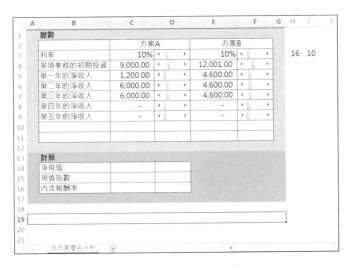

圖 7-9　完成初步的模型

加工

在工作表儲存格中輸入公式：

G3：=C3

G4：= -C4

K3：=E3

K4：= -E4

J5：J9 區域：選取 J5：J9 區域，輸入
「=C5:C9」公式後，按 Ctrl+Shift+Enter
複合鍵。

K5：K9 區域：選取 K5：K9 區域，輸入
「=E5:E9」公式後，按 Ctrl+Shift+Enter
複合鍵。

C14：=NPV(J3,J5:J9)+J4

D14：=NPV(K3,K5:K9)+K4

C15：=NPV(J3,J5:J9)/-J4

D15：=NPV(K3,K5:K9)/-K4

C16：=IRR(J4:J9)

D16：=IRR(K4:K9)

A19：=IF(C14>D14,"如果方案互斥，建
議選擇專案："&(C2),"如果方案互斥，
建議選擇專案："&(E2))

A20：=IF(C16>D16,"如果方案不互斥，
建議優先安排專案："&(C2),"如果方案
不互斥，建議優先安排專案："&(E2))

輸出

此時，工作表如圖 7-10 所示。

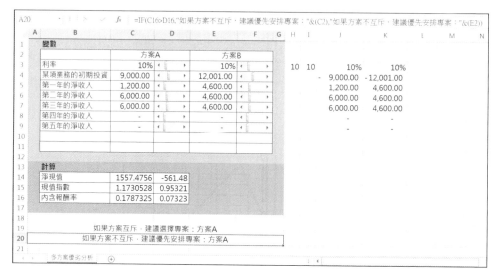

圖 7-10　投資評價指標的計算

表格製作

輸入

在工作表的 M1~P13 和 R2~S4 中輸入資料及加框線，如圖 7-11 所示。

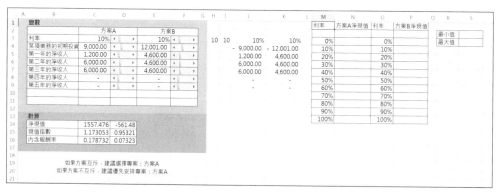

圖 7-11　在工作表中輸入資料及加框線

加工

在工作表儲存格中輸入公式：

N2：=C14

P2：=D14

N3：N13 區域：使用運算列表功能自動產生{=TABLE(,J3)}公式。

選取 M2：N13 區域，按下「資料」標籤，再按下「模擬分析→運算列表…」指令，在對話方塊中的欄變數儲存格輸入「J3」，按一下「確定」按鈕。

P3：P13 區域：使用運算列表功能自動產生{=TABLE(,K3)}公式。

選取 O2：P13 區域，按下「資料」標籤，再按下「模擬分析→運算列表…」指令，在對話方塊中的欄變數儲存格輸入「K3」，按一下「確定」按鈕。

S2：=MIN(N3:N13,P3:P13)
S3：=MAX(N3:N13,P3:P13)

輸出

此時，工作表如圖 7-12 所示。

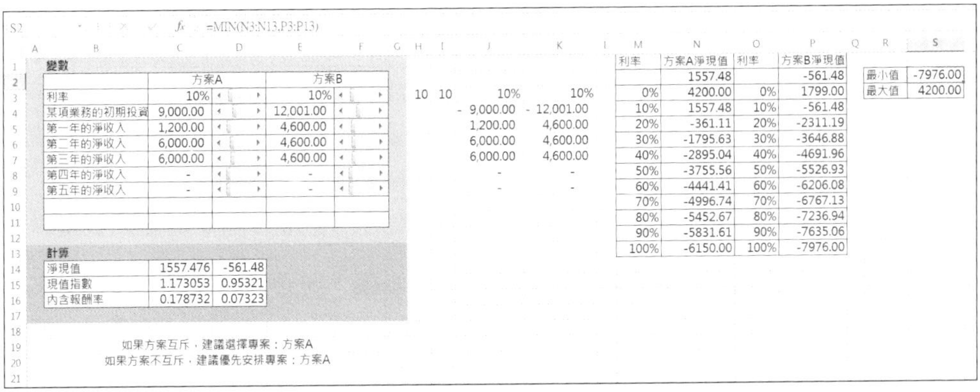

圖 7-12 投資評價指標的計算

圖表生成

1) 按住 Ctrl 鍵選取 M3：N13 區域和 P3：P13 區域，按一下「插入」標籤，選取「圖表→插入 XY 散佈圖或泡泡圖→帶有平滑線的 XY 散佈圖」按鈕項，即可插入一個標準的 XY 散佈圖，可先將預設的「圖表標題」刪掉，調整圖表大小及移到適當的位置。

2） 在圖表區按下滑鼠右鍵，在展開的功能表中選取「選取資料來源…」指令。此
時已有數列 1 和數列 2。按一下「新增」按鈕，新增如下數列 3~數列 6 四條數
列，如圖 7-13 所示：

數列 3：

X 值：=(多方案優劣分析!$J$3,多方案優劣分析!$J$3)

Y 值：=(多方案優劣分析!$S$2,多方案優劣分析!$S$3)

數列 4：

X 值：=多方案優劣分析!$J$3

Y 值：=多方案優劣分析!$C$14

數列 5：

X 值：=多方案優劣分析!$K$3

Y 值：=多方案優劣分析!$D$14

數列 6：

X 值：=(多方案優劣分析!$K$3,多方案優劣分析!$K$3)

Y 值：=(多方案優劣分析!$S$2,多方案優劣分析!$S$3)

圖 7-13　新增四條數列

3） 接著要格式化數列 4 和數列 5 兩個點，我們可透過「圖表工具→格式」標籤中
右上方的圖表項目下拉方塊，選取「數列 4」，再按下「格式化選取範圍」按鈕
展開「資料數列格式」工作面板，並將「標記選項」改為想要的內建類型和大
小。以相同方式選取「數列 5」進行標記選項的設定。

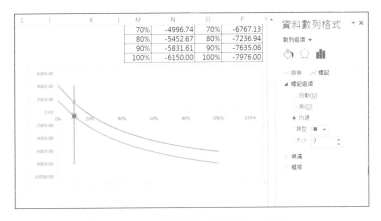

圖 7-14　格式化數列 4 和數列 5 兩個點

4）　按下圖表右上角的＋圖示，勾選「座標軸標題」，將水平 X 軸改為「利率」；垂直的 Y 軸改為「淨現值」。

5）　使用者還可按自己的意願修改圖表。最後方案優劣比較分析模型的最終介面如圖 7-15 所示。

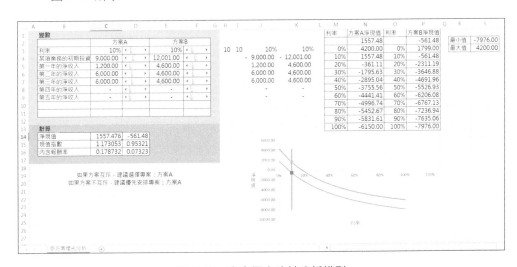

圖 7-15　方案優劣比較分析模型

操作說明

■ 拖動各方案「利率」、「某項業務的初期投資」、「第一年淨收入」、「第二年淨收入」、「第三年淨收入」等變數的捲軸時，模型的計算結果將隨之變化，表格將隨之變化，圖表將隨之變化，文字描述將隨之變化。

7.3 總量有限時的資本分配模型

應用場景

CEO：假如有多個投資專案，不同於互斥專案，彼此之間是完全獨立的，即採用一個專案時不會影響另外專案的採用與否。這個時候，如何進行投資決策呢？

CFO：這時，凡是淨現值為正數的專案，都可以投資，因為都可以增加股東財富。

CEO：但沒有那麼多錢呀。資本總量有限，無法為全部盈利專案籌資。

CFO：那就把有限的資本，投資到淨現值最大的專案中去。

CEO：沒那麼簡單。例如，資本總量 10000。

A 專案投資額 10000，淨現值 3000。
B 專案投資額 5000，淨現值 2000。
C 專案投資額 5000，淨現值 1500。

這時，難道可以把資本 10000 投資到淨現值最大的 A 專案去嗎？

CFO：這種情況下肯定不行。應該把資本 10000 投資到 B 專案和 C 專案中去，這兩個專案的淨現值之和=2000+1500=3500，要大於 A 專案的淨現值 3000。

CEO：也就是說，在投資資本總量受限的前提下，有可能出現淨現值大的專案不投，反投淨現值小的專案。怎麼會出現這種奇怪的事情呢？

CFO：出現奇怪的事情，是因為先出現奇怪的前提。投資資本總量受限這個前提，本身就不符合資本市場的原理。

按照資本市場的原理，好的專案就可以籌集到所需資金。公司有很多經過了嚴格推敲和論證的很好的投資機會時，經理的責任是到資本市場去籌資，並且應該可以籌到資金，而不管規模有多大。有了好的專案，但籌不到資金，只能說明資本市場有缺點，合理分配資源的功能較差。這種狀況阻礙了公司接受盈利性專案，使其無法實作股東財富最大化的目標。

CEO：這是市場的原理，不是企業的真實的情況。現實中的確有公司籌不到盈利專案所需資金，當然也有些公司只願意在一定限額內籌資。也就是說，總量資本的分配是一種不合理的現實。我們的原則是在有限資源的情況下追求淨現值最大化。

CFO：也就是說，我們要討論的不是市場的原理，而是企業如何面對資源有限的現實，如何貫徹淨現值最大化的原則。

CEO：是的。接著剛才的例子，如果 B 專案投資額 6000，淨現值 2000，那該如何投資呢？

CFO：一般意義的做法是：首先將全部專案排列出不同的組合，每個專案或專案組合的投資額不超過資本總量；計算各專案或專案組合的淨現值；選取淨現值最大的專案或專案組合。例如：

專案 A：投資額 10000，淨現值 3000。
專案 B：投資額 6000，淨現值 2000。
專案 C：投資額 5000，淨現值 1500。
專案 A+專案 B：投資額 16000，淨現值 5000。
專案 A+專案 C：投資額 15000，淨現值 4500。
專案 B+專案 C：投資額 11000，淨現值 3500。
專案 A+專案 B+專案 C：投資額 21000，淨現值 6500。

投資額超出資本總量的專案或專案組合，予以排除。選取淨現值最大的專案或專案組合，即專案 A。

CEO：這個做法看上去笨了點，但可以解決這個問題。我們從理論繼續向複雜的現實逼近。我們先取消專案之間彼此獨立的理論假設，現實中各專案之間，存在互斥或互依的關係。這時怎麼辦？

CFO：這時，用這種互斥或互依的關係，對專案組合進行過濾，把不符合這種關係的專案組合給過濾掉。

CEO：好。我們討論了單一期間的情況下，存在資本總量限制、專案關係限制，如何進行專案決策的問題。現在，我們討論多期間的情況下，存在資本總量限制、專案關係限制時，如何進行專案決策。

CFO：這個比較複雜。需要多考慮以下問題：

1）本期資本總量沒有用完的部分會累積到下期，增加下期可利用的資本總量。

2）下期的投資淨現值，需要進行貼現才能進行評估。

其實，我們舉的例子，只考慮了 3 個專案。如果有更多的，例如有 6 個專案，就會有幾何級數成長的專案組合。這時，靠人工進行專案投資決策，已經不可行了，需要利用軟體來幫助我們。

基本理論

數學模型示例說明如下。

對如圖 7-16 所示的數學模型進行說明：

專案資料

利率	15%

專案	投資額	淨現值
A	200	151
B	230	100
C	350	260
D	330	200
E	280	130
F	600	280

投資資金限制

第1年	750
第2年	600

專案關係限制

ABC互斥
BD互依
EF互斥

決策模型

專案	第1年	第2年	求和
A	0	0	0
B	0	1	1
C	0	0	0
D	1	0	1
E	0	0	0
F	1	0	1

資金限制

	第1年	第2年
實際使用資金	750	410
資金限制	750	600

專案限制

ABC互斥	1
BD互依	0
EF互斥	1

決策結果

專案	第1年	第2年
A		
B		投資
C		
D	投資	
E		
F		

最大淨現值	556.00

圖 7-16　數學模型

J25：為決策目標儲存格。等於第 1 年的淨現值加上第 2 年的淨現值的貼現額。第 1 年的淨現值，等於第 1 年的各投資專案的淨現值之和；第 2 年的淨現值，為第 2 年的各投資專案的淨現值之和。

I3：J8 區域：為決策變數儲存格。為取得最大淨現值，需要對 I3：J8 區域進行求解。求解的結果用 1 或 0 表示。1 表示投資，0 表示不投資。

I10＜＝I11：為限制條件。表示第 1 年的投資額，不能超過第 1 年的投資資金限制。

J10＜＝J11：為限制條件。表示第 2 年的投資額，不能超過第 1 年的投資資金的剩餘+第 2 年的投資資金限制。

0＝＜I13＜＝1：為限制條件。表示第 1 年或第 2 年或這兩年，不能同時投資 A、B、C 專案。

I14＝0：為限制條件。表示這兩年如果投資了 B 專案，則一定要投資 D 專案。

0＝＜I15＜＝1：為限制條件。表示第 1、2 年或這兩年，不能同時投資 E、F 專案。

0＝＜I3：K8 區域＜＝1：為限制條件。表示任何一個專案，第 1 年和第 2 年不能重複投資。

模型建立

📂 ……\chapter07\03\總量有限時的資本分配模型.xlsx

輸入

1）　在工作表中輸入資料及文字，然後進行格式化作業，如合併儲存格、調整列高欄寬、選取填滿色彩、設定字體字型大小等。如圖 7-17 所示。

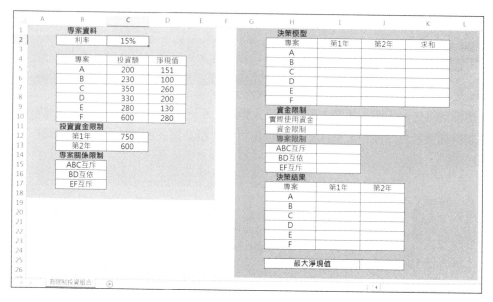

圖 7-17　在工作表中輸入資料

加工

在工作表儲存格中輸入公式：

K3：=I3+J3

選取 K3 儲存格，按住控點向下拖曳填滿至 K8 儲存格。

I10：=SUMPRODUCT(C5:C10,I3:I8)

I11：=C12

J10：=SUMPRODUCT(C5:C10,J3:J8)

J11：=I11-I10+C13

I13：=SUM(I3:J5)

I14：=I4+J4-I6-J6

I15：=SUM(I7:J8)

I18：I23 區域：=IF(I3:I8=1,"投資"," ")

選取 I18：I23 區域，輸入公式後，按 Ctrl+Shift+Enter 複合鍵。

J18：J23 區域：=IF(J3:J8=1,"投資"," ")

選取 J18：J23 區域，輸入公式後，按 Ctrl+Shift+Enter 複合鍵。

J25：=SUMPRODUCT(D5:D10,I3:I8)+SUMPRODUCT(D5:D10,J3:J8)/(1+C2)

輸出

進行規劃求解：

按一下「資料」標籤下的「分析→規劃求解」鈕，打開對話方塊，設定目標式儲存格、變數儲存格及限制式。

設定目標式為「$J$25」、藉由變更變數儲存格為「$I$3:$J$8」、設定限制式按下「新增」鈕，逐一將下列條件設好：

$I$10<=$I$11 、 0=<$I$13<=1 、 $I$13>=0 、 $I$14=0 、 $I$15<=1 、 $I$15>=0 、 $I$3:$I$8=整數、$I$3:$I$8<=1、$I$3:$I$8>=0、$J$10<=$J$11。如圖 7-18 所示。

圖 7-18　規劃求解參考中設定限制條件

按下「求解」按鈕顯示規劃求解結果對話方塊，保留規劃求解解答再按下「確定」鈕，此模型的求解結果如圖 7-19 所示。

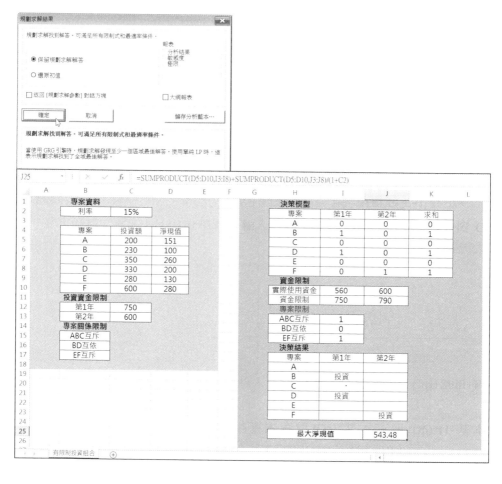

圖 7-19　限制條件下的資本分配模型

操作說明

- 使用者可輸入各項目的「投資額」和「淨現值」。模型支援輸入 6 個不同的項目。

- 使用者可輸入「投資資金限制」。模型支援輸入兩個期間的資金限制。

- 使用者可輸入「利率」。

- 「專案關係限制」在本模型中僅為示例用，使用者不可輸入。

- 在決策模型中，使用者可手工輸入各專案各年度的「0」或「1」值，分別代表「不投資」或「投資」，以試錯的方式查詢投資方案是否滿足限制條件，以及滿足限制條件時可取得的淨現值。

7.4　投資淨現值預測模型

應用場景

CEO：我們透過預計現金淨流量來計算項目淨現值、現值
指數、內含報酬率等指標，但現金淨流量是基於預
計的產品產量、單價、單位變動成本、固定成本、
所得稅率等變數計量出來的。我們能否將這個表外
計算過程也納入到表內模型中呢？即在現金淨流量
的基礎上深入一步，深入到產品產量、單價、單位
變動成本、固定成本、所得稅率等變數上，以便對
投資做更深入地分析。

CFO：可以。但每年的產品產量、單價、單位變動成本、固定成本，會不會不同呢？
如果不同，那每年的現金淨流量，都要細化為產品產量、單價、單位變動成
本、固定成本等變數。

CEO：可以認為是大致相同的。

CFO：如果大致相同，那麼投資決策模型就可以轉換成另外一種形式，即以專案壽
命、產品產量、單價、單位變動成本、固定成本、利率、所得稅率、期末殘
值、初始投資為變數。

CEO：那很好。原來的投資決策模型，以每年的現金流量為變數，每年的現金流量可
不同；現在的投資決策模型，深入到產品產量、單價、單位變動成本、固定
成本、所得稅率等為變數，但每年的現金流量相同。前者有分析的廣度，後者
有分析的深度。

CFO：兩者其實是一致的。後者實際也是先算出現金流量，然後再算出淨現值。不
過，以專案壽命、產品產量、單價、單位變動成本、固定成本、利率、所得稅
率、期末殘值、初始投資為變數的模型，可以直觀展現所得稅和折舊的影響；
另外，基於這種模型，我們還可以做更多有價值的分析，例如平衡分析、敏感
分析。

基本理論

考慮折舊與所得稅的營業現金流量如下。

所得稅是企業的一種現金流出，它取決於利潤大小和稅率高低，而利潤大小受折舊方法的影響。討論所得稅問題必然涉及折舊問題。前面未考慮所得稅問題，自然也沒考慮折舊問題。現在一併考慮。

推導方式一：

稅後成本＝實際支付額×（1－所得稅率）
稅後收入＝收入金額×（1－所得稅率）
折舊抵稅額＝折舊額×所得稅率
營業現金流量＝稅後收入－稅後付現成本＋折舊抵稅
        ＝收入×（1－稅率）－付現成本×（1－稅率）＋折舊×稅率

推導方式二：

營業現金流量＝營業收入－付現成本－所得稅
        ＝營業收入－（營業成本－折舊）－所得稅
        ＝營業利潤＋折舊－所得稅
        ＝稅後淨利潤＋折舊
        ＝（收入－成本）×（1－稅率）＋折舊
        ＝（收入－付現成本－折舊）×（1－稅率）+折舊
        ＝收入×（1－稅率）－付現成本×（1－稅率）－折舊×（1－稅率）＋折舊
        ＝收入×（1－稅率）－付現成本×（1－稅率）－折舊＋折舊×稅率＋折舊
        ＝收入×（1－稅率）－付現成本×（1－稅率）＋折舊×稅率

投資淨現值：

見前面「資本預算模型→專案可行性分析模型→基本理論」的相關介紹。

模型建立

……\chapter07\04\投資淨現值預測模型.xlsx

輸入

1） 在工作表中輸入資料及文字，然後進行格式化作業，如合併儲存格、調整列高欄寬、選取填滿色彩、設定字體字型大小等。

2） 在 D2~D10 插入捲軸。按一下「開發人員」標籤，選取「插入→表單控制項→捲軸」按鈕，在對應的儲存格拖曳拉出適當大小的橫式捲軸。接著對該捲軸按下滑鼠右鍵，選取「控制項格式」指令，對其屬性設定儲存格連結、目前值、最小值、最大值等。詳細設定值可參考下載的本節 Excel 範例檔。

3） 在 C7 儲存格輸入「=F7/100」公式，在 C8 儲存格輸入「=F8/100」公式，在 C10 儲存格輸入「=F10*10」公式，完成初步的模型。如圖 7-20 所示。

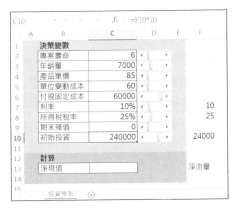

圖 7-20　完成初步的模型

加工

在工作表儲存格中輸入公式：

G13：=(C3*(C4-C5)-C6)*(1-C8)+SLN(C10,C9,C2)*C8

C13：= -PV(C7,C2,G13,C9)-C10

A16：="年銷量為"&(ROUND(C3,2))&"時，淨現值等於"&(ROUND(C13,2))

輸出

此時，工作表如圖 7-21 所示。

圖 7-21　投資淨現值預測

表格製作

輸入

在工作表中 I1~K12 輸入資料及套入框線，如圖 7-22 所示。

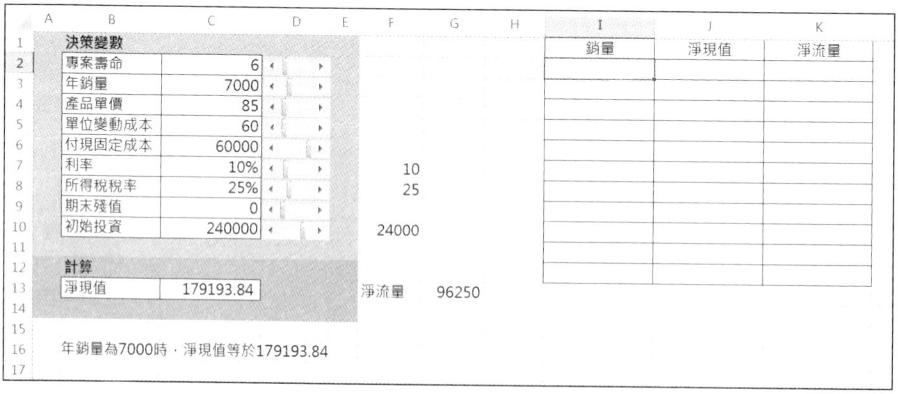

圖 7-22　在工作表中輸入資料

加工

在工作表儲存格中輸入公式：

I2：=0.5*$C$3

I3：=0.6*$C$3

……

I11：=1.4*$C$3

I12：=1.5*$C$3

K2：=(I2*(C4-C5)-C6)*(1-C8)+SLN(C10,C9,C2)*C8

K3：=(I3*(C4-C5)-C6)*(1-C8)+SLN(C10,C9,C2)*C8

K4：=(I4*(C4-C5)-C6)*(1-C8)+SLN(C10,C9,C2)*C8

K5：=(I5*(C4-C5)-C6)*(1-C8)+SLN(C10,C9,C2)*C8

K6：=(I6*(C4-C5)-C6)*(1-C8)+SLN(C10,C9,C2)*C8

K7：=(I7*(C4-C5)-C6)*(1-C8)+SLN(C10,C9,C2)*C8

K8：=(I8*(C4-C5)-C6)*(1-C8)+SLN(C10,C9,C2)*C8

K9：=(I9*(C4-C5)-C6)*(1-C8)+SLN(C10,C9,C2)*C8

K10：=(I10*(C4-C5)-C6)*(1-C8)+SLN(C10,C9,C2)*C8

K11：=(I11*(C4-C5)-C6)*(1-C8)+SLN(C10,C9,C2)*C8

K12：=(I12*(C4-C5)-C6)*(1-C8)+SLN(C10,C9,C2)*C8

J2：= -PV($C$7,$C$2,K2,$C$9)-$C$10

選取 J2 儲存格，按住控點向下拖曳填滿至 J12 儲存格。

輸出

此時，工作表如圖 7-23 所示。

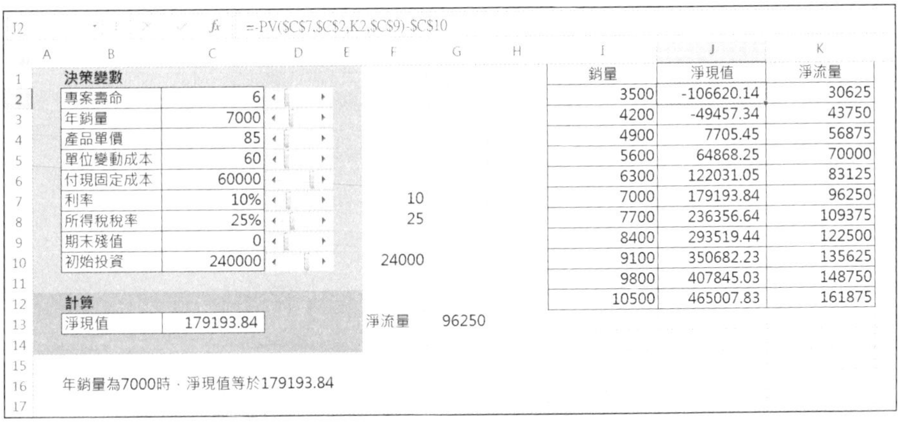

圖 7-23 投資淨現值預測

圖表生成

1） 選取 I2：J12 區域，按一下「插入」標籤，選取「圖表→插入 XY 散佈圖或泡泡圖→帶有平滑線的 XY 散佈圖」按鈕項，即可插入一個標準的 XY 散佈圖，可先將預設的「圖表標題」刪掉，調整圖表大小及移到適當的位置。

2） 在圖表區按下滑鼠右鍵，在展開的功能表中選取「選取資料來源…」指令。此時已有「企業價值」數列。按一下「新增」按鈕，新增如下數列 2 和數列 3，如圖 7-24 所示：

數列 2：

X 值：=投資預測!$C$3

Y 值：=投資預測!$C$13

數列 3：

X 值：=(投資預測!$C$3,投資預測!$C$3)

Y 值：=(投資預測!$J$2,投資預測!$J$12)

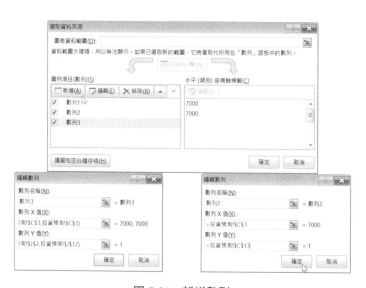

圖 7-24　新增數列

3） 接著要格式化數列 2 的點，因此，我們可透過「圖表工具→格式」標籤中右上方的圖表項目下拉方塊，選取「數列 2」，再按下「格式化選取範圍」按鈕展開「資料數列格式」工作面板，並將「標記選項」改為想要的內建類型、大小和填滿的色彩，如圖 7-25 所示。

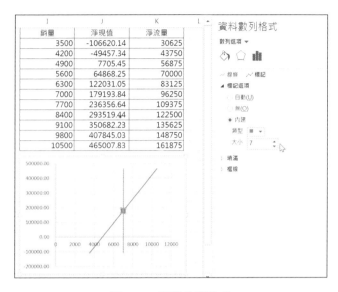

圖 7-25　資料數列格式

4）　將水平 X 軸改為「年銷量」；垂直的 Y 軸改為「淨現值」。

5）　使用者還可按自己的意願修改圖表。最後投資淨現值預測模型的最終介面如圖
　　　7-26 所示。

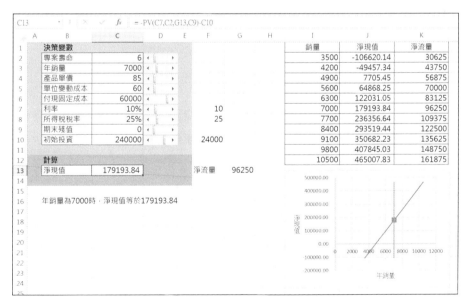

圖 7-26　投資淨現值預測模型

操作說明

■ 本模型中的折舊，根據初始投資計算。即認為固定資產近似等於初始投資。

■ 拖動「專案壽命」、「年銷量」、「產品單價」、「單位變動成本」、「付現固定成本」、「利率」、「所得稅稅率」、「期末殘值」、「初始投資」等變數的捲軸，模型的計算結果將隨之變化，表格將隨之變化，圖表將隨之變化，文字描述將隨之變化。

7.5 投資平衡分析模型

應用場景

CEO：我們在做投資決策時，一方面，需要根據專案壽命、年銷量、產品單價、單位變動成本、付現固定成本、所得稅稅率、利率、期末殘值、初始投資等變數，計算出投資的淨現值。另一方面，我們也希望知道，為了達到既定的淨現值目標，銷量、單價、單位變動成本、付現固定成本等變數應該達到或控制在什麼水準。

CFO：根據既定的淨現值目標，反算銷量、單價、單位變動成本、固定成本等變數，應該達到或控制在什麼水準，這就是項目投資的平衡分析。

CEO：我們常說的「盈虧平衡分析」是什麼意思？

CFO：它是平衡分析的特例。以零為淨現值目標，反算年銷量、產品單價、單位變動成本、付現固定成本等變數，就是投資淨現值盈虧的臨界點。

淨現值為零時的銷量，就是盈虧平衡銷量；淨現值為零時的單價，就是盈虧平衡單價；淨現值為零時的單位變動成本，就是盈虧平衡單位變動成本；淨現值為零時的固定成本，就是盈虧平衡固定成本。

CEO：聽上去挺容易的。無非就是正過來反過去而已。1+2 等於 3，那麼 3-2 就等於 1。

CFO：投資淨現值預測的計算過程，實際是分兩步進行的。第 1 步：根據銷量、單價、單位變動成本、固定成本等，計算出每年現金淨流量；第 2 步：根據每年現金淨流量，計算淨現值。

相對的，投資平衡分析的計算過程，實際也是分兩步進行的。第 1 步：根據目標淨現值反算出每年現金淨流量；第 2 步：根據每年現金淨流量，反算出銷量或單價或單位變動成本或固定成本。

基本理論

每年現金淨流量

根據淨現值計算公式反算。

淨現值可見前面「資本預算模型→專案可行性分析模型→基本理論」的相關介紹。

銷量平衡分析

計算其他因素已知時，對銷量應採取的措施，以取得目標淨現值。

銷量 ＝（（每期淨流量－每期折舊額×所得稅稅率）÷（1－所得稅稅率）
　　　＋付現固定成本）÷（單價－單位變動成本）

單價平衡分析

計算其他因素已知時，對單價應採取的措施，以取得目標淨現值。

單價 ＝（（每期淨流量－每期折舊額×所得稅稅率）÷（1－所得稅稅率）
　　　＋付現固定成本）÷年銷量＋單位變動成本

單位變動成本平衡分析

計算其他因素已知時，對單位變動成本應採取的措施，以取得目標淨現值。

單位變動成本＝單價－（（每期淨流量－每期折舊額×所得稅稅率）÷
　　　　　（1－所得稅稅率）＋付現固定成本）÷年銷量

付現固定成本平衡分析

計算其他因素已知時，對付現固定成本應採取的措施，以取得目標淨現值。

付現固定成本＝銷量×（單價－單價變動成本）－（每期淨流量－每期折舊額
　　　　　×所得稅稅率）÷（1－所得稅稅率）

模型建立

> ……\chapter07\05\投資平衡分析模型.xlsx

輸入

新建 Excel 活頁簿。包含以下工作表：銷量平衡分析、單價平衡分析、單位變動成本平衡分析、付現固定成本平衡分析。

「銷量平衡分析」工作表

1) 在工作表中輸入資料及文字，然後進行格式化作業，如合併儲存格、調整列高欄寬、選取填滿色彩、設定字體字型大小等。

2) 在 D2~D10 插入捲軸。按一下「開發人員」標籤，選取「插入→表單控制項→捲軸」按鈕，在對應的儲存格拖曳拉出適當大小的橫式捲軸。接著對該捲軸按下滑鼠右鍵，選取「控制項格式」指令，對其屬性設定儲存格連結、目前值、最小值、最大值等。詳細設定值可參考下載的本節 Excel 範例檔。

3) 在以下儲存格輸入各自的公式，完成初步的模型。如圖 7-27 所示。

C2：=F2*10	C6：=F6*100	C7：=F7/100
C8：=F8/100	C9：=F9*100	C10：=F10*100

圖 7-27　完成初步「銷售平衡分析」的模型

「單價平衡分析」工作表

此工作表與上一個相似類，僅「產品單價」、「年銷量」位置對調，以及數值的不同。所以可複製前一個工作表來修改使用。

1）　按住 Ctrl 鍵不放，再以滑鼠對「銷量平衡分析」工作表的標籤按住向右拖曳，放開 Ctrl 和滑鼠後即複製出「銷量平衡分析(2)」工作表

2）　對「銷量平衡分析(2)」標籤連按二下，修改為「單價平衡分析」。

3）　修改數值並確定修改在以下儲存格的公式，完成初步的模型。如圖 7-28 所示。

C2：=F2*100　　　　　C6：=F6*100　　　　　C7：=F7/100

C8：=F8/100　　　　　C9：=F9*100　　　　　C10：=F10*100

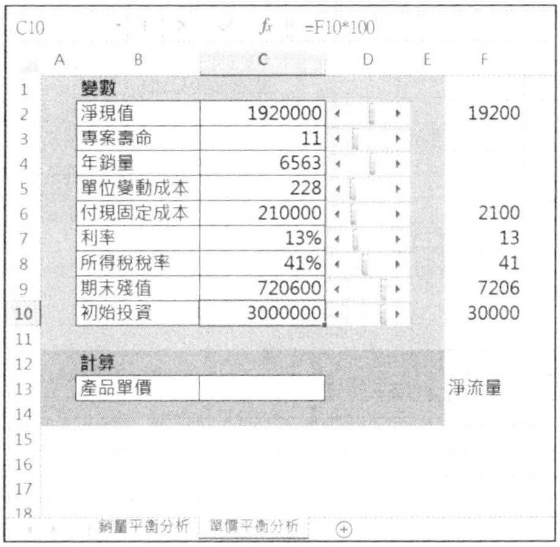

圖 7-28　完成初步「單價平衡分析」的模型

「單位變動成本平衡分析」工作表

此工作表與上一個相似類，僅「產品單價」和「單位變動成本」兩個位置對調，以及數值的不同。所以可複製前一個工作表來修改使用。

1）　按住 Ctrl 鍵不放，再以滑鼠對「單價平衡分析」工作表的標籤按住向右拖曳，放開 Ctrl 和滑鼠後即複製出「單價平衡分析(2)」工作表

2）　對「單價平衡分析(2)」標籤連按二下，修改為「單位變動成本平衡分析」。

3） 修改數值並確定修改在以下儲存格的公式，完成初步的模型。如圖 7-29 所示。

C2：=F2*100　　　　　C6：=F6*100　　　　　C7：=F7/100

C8：=F8/100　　　　　C9：=F9*100　　　　　C10：=F10*100

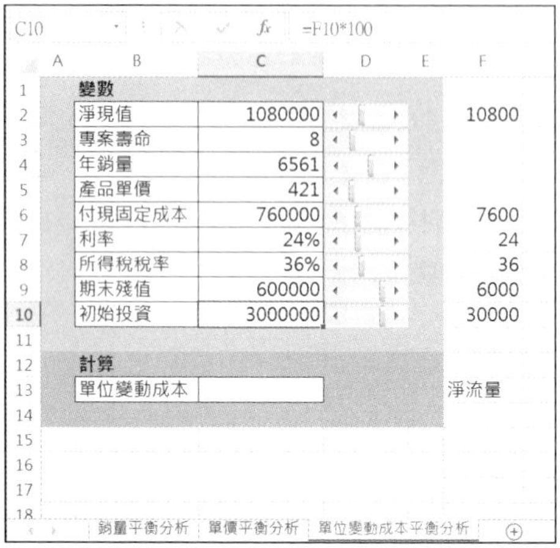

圖 7-29　在「單位變動成本平衡分析」工作表中輸入資料

「付現固定成本平衡分析」工作表

此工作表與上一個相似類，僅「付現固定成本」和「單位變動成本」兩個位置對調，以及數值的不同。所以可複製前一個工作表來修改使用。

1） 按住 Ctrl 鍵不放，再以滑鼠對「單位變動成本平衡分析」」工作表的標籤按住向右拖曳，放開 Ctrl 和滑鼠後即複製出「單位變動成本平衡分析」(2)」工作表

2） 對「單位變動成本平衡分析」(2)」標籤連按二下，修改為「付現固定成本平衡分析」。

3） 修改數值，修改捲軸連結到 C6，並確定在以下儲存格的公式，完成初步的模型。如圖 7-30 所示。

C2：=F2*100　　　　　C7：=F7/100　　　　　C8：=F8/100

C9：=F9*100　　　　　C10：=F10*100

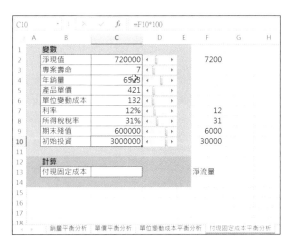

圖 7-30　在「付現固定成本平衡分析」工作表中輸入資料

加工

在工作表儲存格中輸入公式：

「銷量平衡分析」工作表

G13：= -PMT(C7,C3,C2+C10,-C9)

C13：=((G13-SLN(C10,C9,C3)*C8)/(1-C8)+C6)/(C4-C5)

A16：="專案淨現值要達到"&(ROUND(C2,2))&"，年銷量應在"&(ROUND(C13,2))&"以上"

「單價平衡分析」工作表

G13：= -PMT(C7,C3,C2+C10,-C9)

C13：=((G13-SLN(C10,C9,C3)*C8)/(1-C8)+C6)/C4+C5

A16：="專案淨現值要達到"&(ROUND(C2,2))&"，產品單價應在"&(ROUND(C13,2))&"以上"

「單位變動成本平衡分析」工作表

G13：= -PMT(C7,C3,C2+C10,-C9)

C13：=C5-((G13-SLN(C10,C9,C3)*C8)/(1-C8)+C6)/C4

A16：="專案淨現值要達到"&(ROUND(C2,2))&"，單位變動成本應在"&(ROUND(C13,2))&"以下"

「付現固定成本平衡分析」工作表

G13：= -PMT(C7,C3,C2+C10,-C9)

C13：=C4*(C5-C6)-(G13-SLN(C10,C9,C3)*C8)/(1-C8)

A16：="專案淨現值要達到"&(ROUND(C2,2))&"，付現固定成本應在"&(ROUND(C13,2))&"以下"

輸出

「銷量平衡分析」工作表，如圖 7-31 所示。

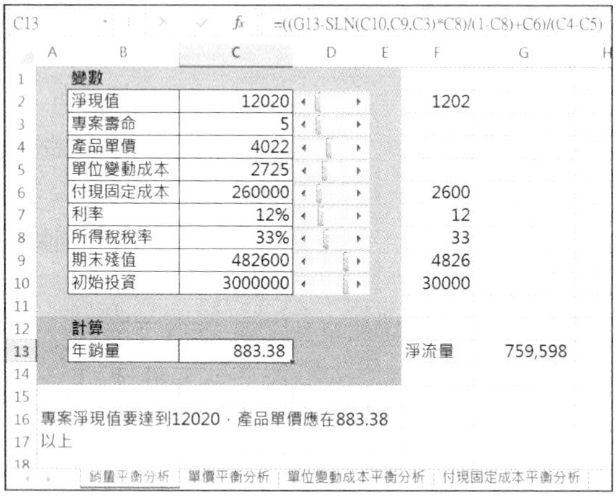

圖 7-31　銷量平衡分析

「單價平衡分析」工作表，如圖 7-32 所示。

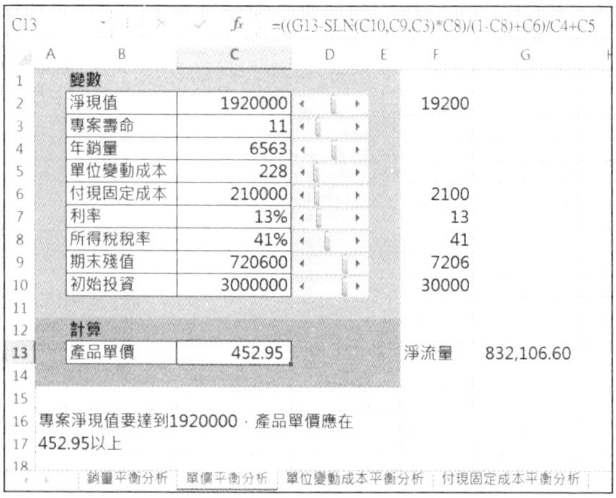

圖 7-32　單價平衡分析

「**單位變動成本平衡分析**」**工作表**，如圖 7-33 所示。

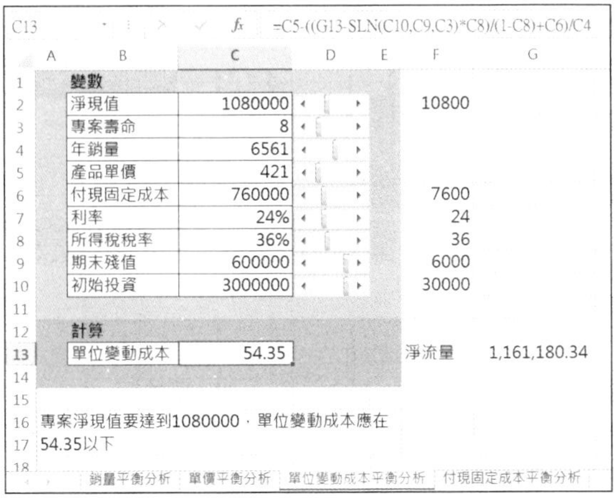

圖 7-33　單位變動成本平衡分析

「**付現固定成本平衡分析**」**工作表**，如圖 7-34 所示。

圖 7-34　付現固定成本平衡分析

表格製作

輸入

在「銷量平衡分析」工作表中輸入資料及加框線，如圖 7-35 所示。

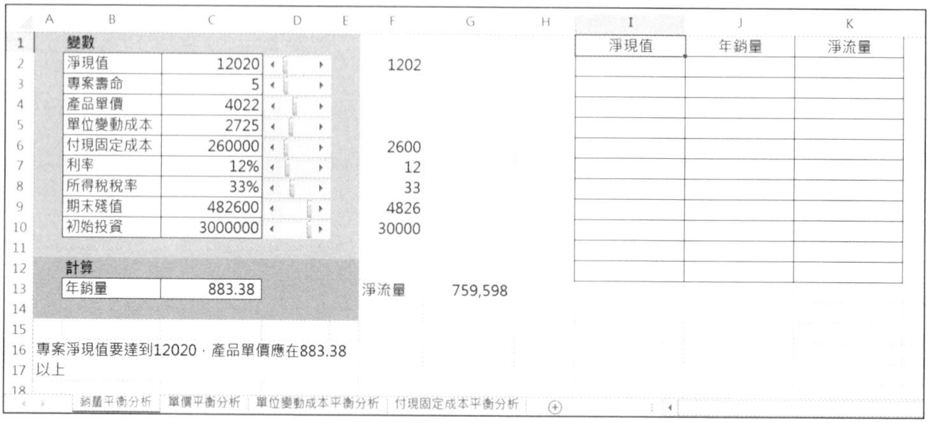

圖 7-35　在「銷量平衡分析」工作表中輸入資料及加框線

在「單價平衡分析」工作表中輸入資料及加框線，如圖 7-36 所示。

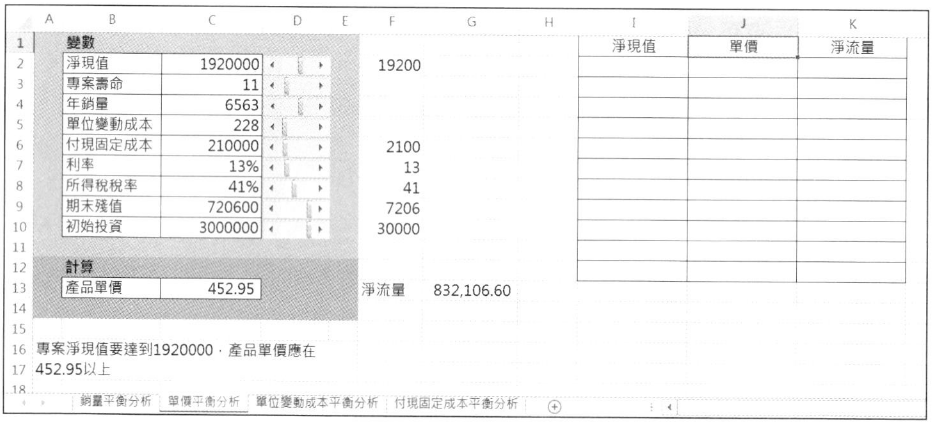

圖 7-36　在「單價平衡分析」工作表中輸入資料及加框線

在「單位變動成本平衡分析」工作表中輸入資料及加框線，如圖 7-37 所示。

圖 7-37　在「單位變動成本平衡分析」工作表中輸入資料

在「付現固定成本平衡分析」工作表中輸入資料及加框線，如圖 7-38 所示。

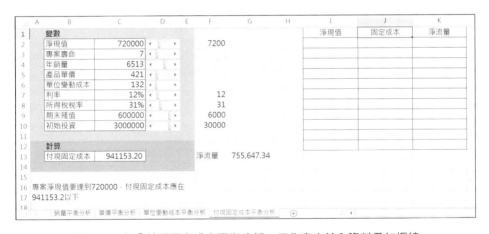

圖 7-38　在「付現固定成本平衡分析」工作表中輸入資料及加框線

加工

在工作表儲存格中輸入公式：

「銷量平衡分析」工作表

I2：=0.5*$C$2

I3：=0.6*$C$2

……

I11：=1.4*$C$2

I12：=1.5*$C$2

K2：= -PMT($C$7,$C$3,I2+$C$10,-$C$9

選取 K2 儲存格，按住控點向下拖曳填滿至 K12 儲存格。

J2：=((K2-SLN($C$10,$C$9,$C$3)*$C$8)/(1-$C$8)+$C$6)/($C$4-$C$5)

選取 J2 儲存格，按住控點向下拖曳填滿至 J12 儲存格。

「單價平衡分析」工作表

I2：=0.5*$C$2

I3：=0.6*$C$2

……

I11：=1.4*$C$2

I12：=1.5*$C$2

K2：= -PMT($C$7,$C$3,I2+$C$10,-$C$9)

選取 K2 儲存格，按住控點向下拖曳填滿至 K12 儲存格。

J2：=((K2-SLN($C$10,$C$9,$C$3)*$C$8)/(1-$C$8)+$C$6)/$C$4+$C$5

選取 J2 儲存格，按住控點向下拖曳填滿至 J12 儲存格。

「單位變動成本平衡分析」工作表

I2：=0.5*$C$2

I3：=0.6*$C$2

……

I11：=1.4*$C$2

I12：=1.5*$C$2

K2：= -PMT($C$7,$C$3,I2+$C$10,-$C$9)

選取 K2 儲存格，按住控點向下拖曳填滿至 K12 儲存格。

J2：=$C$5-((K2-SLN($C$10,$C$9,$C$3)*$C$8)/(1-$C$8)+$C$6)/$C$4

選取 J2 儲存格，按住控點向下拖曳填滿至 J12 儲存格。

「付現固定成本平衡分析」工作表

I2：=0.5*$C$2

I3：=0.6*$C$2

……

I11：=1.4*$C$2

I12：=1.5*$C$2

K2：= -PMT($C$7,$C$3,I2+$C$10,-$C$9)

選取 K2 儲存格，按住控點向下拖曳填滿至 K12 儲存格。

J2：=$C$4*($C$5-$C$6)-(K2-SLN($C$10,$C$9,$C$3)*$C$8)/(1-$C$8)

選取 J2 儲存格，按住控點向下拖曳填滿至 J12 儲存格。

輸出

「銷量平衡分析」工作表，如圖 7-39 所示。

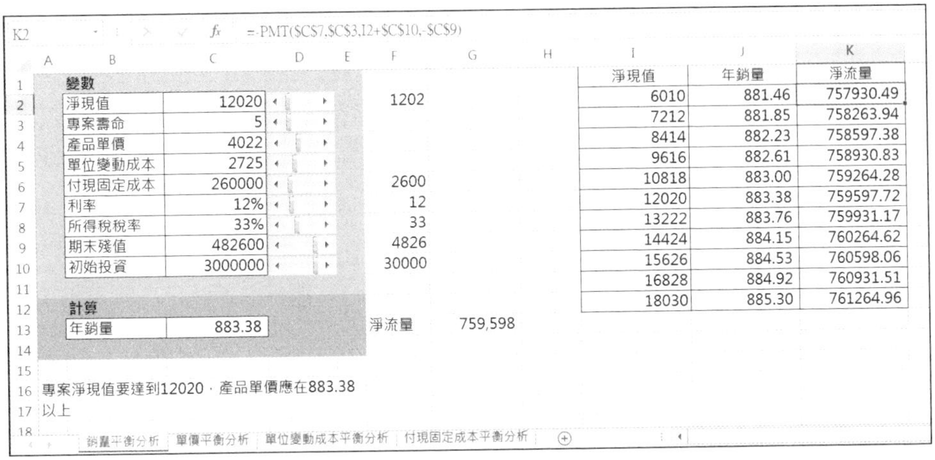

K2　=-PMT($C$7,$C$3,I2+$C$10,-$C$9)

變數		F
淨現值	12020	1202
專案壽命	5	
產品單價	4022	
單位變動成本	2725	
付現固定成本	260000	2600
利率	12%	12
所得稅稅率	33%	33
期末殘值	482600	4826
初始投資	3000000	30000
計算		
年銷量	883.38	淨流量　759,598

淨現值	年銷量	淨流量
6010	881.46	757930.49
7212	881.85	758263.94
8414	882.23	758597.38
9616	882.61	758930.83
10818	883.00	759264.28
12020	883.38	759597.72
13222	883.76	759931.17
14424	884.15	760264.62
15626	884.53	760598.06
16828	884.92	760931.51
18030	885.30	761264.96

專案淨現值要達到12020，產品單價應在883.38以上

銷量平衡分析｜單價平衡分析｜單位變動成本平衡分析｜付現固定成本平衡分析

圖 7-39　銷量平衡分析

「單價平衡分析」工作表，如圖 7-40 所示。

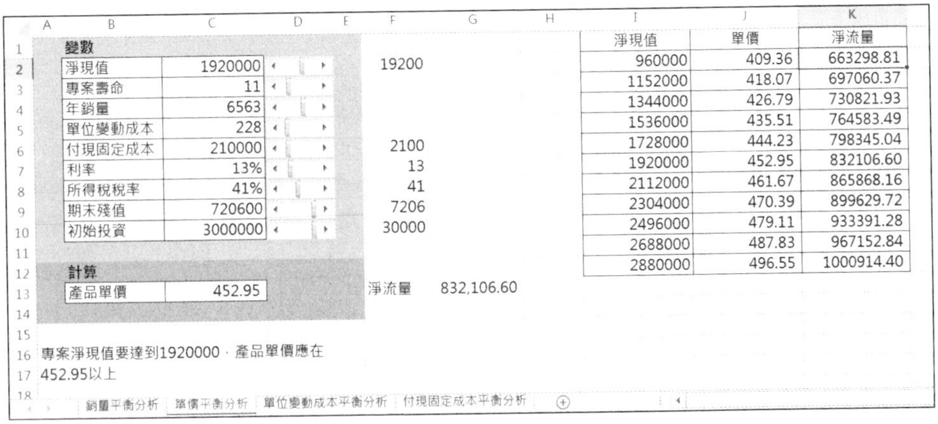

變數		F
淨現值	1920000	19200
專案壽命	11	
年銷量	6563	
單位變動成本	228	
付現固定成本	210000	2100
利率	13%	13
所得稅稅率	41%	41
期末殘值	720600	7206
初始投資	3000000	30000
計算		
產品單價	452.95	淨流量　832,106.60

淨現值	單價	淨流量
960000	409.36	663298.81
1152000	418.07	697060.37
1344000	426.79	730821.93
1536000	435.51	764583.49
1728000	444.23	798345.04
1920000	452.95	832106.60
2112000	461.67	865868.16
2304000	470.39	899629.72
2496000	479.11	933391.28
2688000	487.83	967152.84
2880000	496.55	1000914.40

專案淨現值要達到1920000，產品單價應在452.95以上

銷量平衡分析｜單價平衡分析｜單位變動成本平衡分析｜付現固定成本平衡分析

圖 7-40　單價平衡分析

「**單位變動成本平衡分析**」工作表，如圖 7-41 所示。

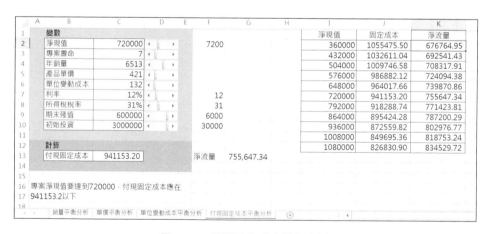

	淨現值	單位變動成本	淨流量
變數	540000	91.94	1003342.01
淨現值 1080000 → 10800	648000	84.42	1034909.68
專案壽命 8	756000	76.90	1066477.34
年銷量 6561	864000	69.39	1098045.01
產品單價 421	972000	61.87	1129612.68
付現固定成本 760000 → 7600	1080000	54.35	1161180.34
利率 24% → 24	1188000	46.83	1192748.01
所得稅稅率 36% → 36	1296000	39.31	1224315.67
期末殘值 600000 → 6000	1404000	31.80	1255883.34
初始投資 3000000 → 30000	1512000	24.28	1287451.01
	1620000	16.76	1319018.67

計算
單位變動成本 54.35　　淨流量 1,161,180.34

專案淨現值要達到1080000，單位變動成本應在
54.35以下

銷量平衡分析　單價平衡分析　單位變動成本平衡分析　付現固定成本平衡分析

圖 7-41　單位變動成本平衡分析

「**付現固定成本平衡分析**」工作表，如圖 7-42 所示。

	淨現值	固定成本	淨流量
變數	360000	1055475.50	676764.95
淨現值 720000 → 7200	432000	1032611.04	692541.43
專案壽命 7	504000	1009746.58	708317.91
年銷量 6513	576000	986882.12	724094.38
產品單價 421	648000	964017.66	739870.86
單位變動成本 132	720000	941153.20	755647.34
利率 12% → 12	792000	918288.74	771423.81
所得稅稅率 31% → 31	864000	895424.28	787200.29
期末殘值 600000 → 6000	936000	872559.82	802976.77
初始投資 3000000 → 30000	1008000	849695.36	818753.24
	1080000	826830.90	834529.72

計算
付現固定成本 941153.20　　淨流量 755,647.34

專案淨現值要達到720000，付現固定成本應在
941153.2以下

銷量平衡分析　單價平衡分析　單位變動成本平衡分析　付現固定成本平衡分析

圖 7-42　付現固定成本平衡分析

圖表生成

「銷量平衡分析」工作表

1） 選取 I2：J12 區域，按一下「插入」標籤，選取「圖表→插入 XY 散佈圖或泡泡圖→帶有平滑線的 XY 散佈圖」按鈕項，即可插入一個標準的 XY 散佈圖，可先將預設的「圖表標題」刪掉，調整圖表大小及移到適當的位置。

2) 在圖表區按下滑鼠右鍵，在展開的功能表中選取「選取資料來源…」指令。
此時已有「企業價值」數列。按一下「新增」按鈕，新增如下數列 2 和數列 3，
如圖 7-43 所示：

數列 2：
X 值：=銷量平衡分析!$C$2
Y 值：=銷量平衡分析!$C$13

數列 3：
X 值：=(銷量平衡分析!$C$2,銷量平衡分析!$C$2)
Y 值：=(銷量平衡分析!$J$2,銷量平衡分析!$J$12)

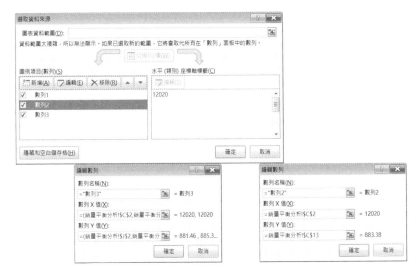

圖 7-43　新增數列 2 和數列 3

3) 接著要格式化數列 2 的點，因此，我們可透過「圖表工具→格式」標籤中右上
方的圖表項目下拉方塊，選取「數列 2」，再按下「格式化選取範圍」按鈕展開
「資料數列格式」工作面板，並將「標記選項」改為想要的內建類型、大小和
填滿的色彩，如圖 7-44 所示。

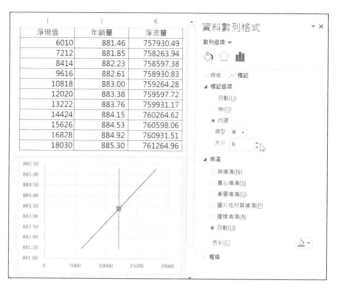

圖 7-44 「資料數列格式」工作面板

4） 將水平 X 軸改為「淨現值」；垂直的 Y 軸改為「年銷量」。

5） 使用者還可按自己的意願修改圖表。最後銷量平衡分析模型的介面如圖 7-45 所示。

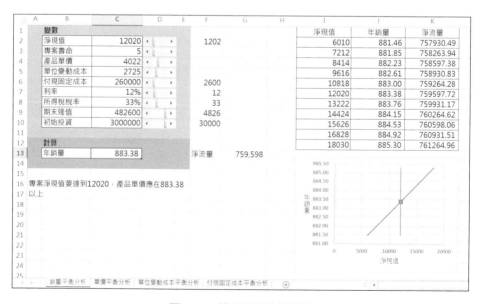

圖 7-45 銷量平衡分析模型

「單價平衡分析」工作表

圖表生成過程，本工作表與「銷量平衡分析」工作表相同。單價平衡分析模型的最終介面如圖 7-46 所示。

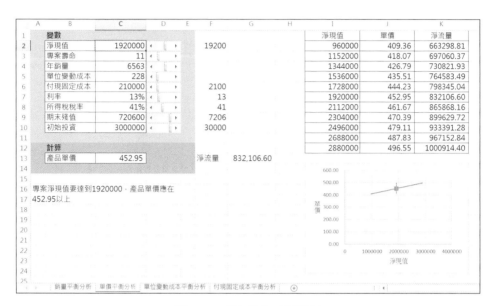

圖 7-46　單價平衡分析模型

「單位變動成本平衡分析」工作表

本工作表的圖表生成過程與「銷量平衡分析」工作表相同。單位變動成本平衡分析模型的最終介面如圖 7-47 所示。

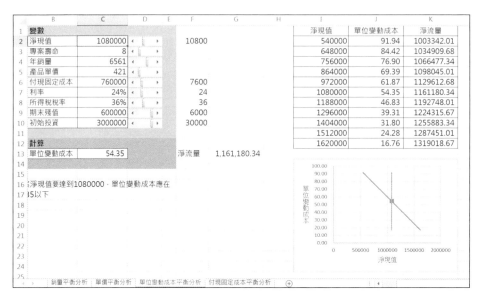

圖 7-47　單位變動成本平衡分析模型

「付現固定成本平衡分析」工作表

本工作表的圖表生成過程與「銷量平衡分析」工作表相同。付現固定成本平衡分析模型的最終介面如圖 7-48 所示。

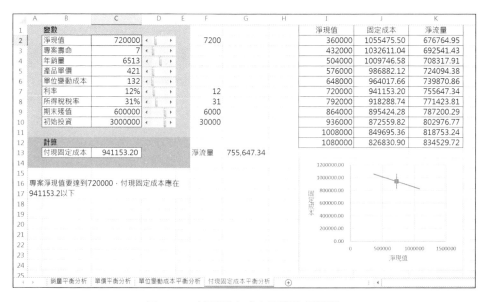

圖 7-48　付現固定成本平衡分析模型

操作說明

- 本模型中的折舊根據初始投資計算。即認為固定資產近似等於初始投資。

- 在「銷量平衡分析」工作表中拖動「淨現值」、「專案壽命」、「產品單價」、「單位變動成本」、「付現固定成本」、「利率」、「所得稅稅率」、「期末殘值」、「初始投資」等變數的捲軸，模型的計算結果將隨之變化，表格將隨之變化，圖表將隨之變化，文字描述將隨之變化。

- 在「單價平衡分析」工作表中拖動「淨現值」、「專案壽命」、「年銷量」、「單位變動成本」、「付現固定成本」、「利率」、「所得稅稅率」、「期末殘值」、「初始投資」等變數的捲軸，模型的計算結果將隨之變化，表格將隨之變化，圖表將隨之變化，文字描述將隨之變化。

- 在「單位變動成本平衡分析」工作表中拖動「淨現值」、「項目壽命」、「年銷量」、「產品單價」、「付現固定成本」、「利率」、「所得稅稅率」、「期末殘值」、「初始投資」等變數的捲軸，模型的計算結果將隨之變化，表格將隨之變化，圖表將隨之變化，文字描述將隨之變化。

- 在「付現固定成本平衡分析」工作表中拖動「淨現值」、「專案壽命」、「年銷量」、「產品單價」、「單位變動成本」、「利率」、「所得稅稅率」、「期末殘值」、「初始投資」等變數的捲軸，模型的計算結果將隨之變化，表格將隨之變化，圖表將隨之變化，文字描述將隨之變化。

7.6　投資因素敏感分析模型

應用場景

CEO：產品產量、單價、單位變動成本、固定成本、所得稅稅率、初始投資，都會影響目標淨現值。影響目標淨現值的多個因素，我們如何判斷哪個因素重要，哪個因素不重要呢？

CFO：這就要用到敏感分析。敏感分析，就是分析在決策模型中，因某個因素發生變化，而引起決策目標發生變化的敏感程度。敏感分析是一種有廣泛用途的分析方法，其應用領域不僅限於投資項目分析。

CEO：是的，市場或生產領域都會用到。例如，原材料價格、產品價格、供求關係波動帶來了市場變化，原材料消耗、工時消耗水準波動帶來了技術變化。這些變

化引起決策模型中的因素發生變化，從而引起決策目標發生變化。我們做市場或生產決策時，希望事先知道哪個因素影響小，哪個因素影響大，影響程度如何。掌握這些資料，使我們在情況發生變化時能及時採取對策，調整企業計畫，控制經營狀態，具有重要的實用意義。

CFO：不管是市場領域、生產領域，還是財務領域，敏感分析的原理是一樣的。在投資淨現值預測模型中，各因素變化都會引起淨現值的變化，但影響程度各不相同。有的因素發生微小變化，就會使淨現值發生很大的變化，淨現值對這類因素的變化反應十分敏感，稱這類因素為敏感因素。與此相反，有些因素發生很大變化，只是使淨現值發生很小的變化，淨現值對這類因素的變化反應十分遲鈍，稱這類因素為不敏感因素。

CEO：是否為敏感因素，敏感程度如何，只能用定性的方式衡量嗎？

CFO：我們透過計算敏感係數，識別敏感因素和不敏感因素，對敏感程度進行定量衡量。敏感係數，就是各因素變動百分比與淨現值變動百分比之間的比率。

CEO：敏感係數可以讓我們知道，某因素變動百分之幾，淨現值將變動百分之幾。能不能直接告訴我們，某因素變動百分之幾，淨現值將變成多少？即，直接顯示變化後淨現值的數值，這樣的展現方式，更直觀簡潔。

CFO：可以透過編制敏感分析表，列示各因素變動百分率及相應的淨現值。

CEO：列示各因素變動百分率，只能是列舉而不可能窮盡。如何連續表示各因素與決策目標之間的關係呢？

CFO：可以透過編制敏感分析圖直觀顯示各因素的敏感係數，以及連續表示各因素與決策目標之間的關係。

基本理論

敏感係數

敏感係數是反映敏感程度的指標。

敏感係數＝目標值變動百分比÷參量值變動百分比

銷量敏感分析

銷量敏感係數＝淨現值變動百分比÷銷量變動百分比

淨現值變動百分比＝（變動後淨現值－變動前淨現值）÷變動前淨現值

變動前淨流量＝〔銷量×（單價－單位變動成本）－固定成本〕×（1－
　　　　　　　所得稅稅率）＋SLN（初始投資，期末殘值，專案壽命）×
　　　　　　　所得稅稅率

變動前淨現值＝-PV（利率，項目壽命，變動前淨流量，期末殘值）－初始投資

變動後淨流量＝〔銷量×（1＋銷量變動百分比）×（單價－單位變動成本）
　　　　　　　－固定成本〕×（1－所得稅稅率）
　　　　　　　＋SLN（初始投資，期末殘值，專案壽命）×所得稅稅率

變動後淨現值＝-PV（利率，專案壽命，變動後淨流量，期末殘值）－初始投資

單價敏感分析

單價敏感係數＝淨現值變動百分比÷單價變動百分比

淨現值變動百分比＝（變動後淨現值－變動前淨現值）÷變動前淨現值

變動前淨流量＝〔銷量×（單價－單位變動成本）－固定成本〕×
　　　　　　　（1－所得稅稅率）＋SLN（初始投資，期末殘值，專案壽命）×
　　　　　　　所得稅稅率

變動前淨現值＝-PV（利率，專案壽命，變動前淨流量，期末殘值）－初始投資

變動後淨流量＝{銷量×〔單價×（1＋單價變動百分比）－單位變動成本〕－
　　　　　　　固定成本}×（1－所得稅稅率）＋
　　　　　　　SLN（初始投資，期末殘值，專案壽命）×所得稅稅率

變動後淨現值＝-PV（利率，專案壽命，變動後淨流量，期末殘值）－初始投資

單位變動成本敏感分析

單位變動成本敏感係數＝淨現值變動百分比÷單位變動成本變動百分比

淨現值變動百分比＝（變動後淨現值－變動前淨現值）÷變動前淨現值

變動前淨流量＝〔銷量×（單價－單位變動成本）－固定成本〕×
（1－所得稅稅率）＋SLN（初始投資，期末殘值，專案壽命）×
所得稅稅率

變動前淨現值＝-PV（利率，項目壽命，變動前淨流量，期末殘值）－初始投資

變動後淨流量＝｛銷量×〔單價－單位變動成本×（1＋
單位變動成本變動百分比）〕－固定成本｝×（1－所得稅稅率）＋
SLN（初始投資，期末殘值，專案壽命）×所得稅稅率

變動後淨現值＝-PV（利率，專案壽命，變動後淨流量，期末殘值）－初始投資

固定成本敏感分析

固定成本敏感係數＝淨現值變動百分比÷固定成本變動百分比

淨現值變動百分比＝（變動後淨現值－變動前淨現值）÷變動前淨現值

變動前淨流量＝〔銷量×（單價－單位變動成本）－固定成本〕×（1－
所得稅稅率）＋SLN（初始投資，期末殘值，專案壽命）×
所得稅稅率

變動前淨現值＝-PV（利率，專案壽命，變動前淨流量，期末殘值）－初始投資

變動後淨流量＝〔銷量×（單價－單位變動成本）－固定成本（1＋
固定成本變動百分比）〕×（1－所得稅稅率）＋
SLN（初始投資，期末殘值，專案壽命）×所得稅稅率

變動後淨現值＝-PV（利率，專案壽命，變動後淨流量，期末殘值）－初始投資

初始投資敏感分析

初始投資敏感係數＝淨現值變動百分比÷初始投資變動百分比

淨現值變動百分比＝（變動後淨現值－變動前淨現值）÷變動前淨現值

變動前淨流量＝〔銷量×（單價－單位變動成本）－固定成本〕×（1－
所得稅稅率）＋SLN（初始投資，期末殘值，專案壽命）×
所得稅稅率

變動前淨現值＝-PV（利率，專案壽命，變動前淨流量，期末殘值）－初始投資

變動後淨流量＝〔銷量×（單價－單位變動成本）－固定成本〕×（1－
所得稅稅率）＋SLN（初始投資×（1＋初始投資變動百分比），
期末殘值，專案壽命）×所得稅稅率

變動後淨現值＝-PV（利率，專案壽命，變動後淨流量，期末殘值）－初始投資

稅率敏感分析

稅率敏感係數＝淨現值變動百分比÷稅率變動百分比

淨現值變動百分比＝（變動後淨現值－變動前淨現值）÷變動前淨現值

變動前淨流量＝〔銷量×（單價－單位變動成本）－固定成本〕×（1－
所得稅稅率）＋SLN（初始投資，期末殘值，專案壽命）×
所得稅稅率

變動前淨現值＝-PV（利率，專案壽命，變動前淨流量，期末殘值）－初始投資

變動後淨流量＝〔銷量×（單價－單位變動成本）－固定成本〕×〔1－
所得稅稅率×（1＋稅率變動百分比）〕＋SLN（初始投資，
期末殘值，專案壽命）×〔所得稅稅率（1＋稅率變動百分比）〕

變動後淨現值＝-PV（利率，專案壽命，變動後淨流量，期末殘值）－初始投資

模型建立

▭……\chapter07\06\投資因素敏感分析模型.xlsx

輸入

新建 Excel 活頁簿。包含以下工作表：基本資訊、銷量敏感分析、單價敏感分析、變動成本敏感分析、固定成本敏感分析、初始投資敏感分析、稅率敏感分析、敏感分析表、敏感分析圖。

「基本資訊」工作表

1) 在工作表中輸入資料及文字，然後進行格式化作業，如合併儲存格、調整列高欄寬、選取填滿色彩、設定字體字型大小等。

2) 在 E2~E10 插入捲軸。按一下「開發人員」標籤，選取「插入→表單控制項→捲軸」按鈕，在對應的儲存格拖曳拉出適當大小的橫式捲軸。接著對該捲軸按下滑鼠右鍵，選取「控制項格式」指令，對其屬性設定儲存格連結、目前值、最小值、最大值等。詳細設定值可參考下載的本節 Excel 範例檔。

3) 在以下儲存格輸入各自的公式，完成初步的模型。如圖 7-49 所示。

D6：=I6*100   D7：=I7*100   D8：=I8/100

D9：=I9/100   D10：=I10*100

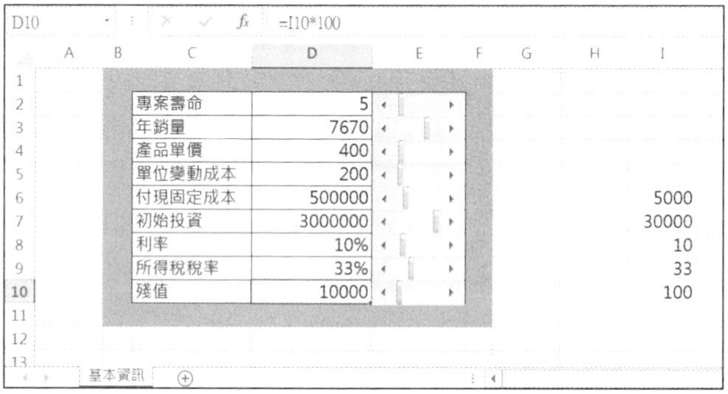

圖 7-49　在「基本資訊」工作表中輸入資料及格式化

「銷量敏感分析」、「單價敏感分析」、「單位變動成本敏感分析」、「固定成本敏感分析」、「初始投資敏感分析」、「稅率敏感分析」工作表

1) 在工作表中輸入資料及套入框線等格式化作業，。如合併儲存格、調整列高欄寬、選取填滿色彩、設定字體字型大小等。完成一張後再複製另外 5 張工作表，修改工作表標籤即可，如圖 7-50 所示。

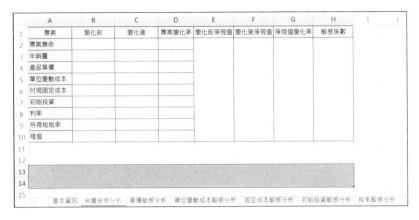

圖 7-50　製作及複製 6 張工作表

加工

在工作表儲存格中輸入公式：

「銷量敏感分析」工作表

B2：B10 區域：選取 B2：B10 區域，輸入「=基本資訊!D2:D10」公式後，按 Ctrl+Shift+Enter 複合鍵。

D2：=0

D4：D10 區域：=0

C2：=B2

C3：=B3*(1+D3)

C4：C10 區域：選取 C4：C10 區域，輸入「=B4:B10」公式後，按 Ctrl+Shift+Enter 複合鍵。

L3：=(基本資訊!D3*(基本資訊!D4-基本資訊!D5)-基本資訊!D6)*(1-基本資訊!D9)+SLN(基本資訊!D7,基本資訊!D10,基本資訊!D2)*基本資訊!D9

M3：=(C3*(基本資訊!D4-基本資訊!D5)-基本資訊!D6)*(1-基本資訊!D9)+SLN(基本資訊!D7,基本資訊!D10,基本資訊!D2)*基本資訊!D9

E2：= -PV(B8,B2,L3,B10)-B7

F2：= -PV(B8,B2,M3,B10)-B7

G2：=(F2-E2)/E2

H2：=G2/D3

A13：=IF(OR(D3=0,E2=0)，"專案變化率或變化前淨現值不可為零，否則「除零」錯誤"，"年銷量的敏感係數為"&ROUND(H2,3)&"。即年銷量每變化 1%，淨現值將變化"&ROUND(H2,3)&"%")

在 D3 右側插入微調按鈕（按一下「開發人員」標籤，選取「插入→表單控制項→微調按鈕」項，拖曳拉出適當大小。接著對該捲軸按下滑鼠右鍵，選取「控制項格式」指令，對其屬性設定儲存格連結到 J3，並設定目前值、最小值、最大值等。）

D3：=J3/100

「單價敏感分析」工作表

B2：B10 區域：選取 B2：B10 區域，輸入「=基本資訊!D2:D10」公式後，按 Ctrl+Shift+Enter 複合鍵。

D2：D3 區域：=0

D5：D10 區域：=0

C2：=B2

C3：=B3

C4：=B4*(1+D4)

C5：C10 區域：選取 C5：C10 區域，輸入「=B5:B10」公式後，按 Ctrl+Shift+Enter 複合鍵。

L3：=(基本資訊!D3*(基本資訊!D4-基本資訊!D5)-基本資訊!D6)*(1-基本資訊!D9)+SLN(基本資訊!D7,基本資訊!D10,基本資訊!D2)*基本資訊!D9

M3：=(基本資訊!D3*(C4-基本資訊!D5)-基本資訊!D6)*(1-基本資訊!D9)+SLN(基本資訊!D7,基本資訊!D10,基本資訊!D2)*基本資訊!D9

E2：= -PV(B8,B2,L3,B10)-B7

F2：= -PV(B8,C2,M3,B10)-B7

G2：=(F2-E2)/E2

H2：=G2/D4

A13：=IF(OR(D4=0,E2=0)，"專案變化率或變化前淨現值不可為零，否則「除零」錯誤"，"產品單價的敏感係數為"&ROUND(H2,3)&"。即產品單價每變化 1%，淨現值將變化"&ROUND(H2,3)&"%")

在 D4 右側插入微調按鈕（按一下「開發人員」標籤，選取「插入→表單控制項→微調按鈕」項，拖曳拉出適當大小。接著對該捲軸按下滑鼠右鍵，選取「控制項格式」指令，對其屬性設定儲存格連結到 J4，並設定目前值、最小值、最大值等。）

D4：=J4/100

「單位變動成本敏感分析」工作表

B2：B10 區域：選取 B2：B10 區域，輸入「=基本資訊!D2:D10」公式後，按 Ctrl+Shift+Enter 複合鍵。

D2：D4 區域：=0

D6：D10 區域：=0

C2：C4 區域：選取 C2：C4 區域，輸入「=B2:B4」公式後，按 Ctrl+Shift+Enter 複合鍵。

C5：=B5*(1+D5)

C6：C10 區域：選取 C6：C10 區域，輸入「=B6:B10」公式後，按 Ctrl+Shift+Enter 複合鍵。

L3：=(基本資訊!D3*(基本資訊!D4-基本資訊!D5)-基本資訊!D6)*(1-基本資訊!D9)+SLN(基本資訊!D7,基本資訊!D10,基本資訊!D2)*基本資訊!D9

M3：=(基本資訊!D3*(基本資訊!D4-C5)-基本資訊!D6)*(1-基本資訊!D9)+SLN(基本資訊!D7,基本資訊!D10,基本資訊!D2)*基本資訊!D9

E2：=-PV(B8,B2,L3,B10)-B7

F2：=-PV(B8,C2,M3,B10)-B7

G2：=(F2-E2)/E2

H2：=G2/D5

A13：=IF(OR(D5=0，E2=0)，"項目變化率或變化前淨現值不可為零，否則「除零」錯誤"，"單位變動成本的敏感係數為"&ROUND(H2,3)&"。即單位變動成本每變化 1%，淨現值將變化"&ROUND(H2,3)&"%")

在 D5 右側插入微調按鈕（按一下「開發人員」標籤，選取「插入→表單控制項→微調按鈕」項，拖曳拉出適當大小。接著對該捲軸按下滑鼠右鍵，選取「控制項格式」指令，對其屬性設定儲存格連結到 J5，並設定目前值、最小值、最大值等。）

D5：=J5/100

「固定成本敏感分析」工作表

B2：B10 區域：選取 B2：B10 區域，輸入「=基本資訊!D2:D10」公式後，按 Ctrl+Shift+Enter 複合鍵。

D2：D5 區域：=0

D7：D10 區域：=0

C2：C5 區域：選取 C2：C5 區域，輸入「=B2:B5」公式後，按 Ctrl+Shift+Enter 複合鍵。

C6：=B6*(1+D6)

C7：C10 區域：選取 C7：C10 區域，輸入「=B7:B10」公式後，按 Ctrl+Shift+Enter 複合鍵。

L3：=(基本資訊!D3*(基本資訊!D4-基本資訊!D5)-基本資訊!D6)*(1-基本資訊!D9)+SLN(基本資訊!D7,基本資訊!D10,基本資訊!D2)*基本資訊!D9

M3：=(基本資訊!D3*(基本資訊!D4-基本資訊!D5)-C6)*(1-基本資訊!D9)+SLN(基本資訊!D7,基本資訊!D10,基本資訊!D2)*基本資訊!D9

E2：= -PV(B8,B2,L3,B10)-B7

F2：= -PV(B8,C2,M3,B10)-B7

G2：=(F2-E2)/E2

H2：=G2/D6

A13：=IF(OR(D6=0,E2=0)，"專案變化率或變化前淨現值不可為零，否則「除零」錯誤"，"固定成本的敏感係數為"&ROUND(H2,3)&"。即固定成本每變化 1%，淨現值將變化"&ROUND(H2,3)&"%")

在 D6 右側插入微調按鈕（按一下「開發人員」標籤，選取「插入→表單控制項→微調按鈕」項，拖曳拉出適當大小。接著對該捲軸按下滑鼠右鍵，選取「控制項格式」指令，對其屬性設定儲存格連結到 J6，並設定目前值、最小值、最大值等。）

D6：=J6/100

「初始投資敏感分析」工作表

B2：B10 區域：選取 B2：B10 區域，輸入「=基本資訊!D2:D10」公式後，按 Ctrl+Shift+Enter 複合鍵。

D2：D6 區域：=0

D8：D10 區域：=0

C2：C6 區域：選取 C2：C6 區域，輸入「=B2:B6」公式後，按 Ctrl+Shift+Enter 複合鍵。

C7：=B7*(1+D7)

C8：C10 區域：選取 C8：C10 區域，輸入「=B8:B10」公式後，按 Ctrl+Shift+Enter 複合鍵。

L3：=(基本資訊!D3*(基本資訊!D4-基本資訊!D5)-基本資訊!D6)*(1-基本資訊!D9)+SLN(基本資訊!D7,基本資訊!D10,基本資訊!D2)*基本資訊!D9

M3：=(基本資訊!D3*(基本資訊!D4-基本資訊!D5)-基本資訊!D6)*(1-基本資訊!D9)+SLN(C7,基本資訊!D10,基本資訊!D2)*基本資訊!D9

E2：= -PV(B8,B2,L3,B10)-B7

F2：= -PV(B8,B2,M3,B10)-C7

G2：=(F2-E2)/E2

H2：=G2/D7

A13：=IF(OR(D7=0,E2=0)，"專案變化率或變化前淨現值不可為零，否則「除零」錯誤"，"初始投資的敏感係數為"&ROUND(H2,3)&"。即初始投資每變化 1%，淨現值將變化"&ROUND(H2,3)&"%")

在 D7 右側插入微調按鈕（按一下「開發人員」標籤，選取「插入→表單控制項→微調按鈕」項，拖曳拉出適當大小。接著對該捲軸按下滑鼠右鍵，選取「控制項格式」指令，對其屬性設定儲存格連結到 J7，並設定目前值、最小值、最大值等。）

D7：=J7/100

「稅率敏感分析」工作表

B2：選取 B2：B10 區域，輸入「=基本資訊!D2:D10」公式後，按 Ctrl+Shift+Enter 複合鍵。

D2：D8 區域：=0

D10：=0

C2：C8 區域：選取 C2：C8 區域，輸入「=B2:B8」公式後，按 Ctrl+Shift+Enter 複合鍵。

C9：=B9*(1+D9)

C10：=B10

L3：=(基本資訊!D3*(基本資訊!D4-基本資訊!D5)-基本資訊!D6)*(1-基本資訊!D9)+SLN(基本資訊!D7,基本資訊!D10,基本資訊!D2)*基本資訊!D9

M3：=(基本資訊!D3*(基本資訊!D4-基本資訊!D5)-基本資訊!D6)*(1-C9)+SLN(基本資訊!D7,基本資訊!D10,基本資訊!D2)*C9

E2：= -PV(B8,B2,L3,B10)-B7

F2：= -PV(B8,B2,M3,B10)-B7

G2：=(F2-E2)/E2

H2：=G2/D9

A13：=IF(OR(D9=0,E2=0)，"專案變化率或變化前淨現值不可為零，否則「除零」錯誤"，"稅率的敏感係數為"&ROUND(H2,3)&"。即所得稅率每變化 1%，淨現值將變化"&ROUND(H2,3)&"%")

在 D9 右側插入微調按鈕（按一下「開發人員」標籤，選取「插入→表單控制項→微調按鈕」項，拖曳拉出適當大小。接著對該捲軸按下滑鼠右鍵，選取「控制項格式」指令，對其屬性設定儲存格連結到 J9，並設定目前值、最小值、最大值等。）

D9：=J9/100

輸出

「銷量敏感分析」工作表，如圖 7-51 所示。

	A	B	C	D	E	F	G	H	I	J	K	L	M	N	O
1	專案	變化前	變化後	專案變化率	變化前淨現值	變化後淨現值	淨現值變化率	敏感係數							
2	專案壽命	5.00	5.00	0.00%											
3	年銷量	7670.00	7823.40	2.00%							2	890120.00	910675.60		
4	產品單價	400.00	400.00	0.00%											
5	單位變動成本	200.00	200.00	0.00%											
6	付現固定成本	500000.00	500000.00	0.00%	380464.33	458386.23	20.48%	10.24							
7	初始投資	3000000.00	3000000.00	0.00%											
8	利率	10.00%	10.00%	0.00%											
9	所得稅稅率	33.00%	33.00%	0.00%											
10	殘值	10000.00	10000.00	0.00%											
11															
12															
13	年銷量的敏感係數為10.24，即年銷量每變化1%，淨現值將變化10.24%														
14															
15	基本資訊 銷量敏感分析 單價敏感分析 單位變動成本敏感分析 固定成本敏感分析 初始投資敏感分析 稅率敏感分析														

圖 7-51　銷量敏感分析

「單價敏感分析」工作表，如圖 7-52 所示。

	A	B	C	D	E	F	G	H	I	J	K	L	M	N
1	專案	變化前	變化後	專案變化率	變化前淨現值	變化後淨現值	淨現值變化率	敏感係數						
2	專案壽命	5.00	5.00	0.00%										
3	年銷量	7670.00	7670.00	0.00%									890120.00	931231.20
4	產品單價	400.00	408.00	2.00%										
5	單位變動成本	200.00	200.00	0.00%										
6	付現固定成本	500000.00	500000.00	0.00%	380464.33	536308.13	40.96%	20.481			2			
7	初始投資	3000000.00	3000000.00	0.00%										
8	利率	10.00%	10.00%	0.00%										
9	所得稅稅率	33.00%	33.00%	0.00%										
10	殘值	10000.00	10000.00	0.00%										
11														
12														
13	產品單價的敏感係數為20.481，即產品單價每變化1%，淨現值將變化20.481%													
14														
15	基本資訊 銷量敏感分析 單價敏感分析 單位變動成本敏感分析 固定成本敏感分析 初始投資敏感分析 稅率敏感分析													

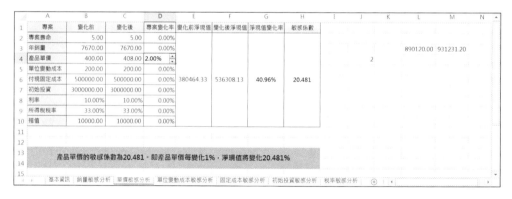

圖 7-52　單價敏感分析

「單位變動成本敏感分析」工作表，如圖 7-53 所示。

圖 7-53　單位變動成本敏感分析

「固定成本敏感分析」工作表，如圖 7-54 所示。

	A	B	C	D	E	F	G	H	I	J	K	L	M	N
1	專案	變化前	變化後	專案變化率	變化前淨現值	變化後淨現值	淨現值變化率	敏感係數						
2	專案壽命	5.00	5.00	0.00%										
3	年銷量	7670.00	7670.00	0.00%								890120.00	883420.00	
4	產品單價	400.00	400.00	0.00%										
5	單位變動成本	200.00	200.00	0.00%										
6	付現固定成本	500000.00	510000.00	2.00%	380464.33	355066.06	-6.68%	-3.34		2				
7	初始投資	3000000.00	3000000.00	0.00%										
8	利率	10.00%	10.00%	0.00%										
9	所得稅稅率	33.00%	33.00%	0.00%										
10	殘值	10000.00	10000.00	0.00%										
11														
12														
13		固定成本的敏感係數為-3.338，即固定成本每變化1%，淨現值將變化-3.338%												
14														
15	基本資訊　銷量敏感分析　單價敏感分析　單位變動成本敏感分析　固定成本敏感分析　初始投資敏感分析　稅率敏感分析													

圖 7-54　固定成本敏感分析

「初始投資敏感分析」工作表，如圖 7-55 所示。

	A	B	C	D	E	F	G	H	I	J	K	L	M	N
1	專案	變化前	變化後	專案變化率	變化前淨現值	變化後淨現值	淨現值變化率	敏感係數						
2	專案壽命	5.00	5.00	0.00%										
3	年銷量	7670.00	7670.00	0.00%								890120	894080	
4	產品單價	400.00	400.00	0.00%										
5	單位變動成本	200.00	200.00	0.00%										
6	付現固定成本	500000.00	500000.00	0.00%	380464.33	335475.85	-11.82%	-5.91						
7	初始投資	3000000.00	3060000.00	2.00%						2				
8	利率	10.00%	10.00%	0.00%										
9	所得稅稅率	33.00%	33.00%	0.00%										
10	殘值	10000.00	10000.00	0.00%										
11														
12														
13		初始投資的敏感係數為-5.912，即初始投資每變化1%，淨現值將變化-5.912%												
14														
15	基本資訊　銷量敏感分析　單價敏感分析　單位變動成本敏感分析　固定成本敏感分析　初始投資敏感分析　稅率敏感分析													

圖 7-55　初始投資敏感分析

「稅率敏感分析」工作表，如圖7-56所示。

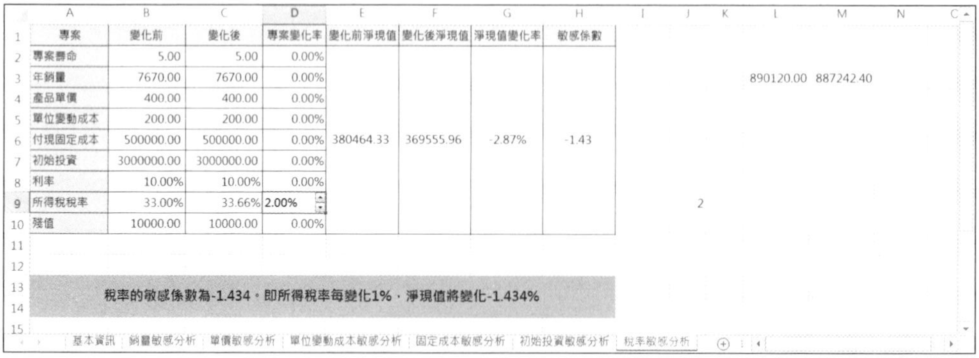

圖7-56　稅率敏感分析

表格製作

輸入

「敏感分析表」工作表

1) 建名為「敏感分析表」的工作表，在工作表中輸入資料並格式化，如合併儲存格、調整列高欄寬、選取填滿色彩、設定字體字型大小等。如圖7-57所示。

圖7-57　在「敏感分析表」工作表中輸入資料

加工

在工作表儲存格中輸入公式：

「敏感分析表」工作表

B15：=(基本資訊!$D$3*(基本資訊!$D$4-基本資訊!$D$5)-基本資訊!$D$6)*(1-基本資訊!$D$9)+SLN(基本資訊!$D$7,基本資訊!$D$10,基本資訊!$D$2*(1+B1))*基本資訊!$D$9

B16：=(基本資訊!$D$3*(1+B1)*(基本資訊!$D$4-基本資訊!$D$5)-基本資訊!$D$6)*(1-基本資訊!$D$9)+SLN(基本資訊!$D$7,基本資訊!$D$10,基本資訊!$D$2)*基本資訊!$D$9

B17：=(基本資訊!$D$3*(基本資訊!$D$4*(1+B1)-基本資訊!$D$5)-基本資訊!$D$6)*(1-基本資訊!$D$9)+SLN(基本資訊!$D$7,基本資訊!$D$10,基本資訊!$D$2)*基本資訊!$D$9

B18：=(基本資訊!$D$3*(基本資訊!$D$4-基本資訊!$D$5*(1+B1))-基本資訊!$D$6)*(1-基本資訊!$D$9)+SLN(基本資訊!$D$7,基本資訊!$D$10,基本資訊!$D$2)*基本資訊!$D$9

B19：=(基本資訊!$D$3*(基本資訊!$D$4-基本資訊!$D$5)-基本資訊!$D$6*(1+B1))*(1-基本資訊!$D$9)+SLN(基本資訊!$D$7,基本資訊!$D$10,基本資訊!$D$2)*基本資訊!$D$9

B20：=(基本資訊!$D$3*(基本資訊!$D$4-基本資訊!$D$5)-基本資訊!$D$6)*(1-基本資訊!$D$9)+SLN(基本資訊!$D$7*(1+B1),基本資訊!$D$10,基本資訊!$D$2)*基本資訊!$D$9

B21：=(基本資訊!$D$3*(基本資訊!$D$4-基本資訊!$D$5)-基本資訊!$D$6)*(1-基本資訊!$D$9)+SLN(基本資訊!$D$7,基本資訊!$D$10,基本資訊!$D$2)*基本資訊!$D$9

B22：=(基本資訊!$D$3*(基本資訊!$D$4-基本資訊!$D$5)-基本資訊!$D$6)*(1-基本資訊!$D$9*(1+B1))+SLN(基本資訊!$D$7,基本資訊!$D$10,基本資訊!$D$2)*基本資訊!$D$9*(1+B1)

B23：=(基本資訊!$D$3*(基本資訊!$D$4-基本資訊!$D$5)-基本資訊!$D$6)*(1-基本資訊!$D$9)+SLN(基本資訊!$D$7,基本資訊!$D$10*(1+B1),基本資訊!$D$2)*基本資訊!$D$9

選取 B15：B23 區域，按住控點向右拖曳填滿至 J15：J23 區域。

B4：=-PV(基本資訊!$D$8,基本資訊!$D$2*(1+B1),B15,基本資訊!$D$10)-基本資訊!$D$7

B5：= -PV(基本資訊!$D$8,基本資訊!$D$2,B16,基本資訊!$D$10)-基本資訊!$D$7

B6：= -PV(基本資訊!$D$8,基本資訊!$D$2,B17,基本資訊!$D$10)-基本資訊!$D$7

B7：= -PV(基本資訊!$D$8,基本資訊!$D$2,B18,基本資訊!$D$10)-基本資訊!$D$7

B8：= -PV(基本資訊!$D$8,基本資訊!$D$2,B19,基本資訊!$D$10)-基本資訊!$D$7

B9： =-PV(基本資訊!$D$8,基本資訊!$D$2,B20,基本資訊!$D$10)-基本資訊!$D$7*(1+B1)

B10：=-PV(基本資訊!$D$8*(1+B1),基本資訊!$D$2,B21,基本資訊!$D$10)-基本資訊!$D$7

B11：= -PV(基本資訊!$D$8,基本資訊!$D$2,B22,基本資訊!$D$10)-基本資訊!$D$7

B12：=-PV(基本資訊!$D$8,基本資訊!$D$2,B23,基本資訊!$D$10*(1+B1))-基本資訊!$D$7

選取 B4：B12 區域，向右填滿至 J4：J12 區域。

M4：=O15

M5：=O16

M6：=O17

M7：=O18

M8：=O19

M9：=O20

M14：= -1

M15：= -(H5-F5)/F5/0.1

M16：= -(H6-F6)/F6/0.1

M17：= -(H7-F7)/F7/0.1

M18：= -(H8-F8)/F8/0.1

M19：= -(H9-F9)/F9/0.1

M20：= -(H11-F11)/F11/0.1

N14：N20 區域：=0

O14：=1

O15：=(H5-F5)/F5/0.1

O16：=(H6-F6)/F6/0.1

O17：=(H7-F7)/F7/0.1

O18：=(H8-F8)/F8/0.1

O19：=(H9-F9)/F9/0.1

O20：=(H11-F11)/F11/0.1

輸出

「敏感分析表」工作表，如圖 7-58 所示。

變動百分比 淨現值 專案	-0.2	-0.15	-0.1	-0.05	0	0.05	0.1	0.15	0.2
項目壽命	-15224	87371	187478	285156	380464	473459	564194	652726	739105
年銷量	-398755	-203950	-9145	185660	380464	575269	770074	964879	1159683
產品單價	-1177974	-788364	-398755	-9145	380464	770074	1159683	1549293	1938902
單位變動成本	1159683	964879	770074	575269	380464	185660	-9145	-203950	-398755
付現固定成本	634447	570951	507456	443960	380464	316969	253473	189977	126482
初始投資	830349	717878	605407	492936	380464	267993	155522	43051	-69421
利率	560797	514295	468756	424154	380464	337663	295726	254632	214358
所得稅稅率	489548	462277	435006	407735	380464	353193	325922	298652	271381
殘值	379723	379908	380094	380279	380464	380650	380835	381020	381206

淨流量									
專案壽命	939455	924945	912047	900506	890120	880723	872180	864380	857230
年銷量	684564	735953	787342	838731	890120	941509	992898	1044287	1095676
單價	479008	581786	684564	787342	890120	992898	1095676	1198454	1301232
單位變動成本	1095676	1044287	992898	941509	890120	838731	787342	735953	684564
固定成本	957120	940370	923620	906870	890120	873370	856620	839870	823120
初始投資	850520	860420	870320	880220	890120	900020	909920	919820	929720
利率	890120	890120	890120	890120	890120	890120	890120	890120	890120
稅率	918896	911702	904508	897314	890120	882926	875732	868538	861344
殘值	890252	890219	890186	890153	890120	890087	890054	890021	889988

因素	敏感係數
年銷量	10.24
單價	20.48
單位變動成本	-10.24
固定成本	-3.34
初始投資	-5.91
稅率	-1.43

	-	1.00	-	1.00
年銷量		10.24	-	10.24
單價		20.48	-	20.48
單位變動成本		10.24	-	10.24
固定成本		3.34	-	3.34
初始投資		5.91	-	5.91
稅率		1.43	-	1.43

基本資訊　銷量敏感分析　單價敏感分析　單位變動成本敏感分析　固定成本敏感分析　初始投資敏感分析　稅率敏感分析　敏感分析表

圖 7-58　敏感分析表

圖表生成

1） 選取「敏感分析表」工作表 L14：O20 區域，按一下「插入」標籤，選取「圖表→插入折線圖→其他折線圖…」項，如圖 7-59 所示。

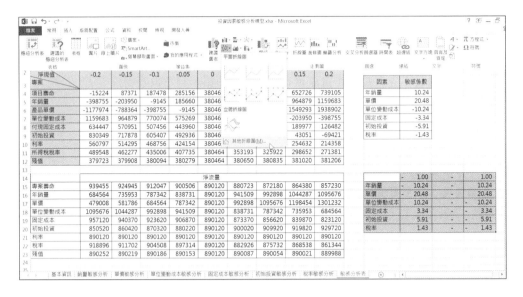

圖 7-59　選取「插入折線圖→其他折線圖…」

2）　打開「插入圖表」對話方塊，選右側的折線圖，再按下「確定」鈕，如圖 7-60
所示。

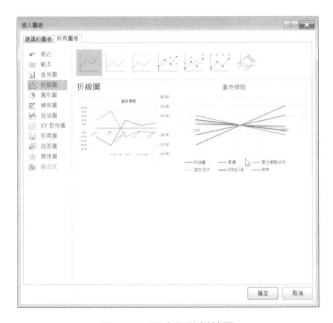

圖 7-60　選右側的折線圖

3） 即可插入一個標準的折線圖，可先將預設的「圖表標題」刪掉，調整圖表大小 及移到適當的位置。

4） 按下圖表右上角的「＋」圖示鈕，在展開的功能表中勾選座標軸標題，顯示後 將水平 X 軸改為「參數變動」；垂直的 Y 軸改為「淨現值變動」。

5） 使用者還可按自己的意願修改圖表。例如，將圖例移到圖表右側，最後敏感分 析模型的圖表即完成，如圖 7-61 所示。

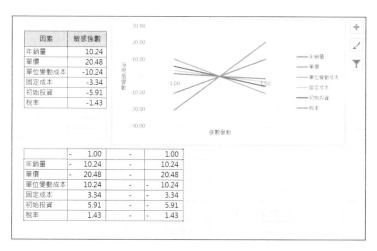

圖 7-61　敏感分析圖

操作說明

■ 在「銷量敏感分析」工作表中調整「專案變化率」的微調按鈕，變化後「年銷量」將隨之變 化，變化後「淨現值」將隨之變化，淨現值變化率將隨之變化，但敏感係數不變，文字描述 不變。

■ 在「單價敏感分析」工作表中調整「專案變化率」的微調按鈕，變化後產品單價將隨之變化， 變化後淨現值將隨之變化，淨現值變化率將隨之變化，但敏感係數不變，文字描述不變。

■ 在「單位變動成本敏感分析」工作表中調整「專案變化率」的微調按鈕，變化後「單位變動 成本」將隨之變化，「變化後淨現值」將隨之變化，「淨現值變化率」將隨之變化，但「敏感 係數」不變，文字描述不變。

■ 在「固定成本敏感分析」工作表中調整「專案變化率」的微調按鈕，「變化後付現固定成本」 將隨之變化，「變化後淨現值」將隨之變化，「淨現值變化率」將隨之變化，但敏感係數不變， 文字描述不變。

■ 在「初始投資敏感分析」工作表中調整「專案變化率」的微調按鈕，變化後初始投資將隨之變化，「變化後淨現值」將隨之變化，「淨現值變化率」將隨之變化，但敏感係數不變，文字描述不變。

■ 在「稅率敏感分析」工作表中調整「專案變化率」的微調按鈕，「變化後所得稅稅率」將隨之變化，「變化後淨現值」將隨之變化，「淨現值變化率」將隨之變化，但敏感係數不變，文字描述不變。

■ 在圖 7-49 所示的「基本資訊」工作表中拖動「專案壽命」、「年銷量」、「產品單價」、「單位變動成本」、「付現固定成本」、「利率」、「所得稅稅率」、「殘值」、「初始投資」等變數的捲軸，「銷量敏感分析」、「單價敏感分析」、「變動成本敏感分析」、「固定成本敏感分析」、「初始投資敏感分析」、「稅率敏感分析」等工作表的計算結果將隨之變化，敏感係數將隨之變化，文字描述將隨之變化。

■ 在圖 7-49 所示的「基本資訊」工作表中拖動「專案壽命」、「年銷量」、「產品單價」、「單位變動成本」、「付現固定成本」、「利率」、「所得稅稅率」、「殘值」、「初始投資」等變數的捲軸，「敏感分析表」工作表的表格將隨之變化，「敏感分析圖」也將隨之變化。

7.7　確定條件下的投資預測模型

應用場景

CEO：進行投資淨現值預測，在更多的情況下，我們並不能給予變數確定的唯一一個值，而是每個變數都有多種可能。在這種情況下，應如何預測呢？

CFO：那就需要進行機率模擬，如蒙地卡羅模擬。

CEO：什麼是蒙地卡羅模擬？

CFO：蒙地卡羅模擬的名字來源於摩納哥的一個城市蒙地卡羅，該城市以賭博業聞名。蒙地卡羅模擬的特點是：萬次情景模擬模擬，隨機變數全值估計，機率結果完全涵蓋，預測風險精確度量。它在工程、計量、經濟學等眾多領域，有著極其廣泛的應用。

CEO：如果專案壽命有 10 年，每年的現金流量各有 6 種可能，那麼就會有 6 的 10 次方，即 6000 多萬種結果了？

CFO：是的。需要注意的是，每年現金流量之間的關係必須是獨立的。如果彼此之間不是獨立變數，就不能應用蒙地卡羅模擬。

CEO：那又該如何？

CFO：那就應採用聯合機率分析。例如，第一年現金流量有兩種可能，在這兩種可能下，第二年現金流量分別又有三種可能。那麼最終就會有 2*3 等於 6 種結果。

CEO：蒙地卡羅模擬在變數較少，且每一變數的可能情況不多的情況下，似乎沒什麼價值。例如，變數有 6 個，每個變數有兩種可能，那麼也就 2 的 6 次方，即 64 種結果。

CFO：是的。另外，它的主要局限性在於變數的機率資訊難以取得，基本靠主觀預測。如果預測得很隨意，那麼儘管理論上模擬結果很吸引人，但實際上毫無用處。

基本理論

在一個邊長為 1 的正方形內，有個不規則圖形，如圖 7-62 所示。

圖 7-62 不規則圖形

如何算出這個不規則圖形的面積呢？

現在我們找來一群小孩，讓他們玩一個遊戲。拿針往這個正方形裡投，記錄投在正方形內的有多少針，其中有多少針投進這個不規則圖形內。投的次數越多越好，最

好幾千上萬次。然後，我們用落在不規則圖形內的數量，除以落在正方形內的數量，就得到了這個不規則圖形的面積。

這就是數學史上著名遊戲：投針試驗，也是蒙地卡羅模擬的由來。

我們在日常決策時，經常受不確定性的困擾。我們比較熟悉的，就是用預期值法。這一方法有著很大的缺陷。例如，對各種各樣的可能，只給出了唯一一個結果；這個預測結果經常與實際並不相符，而又無法解釋並不相符的原因。

蒙地卡羅模擬解決了這一問題，它又稱統計模擬方法。是二十世紀四十年代中期由於科學技術的發展和電子電腦的發明，而被提出的一種以機率統計理論為指導的一類非常重要的數值計算方法，使用亂數或更常見的偽亂數來解決計算問題。

模型建立

📁 ……\chapter07\07\不確定條件下的投資預測模型.xlsx

輸入

1） 在工作表中輸入變數可能值及對應機率的資料，然後進行格式化作業，如合併儲存格、調整列高欄寬、選取填滿色彩、設定字體字型大小等。範例中共有 10 年淨收入，由於版面有限無法全部呈現。讀者可參考下載的本節 Excel 範例檔。如圖 7-63 所示。

圖 7-63　可能值及對應機率

2） 在工作表下方輸入模擬過程的表頭資料，以及利潤的上下限值，然後進行格式化作業，。如合併儲存格、調整列高欄寬、選取填滿色彩、設定字體字型大小等。共有 10 年淨收入模擬，由於版面有限無法全部呈現。讀者可參考下載的本節 Excel 範例檔。如圖 7-64 所示。

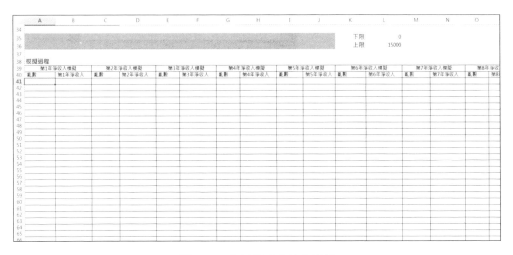

圖 7-64　在工作表中輸入資料

加工

在工作表儲存格中輸入公式：

1）　在儲存格輸入累計機率公式：

B5：=A5

B6：=B5+A6

G5：=F5

G6：=G5+F6

G7：=G6+F7

……

2）　在儲存格輸入對應亂數公式：

C5：=0

C6：=100*B5

C7：=100*B6

H5：=0

H6：=100*G5

H7：=100*G6

……

3） 在儲存格輸入亂數取數公式：

A41：=RAND()*99

C41：=RAND()*99

E41：=RAND()*99

……

4） 在儲存格輸入亂數對應的變數取數公式：

B41：=VLOOKUP(A41,$C$5:$D$8,2)

D41：=VLOOKUP(C41,$H$5:$I$8,2)

F41：=VLOOKUP(E41,$M$5:$N$8,2)

……

5） 在儲存格輸入淨現值計算公式

U41：=NPV($B$1,B41,D41,F41,H41,J41,L41,N41,P41,R41,T41)-$D$1

6） 選取 A41：U41 區域，按住右下角的控點向下拖曳填滿 5000 列至 A5041：U5041 區域。

7） 在儲存格輸入利潤上下限對應的機率公式及描述語句公式：

M35：M37 區域：選取 M35：M37 區域，輸入「=FREQUENCY(U41:U5041,L35:L37)/5000」公式後，按 Ctrl+Shift+Enter 複合鍵。

A35：="專案淨現值在"&(ROUND(L35,2))&"和"&(ROUND(L36,2))&"之間的機率為"&(ROUND(M36*100,2))&"%"

輸出

1） 此時，工作表中各變數的可能值及對應機率，如圖 7-65 所示。

圖 7-65　可能值及對應機率

2） 此時，工作表中模擬過程及區間機率，如圖 7-66 所示。

A35　fx　="專案淨現值在"&(ROUND(L35,2))&"和"&(ROUND(L36,2))&"之間的機率為"&(ROUND(M36*100,2))&"%"

	A	B	C	D	E	F	G	H	I	J	K	L	M
34													
35	專案淨現值在0和15000之間的機率為57.74%										下限	0	27.44%
36											上限	15000	57.74%
37													14.84%

模擬過程

	第1年淨收入模擬		第2年淨收入模擬		第3年淨收入模擬		第4年淨收入模擬		第5年淨收入模擬		第6年淨收入模擬		第7年淨收入模擬		第8年淨收入
	亂數	第1年淨收入	亂數	第2年淨收入	亂數	第3年淨收入	亂數	第4年淨收入	亂數	第5年淨收入	亂數	第6年淨收入	亂數	第7年淨收入	亂數 第8年
41	93	15,000	69	20,000	94	27,000	9	30,000	34	30,000	31	-	84	-	63
42	46	12,000	56	20,000	68	25,000	70	40,000	1	20,000	55	-	40	-	85
43	7	12,000	28	18,000	4	23,000	59	40,000	15	20,000	94	-	14	-	58
44	46	12,000	33	20,000	31	25,000	74	40,000	94	50,000	32	-	15	-	6
45	37	12,000	64	20,000	7	23,000	74	40,000	83	50,000	38	-	78	-	95
46	69	15,000	37	20,000	10	23,000	43	35,000	29	30,000	56	-	89	-	1
47	16	12,000	91	22,000	0	23,000	5	30,000	28	30,000	77	-	34	-	86
48	75	15,000	95	22,000	79	25,000	61	40,000	33	30,000	82	-	61	-	46
49	83	15,000	48	20,000	60	25,000	73	40,000	65	40,000	43	-	37	-	73
50	27	12,000	25	18,000	78	25,000	66	40,000	25	30,000	80	-	78	-	61
51	8	12,000	36	20,000	51	25,000	77	40,000	77	40,000	54	-	40	-	97
52	20	12,000	87	22,000	69	25,000	56	40,000	64	40,000	10	-	82	-	18
53	41	12,000	30	20,000	20	25,000	28	35,000	36	30,000	2	-	85	-	69
54	29	12,000	67	20,000	57	25,000	72	40,000	27	30,000	96	-	72	-	51
55	14	12,000	29	18,000	61	25,000	81	50,000	32	30,000	28	-	45	-	31
56	89	15,000	73	22,000	80	25,000	28	35,000	98	50,000	16	-	23	-	70
57	48	12,000	22	18,000	50	25,000	45	35,000	10	20,000	87	-	3	-	4
58	13	12,000	26	18,000	12	23,000	80	50,000	87	50,000	90	-	31	-	17
59	38	12,000	84	22,000	61	25,000	5	30,000	7	20,000	61	-	29	-	42
60	25	12,000	45	20,000	49	25,000	74	40,000	83	50,000	53	-	77	-	69
61	83	15,000	27	18,000	6	23,000	77	40,000	92	50,000	92	-	51	-	69
62	2	12,000	88	22,000	18	23,000	72	40,000	42	40,000	78	-	90	-	79
63	17	12,000	94	22,000	88	27,000	77	50,000	39	30,000	61	-	39	-	62
64	94	15,000	40	20,000	40	25,000	28	35,000	25	30,000	19	-	47	-	12
65	30	12,000	16	18,000	30	18,000	96	50,000	87	50,000	32	-	26	-	69

圖 7-66　模擬過程及區間機率

表格製作

輸入

1） 在工作表的 A10~C33、E11~F33、H11~I15 輸入資料及套入框線，如圖 7-67 所示。

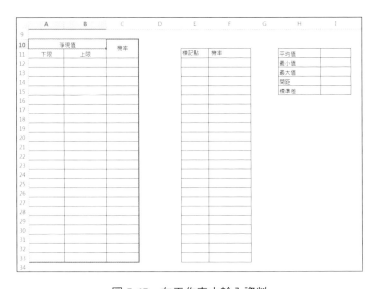

圖 7-67　在工作表中輸入資料

2） 在工作表 W11~Y72 中輸入資料及套入框線，如圖 7-68 所示。

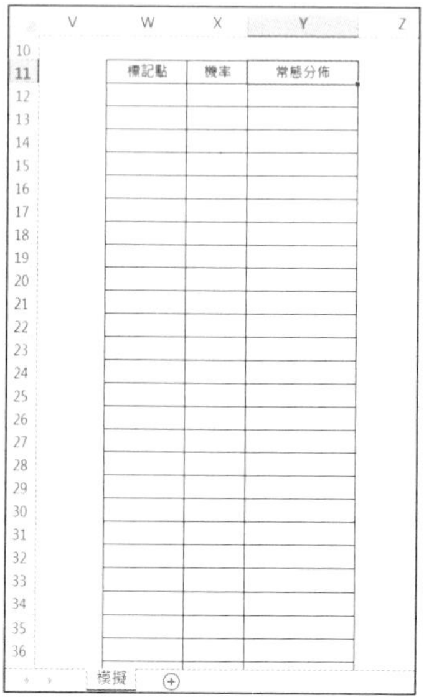

圖 7-68 在工作表中輸入資料

加工

在工作表儲存格中輸入公式：

I11：=AVERAGE(U41:U5041)

I12：=MIN(U41:U5041)

I13：=MAX(U41:U5041)

I14：=(I13-I12)/20

I15：=STDEV(U41:U5041)

E12：=$I$12

E13：=$I$12+$I$14

E14：=$I$12+2*$I$14

E15：=$I$12+3*$I$14

……

E30：=$I$12+18*$I$14

E31：=$I$12+19*$I$14

E32：=$I$13

F12：F33 區域：選取 F12：F33 區域，輸入「=FREQUENCY(U41:U5041,E12:E33)/5000」公式後，按 Ctrl+Shift+Enter 複合鍵。

A13：A33 區域：選取 A13：A33 區域，輸入「=E12:E32」公式後，按 Ctrl+Shift+Enter 複合鍵。

B12：B32 區域：選取 B12：B32 區域，輸入「=E12:E32」公式後，按 Ctrl+Shift+Enter 複合鍵。

C12：C33 區域：選取 C12：C33 區域，輸入「=F12:F33」公式後，按 Ctrl+Shift+Enter 複合鍵。

W12：=$I$12

W13：=$I$12+$I$14/3

W14：=$I$12+2*$I$14/3

......

W70：=$I$12+58*$I$14/3

W71：=$I$12+59*$I$14/3

W72：=$I$12+60*$I$14/3

X12：X72 區域：選取 X12：X72 區域，輸入「=FREQUENCY(U41:U5041,W12:W72)/5000」公式後，按 Ctrl+Shift+Enter 複合鍵。

Y12：=NORMDIST(W12,$I$11,$I$15,0)

選取 Y12 儲存格，按住控點向下拖曳填滿至 Y72 儲存格。

輸出

1）　此時，工作表的淨現值區間機率資料如圖 7-69 所示（由於使用隨機函數取得模擬資料，因此其中數值會變動）。

F12 {=FREQUENCY(U41:U5041,E12:E33)/5000}

淨現值		機率
下限	上限	
	-14026	0.24%
-14026	-11959	0.74%
-11959	-9893	1.34%
-9893	-7827	3.08%
-7827	-5761	4.34%
-5761	-3694	4.54%
-3694	-1628	6.80%
-1628	438	7.86%
438	2505	6.90%
2505	4571	9.50%
4571	6637	10.32%
6637	8704	7.60%
8704	10770	8.52%
10770	12836	8.30%
12836	14903	6.10%
14903	16969	4.60%
16969	19035	3.42%
19035	21101	2.08%
21101	23168	1.92%
23168	25234	1.08%
25234	27300	0.74%
27300		0.00%

標記點	機率
-14026	0.24%
-11959	0.74%
-9893	1.34%
-7827	3.08%
-5761	4.34%
-3694	4.54%
-1628	6.80%
438	7.86%
2505	6.90%
4571	9.50%
6637	10.32%
8704	7.60%
10770	8.52%
12836	8.30%
14903	6.10%
16969	4.60%
19035	3.42%
21101	2.08%
23168	1.92%
25234	1.08%
27300	0.74%
	0.00%

平均值	5607
最小值	-14026
最大值	27300
間距	2066
標準差	8363

圖 7-69　淨現值各區間的機率

2）　此時，工作表的淨現值常態分佈模擬資料如圖 7-70 所示。

Y13 =NORMDIST(W13,$I$11,$I$15,0)

標記點	機率	常態分佈
-14026	0.24%	0.0000030326
-13337	0.00%	0.0000036670
-12648	0.00%	0.0000044042
-11959	0.74%	0.0000052538
-11271	0.22%	0.0000062249
-10582	1.12%	0.0000073257
-9893	0.00%	0.0000085628
-9204	1.52%	0.0000099412
-8516	0.54%	0.0000114635
-7827	1.02%	0.0000131295
-7138	1.32%	0.0000149359
-6449	0.58%	0.0000168761
-5761	2.44%	0.0000189393
-5072	0.68%	0.0000211111
-4383	2.62%	0.0000233728
-3694	1.24%	0.0000257019
-3005	2.70%	0.0000280721
-2317	2.38%	0.0000304535
-1628	1.72%	0.0000328136
-939	3.22%	0.0000351175
-250	1.06%	0.0000373292
438	3.58%	0.0000394119
1127	1.18%	0.0000413294
1816	3.80%	0.0000430473
2505	1.92%	0.0000445335

模擬

圖 7-70　淨現值常態分佈模擬

圖表生成

1）　選取工作表 Y12：Y72 區域，按一下「插入」標籤，選取「圖表→插入折線圖
　　→折線圖」按鈕項。如此即可插入一個標準的折線圖，如圖 7-71 所示。

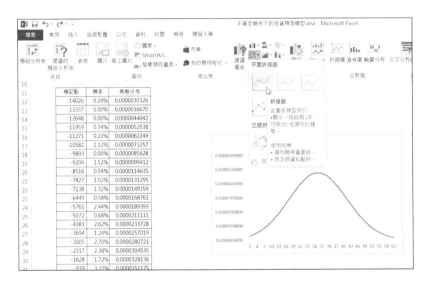

圖 7-71　插入折線圖

2）　可先將預設的「圖表標題」刪掉，調整圖表大小及移到適當的位置。

3）　在圖表區按下滑鼠右鍵，在展開的功能表中選取「選取資料來源…」指令。此
　　時已有「數列 1」數列，按下對話方塊中右側水平（類別）座標軸標籤的「編
　　輯」鈕，在「座標軸標籤範圍」方塊輸入或拖曳工作的 W12~W72 範圍產生「=
　　模擬!$W$12:$W$72」，如圖 7-72 所示。最後按下「確定」鈕完成初步圖表，如
　　圖 7-73 所示。

圖 7-72　設定水平座標軸標籤範圍

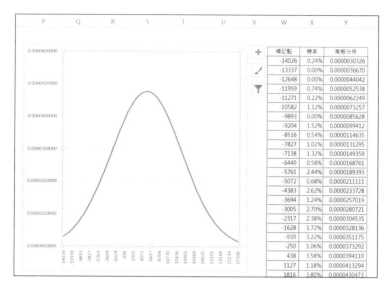

圖 7-73　初步完成的圖表

4）　再次在圖表區按下滑鼠右鍵，在展開的功能表中選取「選取資料來源…」指令。按下「新增」鈕，新增數列 2，其「數列值」為「=模擬!$X$12:$X$72」；然後維持數列 2 在選取的狀態，再按下對話方塊中右側水平（類別）座標軸標籤的「編輯」鈕，在「座標軸標籤範圍」方塊輸入或拖曳工作的 W12~W72 範圍產生「=模擬!$W$12:$W$72」，如圖 7-74 所示。最後按下「確定」鈕完成新增了數列 2 的圖表，如圖 7-75 所示。

圖 7-74　新增數列 2 並設定其水平座標軸標籤範圍

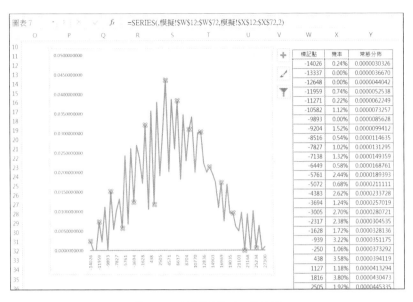

圖 7-75　新增了數列 2 的圖表

5）　對圖表區中的數列 2 按下滑鼠右鍵展開功能表，選取「資料數列格式…」指令
打開其工作面板，點選「副座標軸」。如圖 7-76 所示。

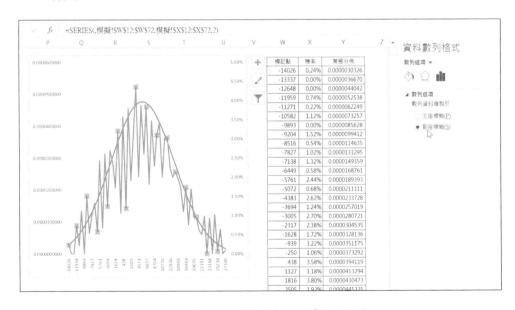

圖 7-76　將數列 2 的資料繪製於「副座標軸」

6) 對圖表區中的數列 2 按下滑鼠右鍵，選取「變更數列圖表類型…」指令打開對話方塊，將底下的「數列 2」選為「群組直條圖」，按下「確定」鈕。

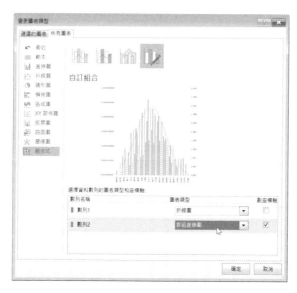

圖 7-77　變更圖表類型

7) 按下圖表右上角的「＋」圖示鈕，在展開的功能表中勾選座標軸標題，顯示後將水平類別軸改為「淨現值」；垂直軸改為「常態分佈值」；副座標軸的垂直軸改為「機率」。接著對座標軸標題連按二下，將「常態分佈值」、「機率」的文字方向改為「垂直」，如圖 7-78 所示。

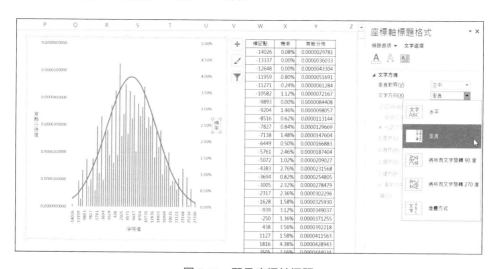

圖 7-78　顯示座標軸標題

8)　使用者還可按自己的意願修改圖表，最後不確定條件下的投資預測模型即完成，如圖 7-79 所示。

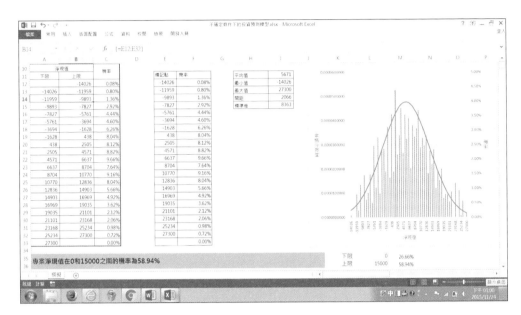

圖 7-79　不確定條件下的投資預測模型

操作說明

■ 使用者在輸入「第 1 年淨收入」、「第 2 年淨收入」、「第 3 年淨收入」的可能值和機率時，應分別使各可能值的機率之和等於 1；本模型支援輸入 10 年的淨收入資料；對每年的淨收入資料，本模型支援 4 種可能值。

■ 使用者按 F9 鍵，5000 行模擬資料會全部重新模擬；使用者反覆按 F9 鍵，5000 行模擬資料會全部反覆重新模擬。可以發現，儘管淨現值的分佈結果、表格、圖表會有變化，但變化比較小。也就是說，在各變數的機率分佈已經明確的情況下，淨現值的分佈規律是可以明確的。

■ 當使用者輸入「利率」、「期初投資」等變數時，或改變「第 1 年淨收入」、「第 2 年淨收入」、「第 3 年淨收入」等變數的可能值或機率時，模型的計算結果將隨之變化，表格將隨之變化，圖表將隨之變化，文字描述將隨之變化。

第 8 章
固定資產決策模型

CEO：在全面預算體系中，資本支出預算，一般既包括專案預算，也包括固定資產預算。如果一筆固定資產更新業務，符合固定資產預算，那麼就可以做出固定資產更新決策了？

CFO：不是。不能先有預算後有決策，而是先有決策後有預算。固定資產要不要更新，當然要有固定資產更新的預算作依據；而固定資產更新要不要納入預算，則要有固定資產更新決策作依據。先有決策，後有預算，再有執行。當然，執行資訊會回饋給預算，預算資訊會回饋給決策。如果沒有預算，則決策後直接執行，執行資訊直接回饋給決策。

CEO：先有決策，後有執行，這是肯定的。我們現有的資訊系統只是執行系統，沒有真正的決策功能。買了新的固定資產，就直接輸入固定資產卡片，不會去想該不該買，該何時買。

CFO：類似的情況比比皆是。例如投資業務發生了，就直接在系統中進行對應處理，該不該投資，該怎麼投資，那是系統外的事；籌資業務發生了，就直接在系統中進行相對應處理，該不該籌資，該怎麼籌資，那也是系統外的事。

CEO：不僅財務如此，業務也是如此。現在租金那麼貴，但倉儲效率卻很低。現有的資訊系統，說起來有貨位管理，但貨位該如何設定，貨物該如何擺放，能在保證收發效率的同時，充分利用倉儲能力，那是不管的。現在運費那麼貴，但運輸效率卻很低。現有的資訊系統，說起來有運輸管理，但車輛該如何調度，路徑該如何選取，能在保證訂單交付的同時，充分利用運輸能力，那也是不管的。

CFO：現在市面上有本書，是一位叫程翔的註冊會計師寫的，書名是《財務決策模型》，這本書就是專門針對此類問題講解的。

8.1　固定資產更新決策模型

應用場景

CEO：有的人認為，固定資產更新是不需要決策模型的，直接由領導拍腦袋決定就行了。還有很多人由於截然不同的處境，也認為固定資產更新是不需要決策模型的。他們的習慣是「新三年，舊三年，縫縫補補又三年」。他們會問「難道不是舊的固定資產已經不能再用，才用新的替換嗎？」

CFO：前一種情況，不是我們要討論的。後一種認識，「舊的固定資產已經不能再用，才用新的替換」，是消極的、被動的，不是積極的、主動的，也不是科學的、經濟的。固定資產不應該等到不能再用時才更新。對技術上或經濟上不宜繼續使用的舊資產，就應用新的資產更換，或用先進的技術對原有設備進行局部改造。

CEO：固定資產更新決策，主要應用在什麼地方？

CFO：固定資產更新決策主要研究兩個問題：一個是決定是否更新，即繼續使用舊資產還是更換新資產；另一個是決定選取什麼樣的資產來更新。實際上，這兩個問題是結合在一起考慮的。

CEO：固定資產更新決策的方法，與一般的投資決策相同嗎？

CFO：不相同。一般說來，設備更換並不改變企業的生產能力，不增加企業的現金流入。更新決策的現金流量主要是現金流出。即使有少量的殘值變價收入，也屬於支出抵減，而非實質意義的流入增加。

由於只有現金流出，而沒有現金流入，所以不能採用現金流量貼現分析，因為無論哪個方案都不能計算其淨現值和內含報酬率。

CEO：既然兩個方案都沒有現金流入，那麼，成本較低的方案就是好方案了？

CFO：但是，我們不能透過比較兩個方案的總成本來判別方案的優劣。因為舊設備與新設備的尚可使用年限並不相同。基於同樣的原因，我們也不能用差額分析法。較好的可行的分析方法，是比較繼續使用舊設備和更新採用新設備的各自的年成本，以較低者作為好方案。

基本理論

固定資產平均年成本

是指該資產引起的現金流出的年平均值。如果不考慮貨幣的時間價值，它是未來使用年限內的現金流出總額與使用年限的比值。如果考慮貨幣的時間價值，它是未來使用年限內現金流出總現值與年金現值係數的比值，即平均每年的現金流出。

$$固定資產平均年成本 = \left[C - \frac{S_n}{(1+i)^n} + \sum_{t=1}^{n} \frac{C_t}{(1+i)^t} \right] \div (p/A, i, n)$$

C：固定資產原值。

S_n：n 年後固定資產餘值。

C_t：第 t 年執行成本。

n：預計使用年限。

i：投資最低報酬率。

模型建立

　……\chapter08\01\固定資產更新決策模型.xlsx

輸入

1） 在工作表中輸入資料及文字，然後進行格式化作業，如合併儲存格、調整列高欄寬、選取填滿色彩、設定字體字型大小等。

2） 在 D2~D9、F2~F9 插入捲軸。按一下「開發人員」標籤，選取「插入→表單控制項→捲軸」按鈕，在對應的儲存格拖曳拉出適當大小的橫式捲軸。接著對該捲軸按下滑鼠右鍵，選取「控制項格式」指令，對其屬性設定儲存格連結、目前值、最小值、最大值等。詳細設定值可參考下載的本節 Excel 範例檔。

3） 在以下儲存格輸入各自的公式，完成初步的模型。如圖 8-1 所示。
C9：=H9/100
E9：=I9/100

圖 8-1　完成初步的模型

加工

在工作表儲存格中輸入公式：

C12：=(C7-PV(C9,C4-C5,C8,0,0)+PV(C9,C4-C5,0,C6,0))/-PV(C9,C4-C5,1,0,0)

C13：=(E7-PV(E9,E4-E5,E8,0,0)+PV(E9,E4-E5,0,E6,0))/-PV(E9,E4-E5,1,0,0)

A15：=IF(C12<D12,"建議暫不更新設備","建議更新設備")

輸出

此時，工作表如圖 8-2 所示。

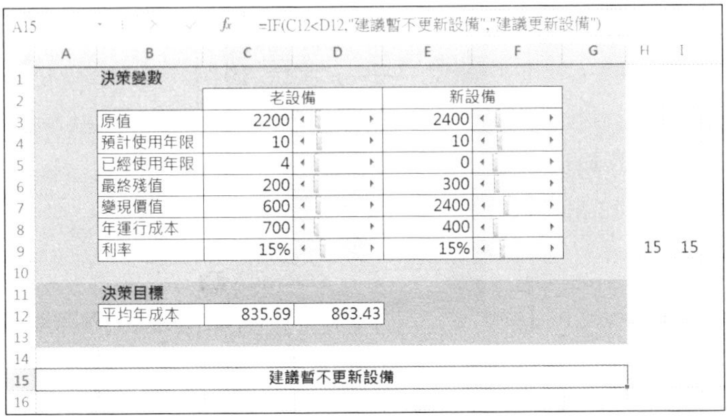

圖 8-2　固定資產平均年成本

表格製作

輸入

在工作表的 J1~M13、O3~P4 中輸入資料及加框線，如圖 8-3 所示。

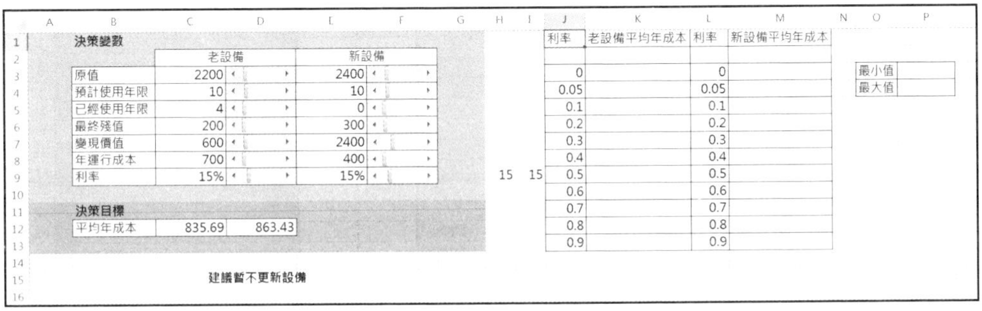

圖 8-3　在工作表中輸入資料

加工

在工作表儲存格中輸入公式：

K2：=C12

M2：=D12

K3：K13 區域：選取 J2：K13 區域，按下「資料→模擬分析→運算列表」指令，在欄變數儲存格中輸入「C9」，按下「確定」鈕自動建立「{=TABLE(,C9)}」公式。

M3：M13 區域：選取 L2：M13 區域，按下「資料→模擬分析→運算列表」指令，在欄變數儲存格中輸入「E9」，按下「確定」鈕自動建立「{=TABLE(,E9)}」公式。

P3：=MIN(K3:K13,M3:M13)

P4：=MAX(K3:K13,M3:M13)

輸出

此時，工作表如圖 8-4 所示。

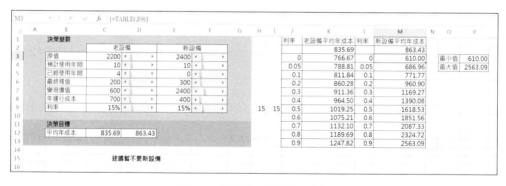

圖 8-4　固定資產平均年成本

圖表生成

1）　選取 J3：K13 區域和 M3：M13 區域，按一下「插入」標籤，選取「圖表→插入 XY 散佈圖或泡泡圖→帶有平滑線的 XY 散佈圖」按鈕項，即可插入一個標準的 XY 散佈圖，可先將預設的「圖表標題」、圖例都刪掉，調整圖表大小及移到適當的位置。

2）　在圖表區按下滑鼠右鍵，在展開的功能表中選取「選取資料來源…」指令。此時對話方塊中已有數列 1、數列 2。請按下「新增」按鈕，新增如下的數列 3～數列 6：

數列 3：

X 值：=設備更新決策!$C$9

Y 值：=設備更新決策!$C$12

數列 4：

X 值：=設備更新決策!$E$9

Y 值：=設備更新決策!$D$12

數列 5：

X 值：=(設備更新決策!$C$9,設備更新決策!$C$9)

Y 值：=(設備更新決策!$P$3,設備更新決策!$P$4)

數列 6：

X 值：=(設備更新決策!$E$9,設備更新決策!$E$9)

Y 值：=(設備更新決策!$P$3,設備更新決策!$P$4)

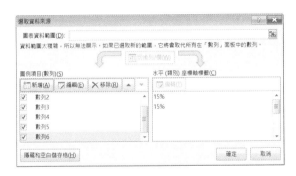

圖 8-5　新增 4 條數列

3）　接著要格式化數列 4 的點，因此，我們可透過「圖表工具→格式」標籤中右上
　　方的圖表項目下拉方塊，選取「數列 4」，再按下「格式化選取範圍」按鈕展開
　　「資料數列格式」工作面板，並將「標記選項」改為想要的內建類型和大小，
　　也可變更填滿色彩等處理。如圖 8-6 所示。

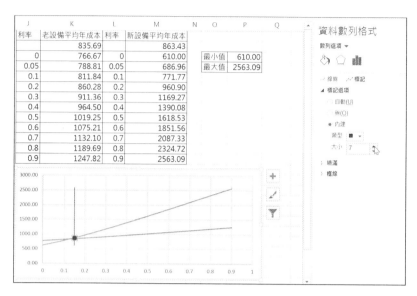

圖 8-6　設定數列 4 的標記選項

4)　將水平軸改為「利率」；垂直軸改為「平均年成本」。

5)　使用者可按自己的意願修改圖表，例如：利用「圖表工具→格式」標籤的「插入圖案→文字方塊」鈕，在圖表中對三條數列加入說明文字，如圖 8-7 所示。如此即完成設備更新決策模型的最終介面。

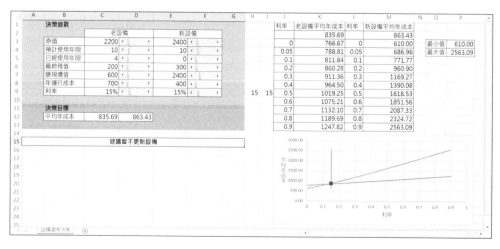

圖 8-7　設備更新決策模型

操作說明

■ 拖動「原值」、「預計使用年限」、「已經使用年限」、「最終殘值」、「變現價值」、「年執行成本」、「利率」等變數的捲軸時，模型的計算結果將隨之變化，表格將隨之變化，圖表將隨之變化，文字描述將隨之變化。

8.2　固定資產經濟壽命模型

應用場景

CEO：固定資產壽命和固定資產經濟壽命有何不同？

CFO：固定資產壽命是從開始使用到最後報廢的使用年限；固定資產經濟壽命是從開始使用到平均年成本最低時的使用年限。

CEO：什麼時候固定資產的平均年成本最低呢？

CFO：固定資產在使用初期執行費比較低，以後隨著設備逐漸陳舊，性能變差，維護費用、修理費用、能源消耗等執行成本會逐步增加。與此同時，固定資產的價值逐漸減少，資產佔用的資金應計利息等持有成本也會逐步減少。隨著時間的遞延，執行成本和持有成本呈反方向變化，兩者之和呈馬鞍形。這樣必然存在一個最經濟的使用年限，這就是固定資產經濟壽命，此時固定資產的平均年成本最低。

CEO：也就是說，我們應該重視資產的經濟壽命，而不是使用壽命？

CFO：是的。例如儘管有的舊空調還能用，但很費電，執行成本很高，應該換新的。

基本理論

見前面「固定資產決策模型→固定資產更新決策模型→基本理論」的相關介紹。

模型建立

……\chapter08\02\固定資產經濟壽命模型.xlsx

輸入

1） 在工作表中輸入資料及文字，然後進行格式化作業，如合併儲存格、調整列高 欄寬、選取填滿色彩、設定字體字型大小等。

圖 8-8　在工作表中輸入資料

加工

在工作表儲存格中輸入公式：

H3：H10 區域：選取 H3：H10 區域，輸入「=$C$2」公式後，按 Ctrl+Shift+Enter 複合鍵。

I3：I10 區域：選取 I3：I10 區域，輸入「=PV(C3,E3:E10,0,-1,0)」公式後，按 Ctrl+Shift+Enter 複合鍵。

J3：J10 區域：選取 J3：J10 區域，輸入「=F3:F10*I3:I10」公式後，按 Ctrl+Shift+Enter 複合鍵。

K3：K10 區域：選取 K3：K10 區域，輸入「=G3:G10*I3:I10」公式後，按 Ctrl+Shift+Enter 複合鍵。

L3：=K3

L4：=K4+L3

選取 L4 儲存格，按住控點向下拖曳填滿至 L10 儲存格。

M3：M10 區域：選取 M3：M10 區域，輸入「=H3:H10-J3:J10+L3:L10」公式後，按 Ctrl+Shift+Enter 複合鍵。

N3：N10 區域：選取 N3：N10 區域，輸入「=PV(C3,E3:E10,-1,0,0)」公式後，按 Ctrl +Shift+Enter 複合鍵。

Q3：Q10 區域：選取 Q3：Q10 區域，輸入「=M3:M10/N3:N10」公式後，按 Ctrl+ Shift+Enter 複合鍵。

D13：="固定資產經濟壽命為"&(INDEX(E3:E22,MATCH(MIN(Q3:Q22),Q3:Q22,0)))&"年"

輸出

此時，工作表如圖 8-9 所示。

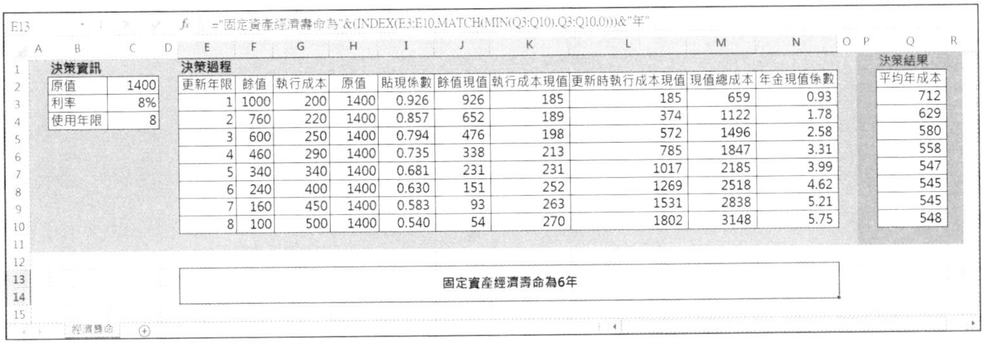
E13 =“固定資產經濟壽命為”&(INDEX(E3:E10,MATCH(MIN(Q3:Q10),Q3:Q10,0)))&"年"

決策資訊

原值	1400
利率	8%
使用年限	8

決策過程

更新年限	餘值	執行成本	原值	貼現係數	餘值現值	執行成本現值	更新時執行成本現值	現值總成本	年金現值係數
1	1000	200	1400	0.926	926	185	185	659	0.93
2	760	220	1400	0.857	652	189	374	1122	1.78
3	600	250	1400	0.794	476	198	572	1496	2.58
4	460	290	1400	0.735	338	213	785	1847	3.31
5	340	340	1400	0.681	231	231	1017	2185	3.99
6	240	400	1400	0.630	151	252	1269	2518	4.62
7	160	450	1400	0.583	93	263	1531	2838	5.21
8	100	500	1400	0.540	54	270	1802	3148	5.75

決策結果

平均年成本
712
629
580
558
547
545
545
548

固定資產經濟壽命為6年

經濟壽命

圖 8-9　平均年成本計算

圖表生成

1）　選取 E3：E10 區域、J3：K10 區域和 Q3：Q10 區域，按一下「插入」標籤，選取「圖表→插入折線圖→折線圖」項，如圖 8-10 所示，如此即可插入一個標準的折線圖。

2）　可先將預設的「圖表標題」和圖例都刪掉，調整圖表大小及移到適當的位置。然後按下圖表右上角的「+」圖示鈕，在展開的功能表中勾選「座標軸標題」，如圖 8-11 所示。

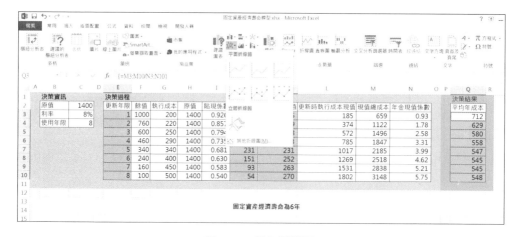

圖 8-10　插入折線圖

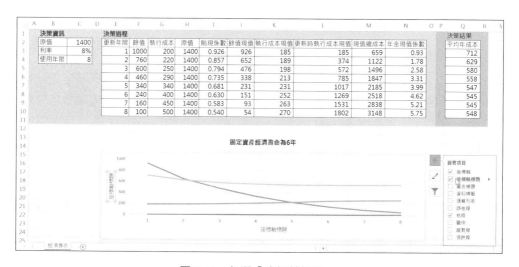

圖 8-11　勾選「座標軸標題」

3）　顯示後將水平軸改為「使用年限（未貼現）」；垂直軸改為「成本」，並將垂直軸標題的文字方向改成「垂直」。

4）　使用者還可依自己的意願修改圖表。例如，利用文字方塊對每條數列加入文字說明，最後固定資產經濟壽命模型即完成，如圖 8-12 所示。

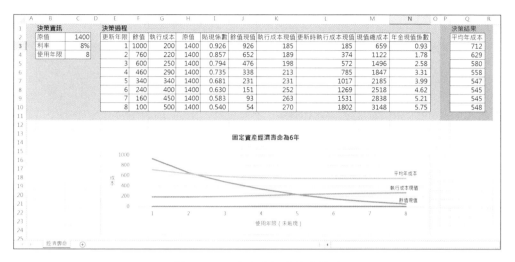

圖 8-12　固定資產經濟壽命模型

操作說明

■ 使用者在輸入「更新年限」時，按照由小到大的順序輸入。決策過程中的「更新年限」與決策資訊中的「使用年限」應保持一致。模型支援輸入最多 8 年的更新年限。

■ 使用者在輸入「餘值」時，應注意：更新年限越長，餘值越小。

■ 使用者在輸入「執行成本」時，應注意：更新年限越長，執行成本越大。

■ 使用者輸入或修改「原值」、「利率」、「使用年限」、「餘值」、「執行成本」等變數時，模型的計算結果將隨之變化，圖表將隨之變化，文字描述將隨之變化。

第 9 章
期權估價模型

CEO：期權和期貨一樣嗎?

CFO：不一樣。期權是持有人在約定期限以約定價格買賣約定資產的權利。簡單的說，它是未來可選取執行與否的權利。期貨是買賣雙方在約定時間以約定價格買賣約定資產的合約。簡單的說，它是現貨交易的推遲。

CEO：具體的區別有哪些？

CFO：具體的區別有以下幾點，當然這幾點有的內容有交叉：

1）雙方權利義務不同。期權是單向合約，買賣雙方的權利與義務不對等，買方有以約定價格買賣約定資產的權利，而賣方則被動履行義務。期貨是雙向合約，雙方都要承擔到期交割的義務。

2）履約保證不同。期權交易中，買方最大的虧損為已經支付的期權費，而賣方可能虧損無限，因而須交納保證金。期貨交易中，雙方都要交納保證金。

3）保證金計算方式不同。期權是非線性的，保證金按非比例收取。期貨是線性的，保證金按比例收取。

4）清算交割方式不同。期權到期，買方可以選取行權或者不行權，賣方只能被動履行。期貨到期，標的物自動交割。

5）合約價值不同。期權本身有價值，即期權費。期貨合約本身無價值。

6）盈虧特點不同。期權的買方可能收益無限，而最大虧損只是期權費；賣方可能虧損無限，而最大收益只是期權費。而期貨的買賣雙方，都面臨著無限的盈利或虧損。

CEO：期權我們下面慢慢說，你舉個期貨交易的例子，即推遲現貨交易的例子。

CFO：張三買入一份滬深 300 期貨，約定價格 2200 元，3 個月後交割。

如果 3 個月後的價格為 2500 元，張三仍可用 2200 元買入，賺了 2500-2200=300 元。

如果 3 個月後的價格為 2000 元，張三仍須用 2200 元買入，虧了 2200-2000=200 元。

9.1 期權到期日價值模型

買入看漲期權模型

應用場景

CEO：能否舉個通俗的例子，說明買入看漲期權的含義？

CFO：期權一年後到期，執行價格為 100 元。現花 5 元買入 1 股期權。如果一年後的股票市價為 120 元，則說明預期對了，賺了 20 元，期權價值 20 元；減去支付的期權費 5 元，淨損益 15 元。

CEO：如果一年後的股票市價為 80 元呢？

CFO：那說明預期錯了，不理它就是了，期權價值為 0。虧的也就是支付的期權費 5 元，淨損益-5 元。

CEO：買入看漲期權，對應的就是買入看跌期權嗎？

CFO：不是。買入看漲期權，對應的是賣出看漲期權。

CEO：很簡單的東西，說起來就很拗口，這和期貨有何區別？

CFO：期貨贏無上限，虧無下限。這種期權，贏有沖減，虧有下限。沖減額就是支付的期權費，下限額也是支付的期權費。

基本理論

到期日價值

如果股票市價＞執行價格，會執行期權，期權價值＝股票市價－執行價格；如果股票市價＜執行價格，不會執行期權，期權價值＝零；期權淨損益＝期權價值－期權成本（期權成本即期權費）。

模型建立

🗁……\chapter09\01\買入看漲期權模型.xlsx

輸入

1） 在工作表中輸入資料及文字，然後進行格式化作業，如合併儲存格、調整列高欄寬、選取填滿色彩、設定字體字型大小等。

2） 在 D2、D3、D4 插入微調按鈕。按一下「開發人員」標籤，選取「插入→表單控制項→微調按鈕」項，在對應的儲存格拖曳拉出適當大小的微調按鈕。接著對該微調按鈕按下滑鼠右鍵，選取「控制項格式」指令，對其屬性設定儲存格連結、目前值、最小值、最大值等。例如 D2 儲存格的微調按鈕的控制項格式中連結$C$2，其屬性設定如圖 9-1 所示。其他的詳細設定值可參考下載的本節 Excel 範例檔。

圖 9-1　設定微調按鈕的控制項格式

3）　完成初步的模型。如圖 9-2 所示。

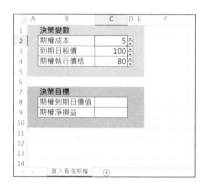

圖 9-2　在工作表中輸入資料

加工

在工作表儲存格中輸入公式：

C8：=IF(C3<C4,0,C3-C4)

C9：=C8-C2

A12：=IF(C3>C4,"到期日股價等於"&C3&"元，大於執行價格，期權價值等於"&C8&"元。","到期日股價等於"&C3&"元，小於等於執行價格，期權價值等於"&C8&"元。")

輸出

此時，工作表如圖 9-3 所示。

圖 9-3　買入看漲期權

表格製作

輸入

在工作表中輸入資料，如圖 9-4 所示。

圖 9-4　在工作表中輸入資料

加工

在工作表儲存格中輸入公式：

H2：=0.5*$C$3

H3：=0.6*$C$3

......

H11：=1.4*$C$3

H12：=1.5*$C$3

I2：=IF(H2<$C$4,0,H2-$C$4)

選取 I2 儲存格，向下填滿至 I12 儲存格。

J2：=I2-$C$2

選取 J2 儲存格，向下填滿至 J12 儲存格。

M2：=MIN(I2:J12)

M3：=MAX(I2:J12)

輸出

此時，工作表如圖 9-5 所示。

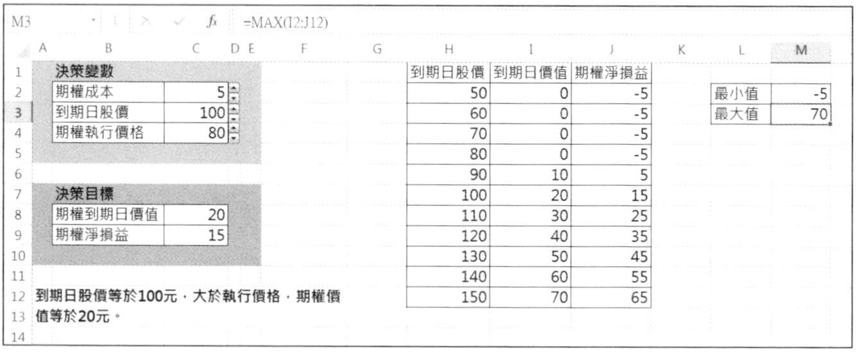
M3 =MAX(I2:J12)

決策變數	
期權成本	5
到期日股價	100
期權執行價格	80

決策目標	
期權到期日價值	20
期權淨損益	15

到期日股價等於100元，大於執行價格，期權價值等於20元。

到期日股價	到期日價值	期權淨損益
50	0	-5
60	0	-5
70	0	-5
80	0	-5
90	10	5
100	20	15
110	30	25
120	40	35
130	50	45
140	60	55
150	70	65

最小值	-5
最大值	70

圖 9-5　買入看漲期權

圖表生成

1） 選取 H1：J12 區域，按一下「插入」標籤，選取「圖表→插入 XY 散佈圖或泡泡圖→帶有直線的 XY 散佈圖」按鈕項，即可插入一個標準的 XY 散佈圖，可先將預設的「圖表標題」刪掉，調整圖表大小及移到適當的位置。

2） 在圖表區按下滑鼠右鍵，在展開的功能表中選取「選取資料來源…」指令。此時已有「到期日價值」、「期權淨損益」兩條數列。按一下「新增」按鈕，新增如下數列，如圖 9-6 所示：

數列名稱：最大最小值

X 值：=(買入看漲期權!$C$4，買入看漲期權!$C$4)

Y 值：=(買入看漲期權!$M$2，買入看漲期權!$M$3)

圖 9-6 新增「最大最小值」數列

3) 按下圖表右上角的「+」圖示鈕,在展開的功能表中勾選「座標軸標題」,如圖 9-7 所示。

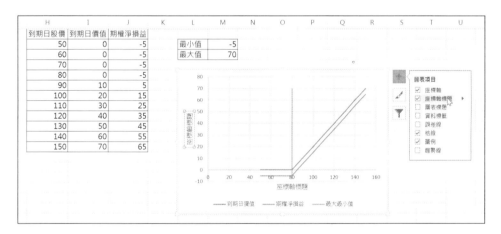

圖 9-7 勾選座標軸標題

4) 將水平軸改為「到期日股價」;垂直的軸改為「收益」。使用者還可按自己的意願修改圖表。最後買入看漲期權模型的介面如圖 9-8 所示。

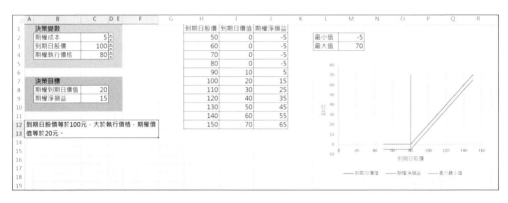

圖 9-8　買入看漲期權模型

操作說明

■ 調整「期權成本」、「到期日股價」、「期權執行價格」等變數的微調按鈕時，模型的計算結果將隨之變化，表格將隨之變化，圖表將隨之變化，文字描述將隨之變化。

賣出看漲期權模型

應用場景

可參考第一節應用場景，這裡省略。

基本理論

到期日價值

如果股票市價＞執行價格，對方會執行期權：

　　　期權價值＝ －（股票市價－執行價格）

如果股票市價＜執行價格，對方不會執行期權：

　　　期權價值＝零

　　　期權淨損益＝期權價值＋期權成本（期權成本即期權費）

模型建立

……\chapter09\01\賣出看漲期權模型.xlsx

輸入

1）　在工作表中輸入資料及文字，然後進行格式化作業，如合併儲存格、調整列高欄寬、選取填滿色彩、設定字體字型大小等。

2）　在 D2、D3、D4 插入微調按鈕。按一下「開發人員」標籤，選取「插入→表單控制項→微調按鈕」項，在對應的儲存格拖曳拉出適當大小的微調按鈕。接著對該微調按鈕按下滑鼠右鍵，選取「控制項格式」指令，對其屬性設定儲存格連結、目前值、最小值、最大值等。其他的詳細設定值可參考下載的本節 Excel 範例檔。完成初步模型如圖 9-9 所示。

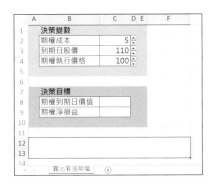

圖 9-9　在工作表中完成初步模型

加工

在工作表儲存格中輸入公式：

C8：= -IF(C3<C4,0,C3-C4)

C9：=C8+C2

A12：=IF(C3>C4,"到期日股價等於"&C3&"元，大於執行價格，期權價值等於"&C8&"元。","到期日股價等於"&C3&"元，小於等於執行價格，期權價值等於"&C8&"元。")

輸出

此時，工作表如圖 9-10 所示。

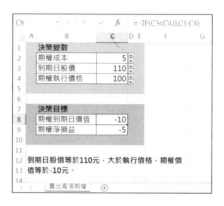

圖 9-10 賣出看漲期權

表格製作

輸入

在工作表中輸入資料，如圖 9-11 所示。

圖 9-11 在工作表中輸入資料

加工

在工作表儲存格中輸入公式：

H2：=0.5*$C$3

H3：=0.6*$C$3

......

H11：=1.4*$C$3

H12：=1.5*$C$3

I2：= -IF(H2<$C$4,0,H2-$C$4)

選取 I2 儲存格，按住控點向下拖曳填滿至 I12 儲存格。

J2：=I2+$C$2

選取 J2 儲存格，按住控點向下拖曳填滿至 J12 儲存格。

M2：=MIN(I2:J12)

M3：=MAX(I2:J12)

輸出

此時，工作表如圖 9-12 所示。

圖 9-12　賣出看漲期權

圖表生成

圖表生成過程，本模型與前一範例「買入看漲期權模型」相同。完成的賣出看漲期權模型的最終介面如圖 9-13 所示。

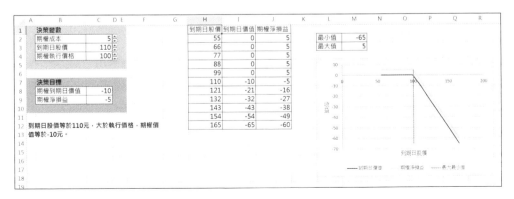

圖 9-13　賣出看漲期權模型

操作說明

■ 調整「期權成本」、「到期日股價」、「期權執行價格」等變數的微調按鈕時，模型的計算結果
將隨之變化，表格將隨之變化，圖表將隨之變化，文字描述將隨之變化。

買入看跌期權模型

應用場景

可參考第一節應用場景，這裡省略。

基本理論

到期日價值：

如果股票市價＜執行價格，會執行期權，期權價值＝執行價格－股票市價；如果股
票市價＞執行價格，不會執行期權，期權價值＝零；期權淨損益＝期權價值－期權
成本（期權成本即期權費）。

模型建立

……\chapter09\01\買入看跌期權模型.xlsx

輸入

1） 在工作表中輸入資料及文字，然後進行格式化作業，如合併儲存格、調整列高
欄寬、選取填滿色彩、設定字體字型大小等。

2） 在 D2、D3、D4 插入微調按鈕。按一下「開發人員」標籤，選取「插入→表單
控制項→微調按鈕」項，在對應的儲存格拖曳拉出適當大小的微調按鈕。接著
對該微調按鈕按下滑鼠右鍵，選取「控制項格式」指令，對其屬性設定儲存格
連結、目前值、最小值、最大值等。其他的詳細設定值可參考下載的本節 Excel
範例檔。完成初步模型如圖 9-14 所示。

圖 9-14　在工作表中輸入資料

加工

在工作表儲存格中輸入公式：

C8：=IF(C3<C4,C4-C3, 0)

C9：=C8-C2

A12：=IF(C3>C4,"到期日股價等於"&C3&"元，大於執行價格，期權價值等於"&C8&"元。","到期日股價等於"&C3&"元，小於等於執行價格，期權價值等於"&C8&"元。")

輸出

此時，工作表如圖 9-15 所示。

圖 9-15　買入看跌期權

表格製作

輸入

在工作表中輸入資料，如圖 9-16 所示。

圖 9-16　在工作表中輸入資料

加工

在工作表儲存格中輸入公式：

H2：=0.5*$C$3

H3：=0.6*$C$3

......

H11：=1.4*$C$3

H12：=1.5*$C$3

I2：=IF(H2<$C$4,$C$4-H2,0)

選取 I2 儲存格，按住控點向下拖曳填滿至 I12 儲存格。

J2：=I2-$C$2

選取 J2 儲存格，按住控點向下拖曳填滿至 J12 儲存格。

M2：=MIN(I2:J12)

M3：=MAX(I2:J12)

輸出

此時，工作表如圖 9-17 所示。

圖 9-17　買入看跌期權

圖表生成

圖表生成過程，本模型與「買入看漲期權模型」相同。在圖表完成後可依使用者需要自行調整，例如刪掉圖表區中垂直的格線，然後再選取其中第二條數列的線條，按下「圖表工具→設計」標籤，在「圖案外框」下拉方塊中選色彩和虛線來呈現，如圖 9-18a 所示

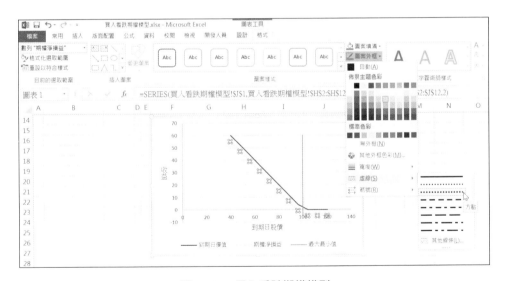

圖 9-18a　買入看跌期權模型

完成的買入看跌期權模型的最終介面如圖 9-18b 所示。

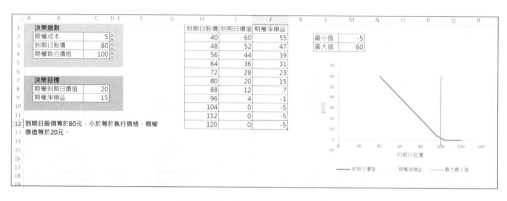

圖 9-18b　買入看跌期權模型

操作說明

■ 調整「期權成本」、「到期日股價」、「期權執行價格」等變數的微調按鈕時，模型的計算結果將隨之變化，表格將隨之變化，圖表將隨之變化，文字描述將隨之變化。

賣出看跌期權模型

應用場景

可參考第一節應用場景，這裡省略。

基本理論

到期日價值

如果股票市價＜執行價格，對方會執行期權，期權價值＝－（執行價格－股票市價）；如果股票市價＞執行價格，對方不會執行期權，期權價值＝零；期權淨損益=期權價值+期權成本（期權成本即期權費）

模型建立

📁……\chapter09\01\賣出看跌期權模型.xlsx

輸入

1）　在工作表中輸入資料及文字，然後進行格式化作業，如合併儲存格、調整列高欄寬、選取填滿色彩、設定字體字型大小等。

2）　在 D2、D3、D4 插入微調按鈕。按一下「開發人員」標籤，選取「插入→表單控制項→微調按鈕」項，在對應的儲存格拖曳拉出適當大小的微調按鈕。接著對該微調按鈕按下滑鼠右鍵，選取「控制項格式」指令，對其屬性設定儲存格連結、目前值、最小值、最大值等。其他的詳細設定值可參考下載的本節 Excel 範例檔。完成初步模型如圖 9-19 所示。

圖 9-19　在工作表中輸入資料

加工

在工作表儲存格中輸入公式：

C8：= -IF(C3<C4,C4-C3,0)

C9：=C8+C2

A12：=IF(C3>C4,"到期日股價等於"&C3&"元，大於執行價格，期權價值等於"&C8&"元。","到期日股價等於"&C3&"元，小於等於執行價格，期權價值等於"&C8&"元。")

輸出

此時，工作表如圖 9-20 所示。

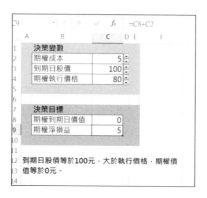

圖 9-20　賣出看跌期權

表格製作

輸入

在工作表中輸入資料，如圖 9-21 所示。

圖 9-21　在工作表中輸入資料

加工

在工作表儲存格中輸入公式：

H2：=0.5*$C$3

H3：=0.6*$C$3

……

H11：=1.4*$C$3

H12：=1.5*$C$3

I2：= -IF(H2<$C$4,$C$4-H2,0)

選取 I2 儲存格，按住控點向下拖曳填滿至 I12 儲存格。

J2：=I2+$C$2

選取 J2 儲存格，按住控點向下拖曳填滿至 J12 儲存格。

M2：=MIN(I2:J12)

M3：=MAX(I2:J12)

輸出

此時，工作表如圖 9-22 所示。

圖 9-22　賣出看跌期權

圖表生成

圖表生成過程，本模型與前述範例的製作方法相同。賣出看跌期權模型的最終介面
如圖 9-23 所示。

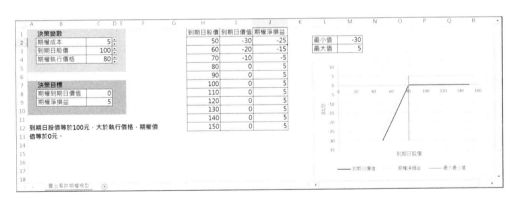

圖 9-23　賣出看跌期權模型

操作說明

■ 調整「期權成本」、「到期日股價」、「期權執行價格」等變數的微調按鈕時，模型的計算結果
將隨之變化，表格將隨之變化，圖表將隨之變化，文字描述將隨之變化。

9.2 期權投資策略模型

保護性看跌期權策略模型

應用場景

CEO：買入期權可能收益無限，而最大虧損只是期權費，不會發生進一步的損失。可以利用這點建立我們需要的損益狀態。

CFO：期權的投資策略很多，理論上，期權可以幫助我們建立任意形式的損益狀態，用於控制投資風險。

　　　例如，保護性看跌期權策略，即在購入 1 股股票的同時，購入 1 股看跌期權。

CEO：這 1 股看跌期權，對購買的 1 股股票有什麼影響呢？不考慮已經確定的購入股價和期權費。

CFO：單純購買股票，收入是到期日股價。同時買入 1 股看跌期權，把邏輯改了，多了到期日股價與期權執行價進行大小比較的判斷條件。

　　　也就是說，如果到期日股價大於期權執行價，則收入是到期日股價；如果到期日股價小於期權執行價，則收入是期權執行價。

CEO：這麼好的事都有。本來收入就是到期日股價。現在好了，還把到期日股價與期權執行價進行比較，哪個大收入就是哪個。

CFO：是的。所以保護性看跌期權，可以鎖定最低收入，防止到期日股價太低。買進看跌期權的原因是因為看好股票會上漲。

CEO：看跌期權賭股價下跌，原因是看好股價上漲？這種投資策略，和熱愛阿根廷隊的球迷一樣，賭世界盃賽上阿根廷隊輸，原因是看好阿根廷隊贏，防止他輸了。

CFO：有些類似。首先我們希望股價上升。如果股價下跌，是一件壞事，就使用看跌期權，讓壞事不要太壞。

基本理論

對於股票

股票收入＝到期日股價

股票淨損益＝到期日股價－購入股價

對於買入看跌期權

如果到期日股價＜執行價格，會執行期權：

期權收入＝執行價格－到期日股價

如果到期日股價＞執行價格，不會執行期權：

期權收入＝零

期權淨損益＝期權收入－期權成本（期權成本即期權費）

對於組合

到期日股價小於期權執行價格：

組合收入　＝股票收入＋期權收入

　　　　　＝到期日股價＋（執行價格－到期日股價）

　　　　　＝執行價格

組合淨損益　＝股票淨損益＋期權淨損益

　　　　　　＝到期日股價－購入股價＋執行價格－到期日股價－期權成本

　　　　　　＝執行價格－購入股價－期權成本

到期日股價大於期權執行價：

組合收入　＝股票收入＋期權收入

　　　　　＝到期日股價

組合淨損益　＝股票淨損益＋期權淨損益

　　　　　　＝到期日股價－購入股價－期權成本

模型建立

······\chapter09\02\保護性看跌期權策略模型.xlsx

輸入

1） 在工作表中輸入資料及文字，然後進行格式化作業，如合併儲存格、調整列高欄寬、選取填滿色彩、設定字體字型大小等。

2） 分別在 D2、D3、D5、D6、D7 插入微調按鈕。按一下「開發人員」標籤，選取「插入→表單控制項→微調按鈕」項，在對應的儲存格拖曳拉出適當大小的微調按鈕。接著對該微調按鈕按下滑鼠右鍵，選取「控制項格式」指令，對其屬性設定儲存格連結、目前值、最小值、最大值等。其他的詳細設定值可參考下載的本節 Excel 範例檔。完成初步模型如圖 9-24 所示。

圖 9-24　在工作表中輸入資料、格式化及插入微調按鈕

加工

在工作表儲存格中輸入公式：

C11：=C2*C6

C12：=C2*(C6-C3)

C13：=IF(C6<C7,C4*(C7-C6),0)

C14：=C13-C4*C5

C15：=C11+C13

C16：=C12+C14

輸出

此時，工作表如圖 9-25 所示。

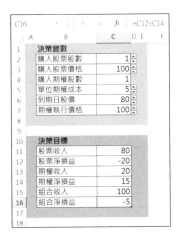

圖 9-25　保護性看跌期權策略

表格製作

輸入

在工作表中輸入資料及加框線，如圖 9-26 所示。

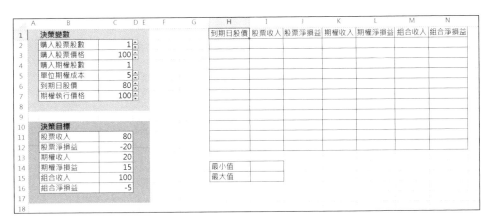

圖 9-26　在工作表中輸入資料

加工

在工作表儲存格中輸入公式：

H2：=0.5*$C$6

H3：=0.6*$C$6

……

H11：=1.4*$C$6

H12：=1.5*$C$6

I2：=$C$2*H2

選取 I2 儲存格，按住控點向下拖曳填滿至 I12 儲存格。

J2：=$C$2*(H2-$C$3)

選取 J2 儲存格，按住控點向下拖曳填滿至 J12 儲存格。

K2：=IF(H2<$C$7,$C$4*($C$7-H2),0)

選取 K2 儲存格，按住控點向下拖曳填滿至 K12 儲存格。

L2：=K2-$C$4*$C$5

選取 L2 儲存格，按住控點向下拖曳填滿至 L12 儲存格。

M2：=I2+K2

選取 M2 儲存格，按住控點向下拖曳填滿至 M12 儲存格。

N2：=J2+L2

選取 N2 儲存格，按住控點向下拖曳填滿至 N12 儲存格。

I14：=MIN(M2:N12)

I15：=MAX(M2:N12)

輸出

此時，工作表如圖 9-27 所示。

J2　=$C$2*(H2-$C$3)

決策變數	
購入股票股數	1
購入股票價格	100
購入期權股數	1
單位期權成本	5
到期日股價	80
期權執行價格	100

決策目標	
股票收入	80
股票淨損益	-20
期權收入	20
期權淨損益	15
組合收入	100
組合淨損益	-5

到期日股價	股票收入	股票淨損益	期權收入	期權淨損益	組合收入	組合淨損益
40	40	-60	60	55	100	-5
48	48	-52	52	47	100	-5
56	56	-44	44	39	100	-5
64	64	-36	36	31	100	-5
72	72	-28	28	23	100	-5
80	80	-20	20	15	100	-5
88	88	-12	12	7	100	-5
96	96	-4	4	-1	100	-5
104	104	4	0	-5	104	-1
112	112	12	0	-5	112	7
120	120	20	0	-5	120	15

最小值	-5
最大值	120

圖 9-27　保護性看跌期權策略

圖表生成

1） 選取 H1：H12、M1：N12 區域，按一下「插入」標籤，選取「圖表→插入 XY 散佈圖或泡泡圖→帶有平滑線的 XY 散佈圖」按鈕項，即可插入一個標準的 XY 散佈圖，可先將預設的「圖表標題」刪掉，調整圖表大小及移到適當的位置。

2） 在圖表區按下滑鼠右鍵，在展開的功能表中選取「選取資料來源…」指令。此時已有「組合收入」、「組合淨損益」兩條數列。按一下「新增」按鈕，新增如下數列，如圖 9-28 所示：

數列名稱：最大最小值

X 值：=(保護性看跌期權!$C$7,保護性看跌期權!$C$7)

Y 值：=(保護性看跌期權!$I$14,保護性看跌期權!$I$15)

圖 9-28　選取資料來源並新增數列

3） 按下圖表右上角的「＋」圖示鈕，在展開的功能表中先勾選「座標軸標題」，再勾選「圖例」，並按下圖例項右側的▶鈕展開功能表，選取「右」項，如圖 9-29 所示。

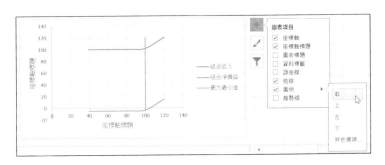

圖 9-29　勾選「座標軸標題」

4) 將水平軸改為「到期日股價」；垂直的軸改為「收益」。使用者還可按自己的意願修改圖表。最後保護性看跌期權模型的介面如圖 9-30 所示。

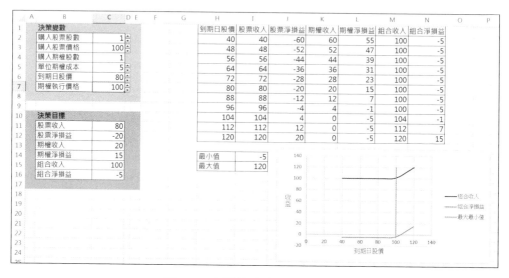

以下為圖中表格內容：

決策變數

購入股票股數	1
購入股票價格	100
購入期權股數	1
單位期權成本	5
到期日股價	80
期權執行價格	100

決策目標

股票收入	80
股票淨損益	-20
期權收入	20
期權淨損益	15
組合收入	100
組合淨損益	-5

到期日股價	股票收入	股票淨損益	期權收入	期權淨損益	組合收入	組合淨損益
40	40	-60	60	55	100	-5
48	48	-52	52	47	100	-5
56	56	-44	44	39	100	-5
64	64	-36	36	31	100	-5
72	72	-28	28	23	100	-5
80	80	-20	20	15	100	-5
88	88	-12	12	7	100	-5
96	96	-4	4	-1	100	-5
104	104	4	0	-5	104	-1
112	112	12	0	-5	112	7
120	120	20	0	-5	120	15

最小值	-5
最大值	120

圖 9-30　保護性看跌期權策略模型

操作說明

■ 調整「購入股票股數」、「購入股票價格」、「購入期權股數」、「單位期權成本」、「到期日股價」、「期權執行價格」等變數的微調按鈕時，模型的計算結果將隨之變化，表格將隨之變化，圖表將隨之變化。

拋補看漲期權策略模型

應用場景

CEO：再討論另外的期權投資策略。即使暫時派不上用場，也可以至少鍛鍊一下我們的思維。

CFO：那我們討論拋補看漲期權策略，即在購入 1 股股票的同時，賣出 1 股該股票的看漲期權。

CEO：賣出這 1 股看漲期權，對購買的 1 股股票有什麼影響呢？不考慮已經確定的購入股價和期權費。

CFO：單純購買股票，收入是到期日股價。同時賣出 1 股看漲期權，把邏輯改了，多了到期日股價與期權執行價進行大小比較的判斷條件。

　　　即：如果到期日股價大於期權執行價，則收入是期權執行價；如果到期日股價小於期權執行價，則收入是到期日股價。

CEO：這麼壞的事都有。本來收入就是到期日股價。現在好了，還把到期日股價與期權執行價進行比較，哪個小收入就是哪個。

CFO：是的。所以拋補看漲期權策略，會鎖定最高收入。賣出看漲期權的原因是因為不看好股票會上漲，先賺取期權費。

基本理論

對於股票

股票收入＝到期日股價
股票淨損益＝到期日股價－購入股價

對於出售看漲期權

如果到期日股價＞執行價格，對方會執行期權：
期權收入＝－（到期日股價－執行價格）

如果到期日股價＜執行價格，對方不會執行期權：
期權收入＝零

期權淨損益＝期權收入＋期權成本（期權成本即期權費）

對於組合

到期日股價大於期權執行價：

組合收入 ＝股票收入＋期權收入
　　　　　＝到期日股價－（到期日股價－執行價格）
　　　　　＝執行價格

組合淨損益 ＝股票淨損益＋期權淨損益
　　　　　　＝到期日股價－購入股價－（到期日股價－執行價格）＋期權成本
　　　　　　＝執行價格－購入股價＋期權成本

到期日股價小於期權執行價格：

組合收入 ＝股票收入＋期權收入
　　　　 ＝到期日股價

組合淨損益 ＝股票淨損益＋期權淨損益
　　　　　 ＝到期日股價－購入股價＋期權成本

模型建立

📁……\chapter09\02\拋補看漲期權策略模型.xlsx

輸入

1) 在工作表中輸入資料及文字，然後進行格式化作業，如合併儲存格、調整列高欄寬、選取填滿色彩、設定字體字型大小等。

2) 分別在 D2、D3、D5、D6、D7 插入微調按鈕。按一下「開發人員」標籤，選取「插入→表單控制項→微調按鈕」項，在對應的儲存格拖曳拉出適當大小的微調按鈕。接著對該微調按鈕按下滑鼠右鍵，選取「控制項格式」指令，對其屬性設定儲存格連結、目前值、最小值、最大值等。其他的詳細設定值可參考下載的本節 Excel 範例檔。完成初步模型如圖 9-31 所示。

圖 9-31　在工作表中輸入資料、格式化及插入微調按鈕

加工

在工作表儲存格中輸入公式：

C11：=C2*C6

C12：=C2*(C6-C3)

C13：= -IF(C6<C7,0,C6-C7)

C14：=C13+C4*C5

C15：=C11+C13

C16：=C12+C14

輸出

此時，工作表如圖 9-32 所示。

圖 9-32　拋補看漲期權策略

表格製作

輸入

在工作表中輸入資料，如圖 9-33 所示。

圖 9-33　在工作表中輸入資料

加工

在工作表儲存格中輸入公式：

H2：=0.5*$C$6

H3：=0.6*$C$6

......

H11：=1.4*$C$6

H12：=1.5*$C$6

I2：=$C$2*H2

選取 I2 儲存格，按住控點向下拖曳填滿至 I12 儲存格。

J2：=$C$2*(H2-$C$3)

選取 J2 儲存格，按住控點向下拖曳填滿至 J12 儲存格。

K2：= -IF(H2<$C$7,0,H2-$C$7)

選取 K2 儲存格，按住控點向下拖曳填滿至 K12 儲存格。

L2：=K2+$C$4*$C$5

選取 L2 儲存格，按住控點向下拖曳填滿至 L12 儲存格。

M2：=I2+K2

選取 M2 儲存格，按住控點向下拖曳填滿至 M12 儲存格。

N2：=J2+L2

選取 N2 儲存格，按住控點向下拖曳填滿至 N12 儲存格。

I14：=MIN(M2：N12)

I15：=MAX(M2：N12)

輸出

此時，工作表如圖 9-34 所示。

J2 ｜ × ✓ fx =$C$2*(H2-$C$3)

	決策變數					到期日股價	股票收入	股票淨損益	期權收入	期權淨損益	組合收入	組合淨損益
2	購入股票股數	1				60	60	-40	0	5	60	-35
3	購入股票價格	100				72	72	-28	0	5	72	-23
4	出售期權股數	1				84	84	-16	0	5	84	-11
5	單位期權成本	5				96	96	-4	0	5	96	1
6	到期日股價	120				108	108	8	-8	-3	100	5
7	期權執行價格	100				120	120	20	-20	-15	100	5
8						132	132	32	-32	-27	100	5
9						144	144	44	-44	-39	100	5
10	決策目標					156	156	56	-56	-51	100	5
11	股票收入	120				168	168	68	-68	-63	100	5
12	股票淨損益	20				180	180	80	-80	-75	100	5
13	期權收入	-20										
14	期權淨損益	-15				最小值	-35					
15	組合收入	100				最大值	100					
16	組合淨損益	5										

圖 9-34　拋補看漲期權策略

圖表生成

本模型的圖表生成過程與「保護性看跌期權策略模型」相同。拋補看漲期權模型的最終介面如圖 9-35 所示。

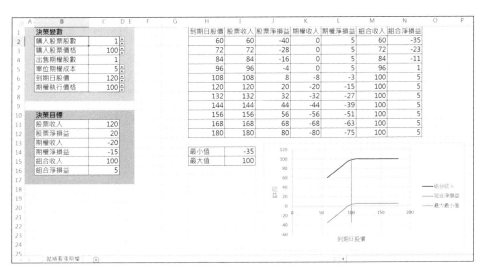

圖 9-35　拋補看漲期權策略模型

操作說明

■ 調整「購入股票股數」、「出售期權股數」、「購入股票價格」、「單位期權成本」、「到期日股價」、「期權執行價格」等變數的微調按鈕時，模型的計算結果將隨之變化，表格將隨之變化，圖表將隨之變化。

多頭對敲策略模型

應用場景

CEO：保護性看跌期權策略，與拋補看漲期權策略，都是
　　　股票與期權相搭配的投資策略。股票與股票之間的
　　　投資組合，我們已經討論過了。期權與期權有沒有
　　　可能進行投資組合呢？

CFO：期權與期權是可以進行組合的。當然，買入看漲期權，不會與賣出看漲期權組
　　　合；買入看跌期權，不會與賣出看跌期權組合。這兩種組合完全對沖。

　　　買入看漲期權，與買入看跌期權的組合，我們叫多頭對敲。即：在買進 1 股看
　　　漲期權的同時，買進 1 股看跌期權，它們的執行價格和到期日相同。

CEO：這種投資策略，是如何取得收益的呢？不考慮已經確定的期權費。

CFO：多頭對敲的投資策略，當到期日股價大於期權執行價格時，投資收入等於到期
　　　日股價減執行價格；當到期日股價小於期權執行價時，投資收入等於執行價格
　　　減到期日股價。

CEO：這麼好的事都有。也就是說，不管到期日股價大於期權執行價格，還是到期日
　　　股價小於期權執行價格，多頭對敲策略都會取得收益。

CFO：是的。多頭對敲策略對於預計市場價格將發生劇烈變動，但是不知道升高還是
　　　降低的投資者非常有用。

　　　例如，得知一家公司的未決訴訟將要宣判，如果勝訴，預計股價將漲一倍；如
　　　果敗訴，預計股價將跌一半。無論結果如何，唯恐天下不亂的多頭對敲策略都
　　　會取得收益。

基本理論

對於買入看漲期權

如果到期日股價＞執行價格，會執行期權：
期權收入＝到期日股價－執行價格

如果到期日股價＜執行價格，不會執行期權：

期權收入＝零

期權淨損益＝期權收入－期權成本（期權成本即期權費）

對於買入看跌期權

如果到期日股價＜執行價格，會執行期權：

期權收入＝執行價格－到期日股價

如果到期日股價＞執行價格，不會執行期權：

期權收入＝零

期權淨損益＝期權收入－期權成本（期權成本即期權費）

對於組合

到期日股價大於期權執行價格：

組合收入 ＝買入看漲期權收入＋買入看跌期權收入

　　　　＝到期日股價－執行價格

組合淨損益　＝買入看漲期權淨損益＋買入看跌期權淨損益

　　　　　　＝買入看漲期權收入－買入看漲期權成本＋買入看跌期權收入

　　　　　　　　　－買入看跌期權成本

　　　　　　＝到期日股價－執行價格－買入看漲期權成本－買入看跌期權成本

到期日股價小於期權執行價格：

組合收入 ＝買入看漲期權收入＋買入看跌期權收入

　　　　＝執行價格－到期日股價

組合淨損益　＝買入看漲期權淨損益＋買入看跌期權淨損益

　　　　　　＝買入看漲期權收入－買入看漲期權成本＋買入看跌期權收入

　　　　　　　　　－買入看跌期權成本

　　　　　　＝執行價格－到期日股價－買入看跌期權成本－買入看漲期權成本

模型建立

📁……\chapter09\02\多頭對敲策略模型.xlsx

輸入

1）在工作表中輸入資料及文字，然後進行格式化作業，如合併儲存格、調整列高欄寬、選取填滿色彩、設定字體字型大小等。

2）分別在 D2、D4、D5、D6 插入微調按鈕。按一下「開發人員」標籤，選取「插入→表單控制項→微調按鈕」項，在對應的儲存格拖曳拉出適當大小的微調按鈕。接著對該微調按鈕按下滑鼠右鍵，選取「控制項格式」指令，對其屬性設定儲存格連結、目前值、最小值、最大值等。其他的詳細設定值可參考下載的本節 Excel 範例檔。完成初步模型如圖 9-36 所示。

圖 9-36　在工作表中輸入資料

加工

在工作表儲存格中輸入公式：

C10：=IF(C5<C6,0,C2*(C5-C6))

C11：=C10-C2*C4

C12：=IF(C5<C6,C3*(C6-C5),0)

C13：=C12-C3*C4

C14：=C10+C12

C15：=C11+C13

輸出

此時，工作表如圖 9-37 所示。

圖 9-37　多頭對敲策略

表格製作

輸入

在工作表中輸入資料，如圖 9-38 所示。

圖 9-38　在工作表中輸入資料

加工

在工作表儲存格中輸入公式：

G2：=0.5*$C$5

G3：=0.6*$C$5

......

G11：=1.4*$C$5

G12：=1.5*$C$5

H2：=IF(G2<C6.0.$C$2*(G2-$C$6))

選取 H2 儲存格，按住控點向下拖曳填滿至 H12 儲存格。

I2：=H2-$C$2*$C$4

選取 I2 儲存格，按住控點向下拖曳向下填滿至 I12 儲存格。

J2：=IF(G2<$C6.$C$3*($C$6-G2),0)

選取 J2 儲存格，按住控點向下拖曳向下填滿至 J12 儲存格。

K2：=J2-$C$3*$C$4

選取 K2儲存格，按住控點向下拖曳向下填滿至 K12 儲存格。

L2：=H2+J2

選取 L2 儲存格，按住控點向下拖曳向下填滿至 L12 儲存格。

M2：=I2+K2

選取 M2 儲存格，按住控點向下拖曳向下填滿至 M12 儲存格。

P2：=MIN(L2:M12)

P3：=MAX(L2:M12)

輸出

此時，工作表如圖 9-39 所示。

	A	B	C	D E F	G	H	I	J	K	L	M	N O	P
1	決策變數				到期日股價	看漲期權淨收入	看漲期權淨損益	看跌期權淨收入	看跌期權淨損益	組合淨收入	組合淨損益		
2	購入看漲期權數		1		60	0	-5	40	35	40	30	最小值	-6
3	購入看跌期權數		1		72	0	-5	28	23	28	18	最大值	80
4	單位期權成本		5		84	0	-5	16	11	16	6		
5	到期日股價		120		96	0	-5	4	-1	4	-6		
6	期權執行價格		100		108	8	3	0	-5	8	-2		
7					120	20	15	0	-5	20	10		
8					132	32	27	0	-5	32	22		
9	決策目標				144	44	39	0	-5	44	34		
10	看漲期權淨收入		20		156	56	51	0	-5	56	46		
11	看漲期權淨損益		15		168	68	63	0	-5	68	58		
12	看跌期權淨收入		0		180	80	75	0	-5	80	70		
13	看跌期權淨損益		-5										
14	組合淨收入		20										
15	組合淨損益		10										
16													
17													

圖 9-39　多頭對敲策略

圖表生成

1） 選取 G1：G12、L1：M12 區域，按一下「插入」標籤，選取「圖表→插入 XY 散佈圖或泡泡圖→帶有平滑線的 XY 散佈圖」按鈕項，即可插入一個標準的 XY 散佈圖，可先將預設的「圖表標題」刪掉，調整圖表大小及移到適當的位置。

2） 在圖表區按下滑鼠右鍵，在展開的功能表中選取「選取資料來源…」指令。此時已有「組合淨收入」、「組合淨損益」兩條數列。按一下「新增」按鈕，新增如下數列，如圖 9-40 所示：

數列名稱：最大最小值

X 值：=(對敲!$C$6,對敲!$C$6)

Y 值：=(對敲!$P$2,對敲!$P$3)

圖 9-40　新增「最大最小值」數列

3） 按下圖表右上角的「+」鈕，在展開的功能表中先勾選「座標軸標題」，再勾選「圖例」，並按下圖例右側的▶鈕展開功能表，選取「右」項，如圖9-41所示。

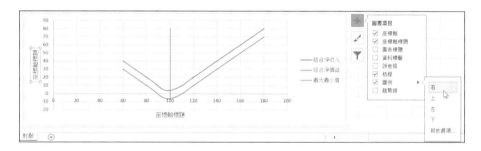

圖 9-41　顯示座標軸標題和將圖例放在右側

4） 將水平軸改為「到期日股價」；垂直的軸改為「收益」。使用者還可按自己的意願修改圖表。最後多頭對敲策略模型的介面如圖 9-42 所示。

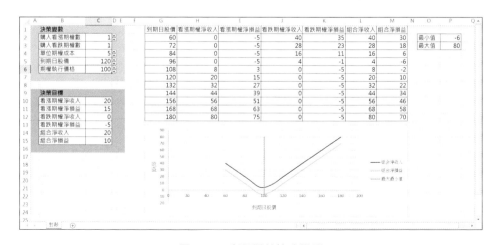

圖 9-42　多頭對敲策略模型

操作說明

■ 調整「購入看漲期權數」、「購入看跌期權數」、「單位期權成本」、「到期日股價」、「期權執行價格」等變數的微調按鈕時，模型的計算結果將隨之變化，表格隨之變化，圖表也隨之變化。

空頭對敲策略模型

應用場景

CEO：與唯恐天下不亂的多頭對敲策略相對應，應該也有空頭對敲策略？

CFO：是的。賣出看漲期權，與賣出看跌期權的組合，我們叫空頭對敲。即：在賣出 1 股看漲期權的同時，賣出 1 股看跌期權，它們的執行價格和到期日相同。

CEO：這種投資策略，是如何取得收益的呢？不考慮已經確定的期權費。

CFO：空頭對敲的投資策略，當到期日股價大於期權執行價格時，投資收入等於執行價格減到期日股價；當到期日股價小於期權執行價時，投資收入等於到期日股價減執行價格。

CEO：這麼壞的事都有。也就是說，不管到期日股價大於期權執行價格，還是到期日股價小於期權執行價格，空頭對敲策略的收益都將是負數。

CFO：是的。空頭對敲策略對於預計市場價格將不會發生變動的投資者非常有用。 例如，得知一家公司的未決訴訟將要宣判，如果勝訴，預計股價不會受什麼影響；如果敗訴，預計股價同樣不會受什麼影響。無論結果如何，空頭對敲策略都會從賣出期權收取的期權費中取得淨收益。

基本理論

對於賣出看漲期權

如果到期日股價＞執行價格，對方會執行期權：
期權收入＝－（到期日股價－執行價格）

如果到期日股價＜執行價格，對方不會執行期權：

期權收入＝零

期權淨損益＝期權收入＋期權成本（期權成本即期權費）

對於賣出看跌期權

如果到期日股價＜執行價格，對方會執行期權：

期權收入＝－（執行價格－到期日股價）

如果到期日股價＞執行價格，對方不會執行期權：

期權收入＝零

期權淨損益＝期權收入＋期權成本（期權成本即期權費）

對於組合

到期日股價大於期權執行價格：

組合收入 ＝賣出看漲期權收入＋賣出看跌期權收入

　　　　＝－（到期日股價－執行價格）

　　　　＝執行價格－到期日股價

組合淨損益　＝賣出看漲期權淨損益＋賣出看跌期權淨損益

　　　　　＝賣出看漲期權收入－賣出看漲期權成本＋賣出看跌期權收入

　　　　　　　　－賣出看跌期權成本

　　　　　＝－（到期日股價－執行價格）＋賣出看漲期權成本＋賣出看跌期權成本

　　　　　＝執行價格－到期日股價＋賣出看漲期權成本＋賣出看跌期權成本

到期日股價小於期權執行價格：

組合收入 ＝賣出看漲期權收入＋賣出看跌期權收入

　　　　＝－（執行價格－到期日股價）

　　　　＝到期日股價－執行價格

組合淨損益　＝賣出看漲期權淨損益＋賣出看跌期權淨損益

　　　　　＝賣出看漲期權收入－賣出看漲期權成本＋賣出看跌期權收入

　　　　　　　　－賣出看跌期權成本

　　　　　＝－賣出看漲期權成本－（執行價格－到期日股價）－賣出看跌期權成本

　　　　　＝到期日股價－執行價格＋賣出看漲期權成本＋賣出看跌期權成本

模型建立

……\chapter09\02\多頭對敲策略模型.xlsx

輸入

1) 在工作表中輸入資料及文字，然後進行格式化作業，如合併儲存格、調整列高欄寬、選取填滿色彩、設定字體字型大小等。

2) 分別在 D2、D4、D5、D6 插入微調按鈕。按一下「開發人員」標籤，選取「插入→表單控制項→微調按鈕」項，在對應的儲存格拖曳拉出適當大小的微調按鈕。接著對該微調按鈕按下滑鼠右鍵，選取「控制項格式」指令，對其屬性設定儲存格連結、目前值、最小值、最大值等。其他的詳細設定值可參考下載的本節 Excel 範例檔。完成初步模型如圖 9-43 所示。

圖 9-43　在工作表中輸入資料

加工

在工作表儲存格中輸入公式：

C10：=IF(C5<C6,0,-C2*(C5-C6))

C11：=C10+C2*C4

C12：=IF(C5<C6,-C3*(C6-C5),0)

C13：=C12+C3*C4

C14：=C10+C12

C15：=C11+C13

輸出

此時，工作表如圖 9-44 所示。

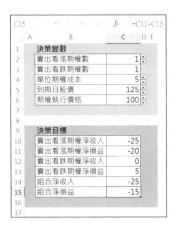

圖 9-44　空頭對敲策略

表格製作

輸入

在工作表中輸入資料，如圖 9-45 所示。

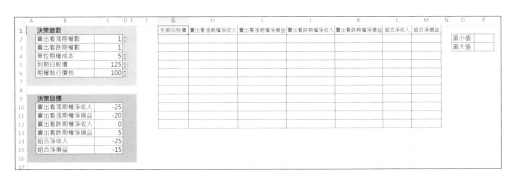

圖 9-45　在工作表中輸入資料

加工

在工作表儲存格中輸入公式：

G2：=0.5*$C$5

G3：=0.6*$C$5

......

G11：=1.4*$C$5

G12：=1.5*$C$5

H2：=IF(G2<$C$6,0,-$C$2*(G2-$C$6))

I2：=H2+$C$2*$C$4

J2：=IF(G2<$C$6,-$C$3*($C$6-G2),0)

K2：=J2+$C$3*$C$4

L2：=H2+J2

M2：=I2+K2

選取 H2：M2 區域，按住控點向下拖曳填滿 H12：M12 區域。

P2：=MIN(L2:M12)

P3：=MAX(L2:M12)

輸出

此時，工作表如圖 9-46 所示。

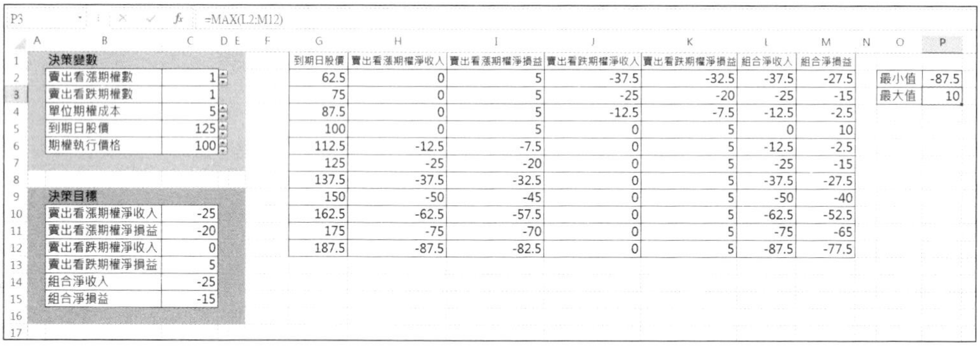

P3 =MAX(L2:M12)

決策變數	
賣出看漲期權數	1
賣出看跌期權數	1
單位期權成本	5
到期日股價	125
期權執行價格	100

決策目標	
賣出看漲期權淨收入	-25
賣出看漲期權淨損益	-20
賣出看跌期權淨收入	0
賣出看跌期權淨損益	5
組合淨收入	-25
組合淨損益	-15

到期日股價	賣出看漲期權淨收入	賣出看漲期權淨損益	賣出看跌期權淨收入	賣出看跌期權淨損益	組合淨收入	組合淨損益		
62.5	0	5	-37.5	-32.5	-37.5	-27.5	最小值	-87.5
75	0	5	-25	-20	-25	-15	最大值	10
87.5	0	5	-12.5	-7.5	-12.5	-2.5		
100	0	5	0	5	0	10		
112.5	-12.5	-7.5	0	5	-12.5	-2.5		
125	-25	-20	0	5	-25	-15		
137.5	-37.5	-32.5	0	5	-37.5	-27.5		
150	-50	-45	0	5	-50	-40		
162.5	-62.5	-57.5	0	5	-62.5	-52.5		
175	-75	-70	0	5	-75	-65		
187.5	-87.5	-82.5	0	5	-87.5	-77.5		

圖 9-46　空頭對敲策略

圖表生成

本模型的圖表生成過程與前一個範例「多頭對敲策略模型」相同。空頭對敲策略模型的最終介面如圖 9-47 所示。

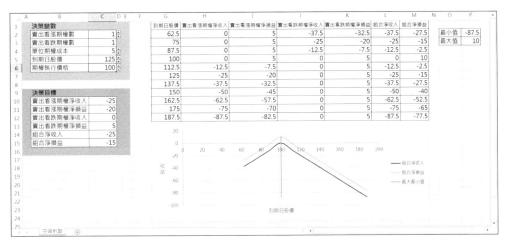

圖 9-47　空頭對敲策略模型

操作說明

■ 調整「賣出看漲期權數」、「賣出看跌期權數」、「單位期權成本」、「到期日股價」、「期權執行價格」等變數的微調按鈕時，模型的計算結果將隨之變化，表格將隨之變化，圖表將隨之變化。

9.3　二元樹模型

應用場景

CEO：我們前面在討論期權投資策略時，都是把期權費當成已知數。在實務中，期權是如何估價的呢？

CFO：期權的估價有個背景。本來，期權也是一項資產。從 20 世紀 50 年代開始，現金流量折現就成為資產估價的主流方法，任何資產的價值都可以用預期未來現金流量的現值來估價。現金流量折現法估價的基本步驟是：首先，預測資產的期望現金流量；其次，估計投資的必要報酬率；最後，用必要報酬率折現現金流量。

人們曾力圖使用現金流量折現法解決期權估價問題，但是一直沒有成功。問題在於期權的必要報酬率非常不穩定。期權的風險依賴於標的資產的市場價格，而市場價格是隨機變動的，期權投資的必要報酬率也處於不斷變動之中。因為找不到適當的折現率，現金流量折現模型也就無法使用。因此，需要開發新的模型，才能解決期權定價問題。

CEO：看來期權估價比一般資產估價要複雜。

CFO：量化權力，也就是給期權定價的問題，於 1973 年，由布萊克－休斯透過應用高深的數學知識解決了，由此促成了期權市場和整個衍生金融工具交易的飛速發展。布萊克－休斯期權定價模型是一種實用的期權定價方法，因為對期權定價研究的傑出貢獻，斯科爾斯獲得 1997 年諾貝爾經濟學獎。

CEO：人類探索未知世界的腳步無休無止，想像無邊無際，智慧無窮無盡，由此打開一把把精神之鎖，開啟一扇扇發展之門，創造出一片片新的天地。讓我們沿著諾貝爾經濟學獎獲得者的思考方式走一走，看能走多遠，實在不行就遠遠地眺望一下。

CFO：對期權定價這一堡壘的強攻之路，人們要解決 5 個問題。

第 1 個問題，和曹沖稱像是一個想法。無法直接稱象的重量，就稱石頭的重量。只要石頭和象分別把同樣一條船的船舷壓到同樣的刻度，就說明它們的重量是一樣的。

股票和借款的成本我們是容易知道的，用股票和借款構造一個組合，無論股價如何變動，損益都與期權相同，那麼，期權的價值，就是股票與借款的成本。

現在的問題是：股票和借款分別是多少，才能使損益與期權相同。

我們設股票為 X，借款為 Y。

當股價上行時，
損益＝X×上行股價－Y×（1＋利率）＝上行時期權到期日價值

當股價下行時，
損益＝X×下行股價－Y×（1＋利率）＝下行時期權到期日價值

這是一個二元一次方程式組，可求得 X 和 Y。

X＝（上行時期權到期日價值－下行時期權到期日價值）÷（上行股價－下行股價）

對 X，給它起個名稱：套期保值比率。

CEO：插一句話。股票和借款的組合，與期權價值相等。當期權的市場價格高於其價值時，我們賣出看漲期權，同時購進股票並借入款項；當期權的市場價格低於其價值時，我們買入看漲期權，同時賣出股票並借出款項，這樣就穩賺不賠了。

CFO：是的，套利活動只能使期權定價為其本身的價值。

CEO：我們繼續。上行股價和下行股價，如何確定？

CFO：這就是第 2 個問題，上行股價和下行股價，分別由上升百分比和下降百分比計算。而上升百分比和下降百分比的確定，有一個目標，就是連續複利收益率的標準差不變。

這裡有一個概念，叫連續複利收益率。年複利是一年複利一次；連續複利是每一期複利一次，且期間無限小，利息支付的頻率比每秒 1 次還要頻繁。

複利收益率＝（本期股價－上期股價）÷上期股價

連續複利收益率＝（本期股價÷上期股價）的自然對數

由此可得出：

終值＝現值×（連續複利收益率×時間）的自然指數

上升百分比＝（連續複利收益率的標準差×期權到期日前時間的平方根）的自然指數－1

下降百分比＝1－1÷（1＋上升百分比）。

CEO：打岔一下。既然提到了連續複利收益率，那麼，前面我們討論資本預算，折現率也應採用連續複利收益率吧？因為全年現金流入和流出總是陸續發生的，只有連續複利收益率才能準確完成終值和現值的折算。

CFO：是的。分期複利只是連續複利的近似替代，當時我們只是為了簡便而已。

CEO：我們繼續。上升百分比、下降百分比算出來了，上行股價、下行股價就算出來了，套期保值比率就算出來了。然後呢？

CFO：這就是第 3 個問題，計算期權價值。

投資到期日終值＝

（套期保值比率×股票現價－期權價值）×（1＋無風險利率）

投資組合到期日價值＝

套期保值比率×股票現價×上行乘數－上行時期權到期日價值

令投資到期日終值＝投資組合到期日價值，這是一個一元一次方程式，期權價值就算出來了。

CEO：期權價值，就是套期保值比率、股票現價、無風險利率、上行乘數、上行時期權到期日價值這 5 個變數的函數了。

CFO：是的。如果繞過套期保值比率這一橋樑，就可以看出，期權價值，就是股價上/下行乘數、股價上/下行的期權到期日價值、無風險利率的函數了。

CEO：這是假設股價只有上行、下行兩種可能。但實際上，股價卻有無數種可能。

CFO：是的。這就是第 4 個問題，期間分割。股價我們只能考慮上行和下行兩種可能，與股價實際有無數種可能的矛盾，我們透過期間分割來解決。如果是 1 期，股價只有 2 個；如果是兩期，股價就會有 3 個。假設我們分 6 期，如圖 9-48 所示。這時，股價有 7 個，期權到期日價值有 7 個。我們沿著鏈條計算，在第 5 期，得出 6 個期權價格；在第 4 期，得出 5 個期權價格；在第 3 期，得出 4 個期權價格；在第 2 期，得出 3 個期權價格；在第 1 期，得出 2 個期權價格。然後算出期權價值。

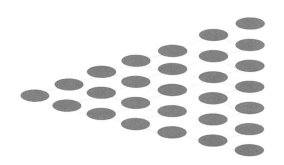

圖 9-48　期權的 6 期二元樹

CEO：劃分 2 期，比 1 期要準確；劃分 3 期，比 2 期要準確。劃分期數越多，期權價值的計算就越準確。劃分無限多的期間，股價就成了連續分佈，就是最準確的了。

CFO：是的，這就是第 5 個問題，劃分為無限多的期間時，相應的期權計算公式是怎麼樣的。解決這個問題，布萊克－休斯模型就誕生了。

CEO：我們費這麼大力氣討論期權定價的二元樹模型，對於不參與期權交易的公司，有什麼意義嗎？

CFO：意義巨大。在前面討論資本預算模型時，我們通常設定一個專案的壽命週期，並認為專案會進行到壽命週期結束，但這種假設不一定符合實際。例如我們投資一個金礦專案，金價很不穩定。如果金價跌到某一個臨界點，我們就應該中途放棄而不是堅持到底。在評估專案時，就應考慮中間放棄的可能性和放棄權的價值。而放棄權，就是一項看跌期權。

再如軟體公司，準備上線新的軟體專案。這個專案具有正的淨現值，但並不意味著立即開始就是最佳的，也許等一等更好。對於前景不明朗的專案，大多值得觀望，看一看未來市場需求的變化。待機守時，正是這個道理。而時間上可以延遲的專案，就是一項看漲期權。

基本理論

二元樹模型

期權價值＝〔（1＋無風險利率－股價下行乘數）×股價上行時期權到期日價值＋（股價上行乘數－1－無風險利率）×股價下行時期權到期日價值〕÷〔（股價上行乘數－股價下行乘數）×（1＋無風險利率）〕

股價上行乘數＝1＋股價上升百分比

股價下行乘數＝1－股價下降百分比

股價上升百分比＝（連續複利收益率的標準差×期權到期日前時間的平方根）的自然指數-1

股價下降百分比＝1－1÷（1＋股價上升百分比）

模型建立

⌂……\chapter09\03\二元樹模型.xlsx

輸入

在 Excel 中新建活頁簿。其活頁簿新增以下工作表：單期二元樹、兩期二元樹、多期二元樹。

「單期二元樹」工作表

在工作表中輸入資料及文字，然後進行格式化作業，如合併儲存格、調整列高欄寬、選取填滿色彩、設定字體字型大小等。完成初步模型如圖 9-49 所示。

	A	B	C	D	E	F
1		變數				
2		股票市價	50.00			
3		年收益率的標準差	0.41			
4		期權執行價格	52.08			
5		到期時間（月）	6			
6		無風險年利率	4.00%			
7						
8		計算過程				
9		無風險單期利率				
10		股價可能上升				
11		上行乘數				
12		股價可能下降				
13		下行乘數				
14		計算結果				
15		股價上升期權到期日價值		期權現行價格		
16		股價下降期權到期日價值				
17						
18						

單期二元樹　兩期二元樹　多期二元樹　⊕

圖 9-49　在「單期二元樹」工作表輸入資料及格式化

「兩期二元樹」工作表

在工作表中輸入資料及文字，然後進行格式化作業，如合併儲存格、調整列高欄寬、選取填滿色彩、設定字體字型大小等。完成初步模型如圖 9-50 所示。

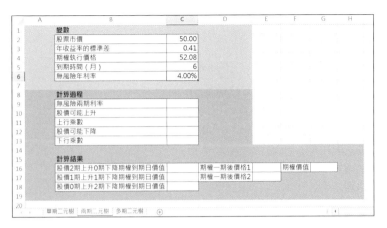

圖 9-50　在「兩期二元樹」工作表輸入資料及格式化

「多期二元樹」工作表

在工作表中輸入資料及文字，然後進行格式化作業，如合併儲存格、調整列高欄寬、選取填滿色彩、設定字體字型大小等。完成初步模型如圖 9-51 所示。

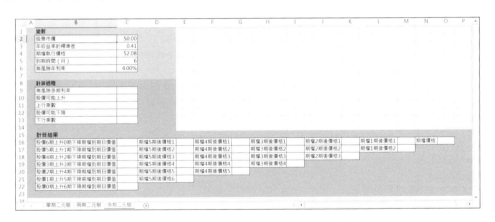

圖 9-51　在「多期二元樹」工作表輸入資料及格式化

加工

在工作表儲存格中輸入公式：

「單期二元樹」工作表

C9：=C6*C5/12

C10：=EXP(C3*(C5/12)^(1/2))-1

C11：=1+C10

C12：=1-(1/(C10+1))

C13：=1-C12

C15：=IF(C2*(1+C10)>C4,C2*(1+C10)-C4,0)

C16：=IF(C2*(1-C12)>C4,C2*(1-C12)-C4,0)

E15：=((1+C9-C13)*C15+(C11-1-C9)*C16)/((C11-C13)*(1+C9))

「兩期二元樹」工作表

C9：=C6*C5/2/12

C10：=EXP(C3*(C5/2/12)^(1/2))-1

C11：=1+C10

C12：=1-(1/(C10+1))

C13：=1-C12

C16：=IF(C2*(1+C10)^2-C4>0,C2*(1+C10)^2-C4,0)

C17：=IF(C2*(1+C10)*(1-C12)>C4,C2*(1+C10)*(1-C12)-C4,0)

C18：=IF(C2*(1-C12)^2>C4,C2*(1-C12)^2-C4,0)

E16：=((1+C9-C13)*C16+(C11-1-C9)*C18)/((C11-C13)*(1+C9))

E17：=((1+C9-C13)*C17+(C11-1-C9)*C18)/((C11-C13)*(1+C9))

G16：=((1+C9-C13)*E16+(C11-1-C9)*E17)/((C11-C13)*(1+C9))

「多期二元樹」工作表

C9：=C6*C5/5/12

C10：=EXP(C3*(C5/6/12)^(1/2))-1

C11：=1+C10

C12：=1-(1/(C10+1))

C13：=1-C12

C16：=IF(C2*(1+C10)^6-C4>0,C2*(1+C10)^6-C4,0)

C17：=IF(C2*(1+C10)^5*(1-C12)-C4>0,C2*(1+C10)^5*(1-C12)-C4,0)

C18：=IF(C2*(1+C10)^4*(1-C12)^2-C4>0,C2*(1+C10)^4*(1-C12)^2-C4,0)

C19：=IF(C2*(1+C10)^3*(1-C12)^3-C4>0,C2*(1+C10)^3*(1-C12)^3-C4,0)

C20：=IF(C2*(1+C10)^2*(1-C12)^4-C4>0,C2*(1+C10)^2*(1-C12)^4-C4,0)

C21：=IF(C2*(1+C10)*(1-C12)^5-C4>0，C2*(1+C10)*(1-C12)^5-C4,0)

C22：=IF(C2*(1-C12)^6-C4>0,C2*(1-C12)^6-C4,0)

E16：=((1+C9-C13)*C16+(C11-1-C9)*C17)/((C11-C13)*(1+C9))

E17：=((1+C9-C13)*C17+(C11-1-C9)*C18)/((C11-C13)*(1+C9))

E18：=((1+C9-C13)*C18+(C11-1-C9)*C19)/((C11-C13)*(1+C9))

E19：=((1+C9-C13)*C19+(C11-1-C9)*C20)/((C11-C13)*(1+C9))

E20：=((1+C9-C13)*C20+(C11-1-C9)*C21)/((C11-C13)*(1+C9))

E21：=((1+C9-C13)*C21+(C11-1-C9)*C22)/((C11-C13)*(1+C9))

G16：=((1+C9-C13)*E16+(C11-1-C9)*E17)/((C11-C13)*(1+C9))

G17：=((1+C9-C13)*E17+(C11-1-C9)*E18)/((C11-C13)*(1+C9))

G18：=((1+C9-C13)*E18+(C11-1-C9)*E19)/((C11-C13)*(1+C9))

G19：=((1+C9-C13)*E19+(C11-1-C9)*E20)/((C11-C13)*(1+C9))

G20：=((1+C9-C13)*E20+(C11-1-C9)*E21)/((C11-C13)*(1+C9))

I16：=((1+C9-C13)*G16+(C11-1-C9)*G17)/((C11-C13)*(1+C9))

I17：=((1+C9-C13)*G17+(C11-1-C9)*G18)/((C11-C13)*(1+C9))

I18：=((1+C9-C13)*G18+(C11-1-C9)*G19)/((C11-C13)*(1+C9))

I19：=((1+C9-C13)*G19+(C11-1-C9)*G20)/((C11-C13)*(1+C9))

K16：=((1+C9-C13)*I16+(C11-1-C9)*I17)/((C11-C13)*(1+C9))

K17：=((1+C9-C13)*I17+(C11-1-C9)*I18)/((C11-C13)*(1+C9))

K18：=((1+C9-C13)*I18+(C11-1-C9)*I19)/((C11-C13)*(1+C9))

M16：=((1+C9-C13)*K16+(C11-1-C9)*K17)/((C11-C13)*(1+C9))

M17：=((1+C9-C13)*K17+(C11-1-C9)*K18)/((C11-C13)*(1+C9))

O16：=((1+C9-C13)*M16+(C11-1-C9)*M17)/((C11-C13)*(1+C9))

輸出

「單期二元樹」工作表，如圖 9-52 所示。

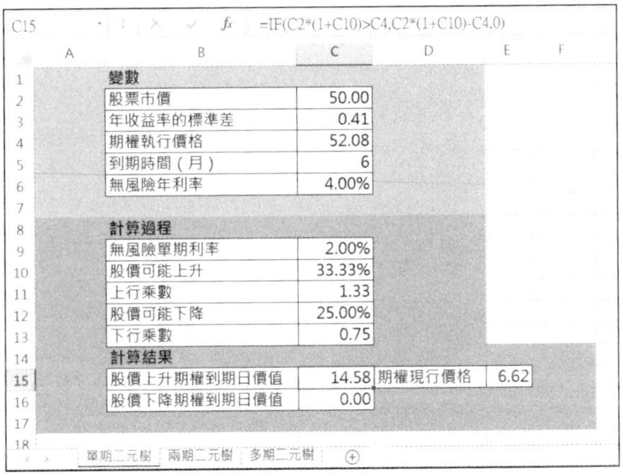

C15　=IF(C2*(1+C10)>C4,C2*(1+C10)-C4,0)

	A	B	C	D	E
1		變數			
2		股票市價	50.00		
3		年收益率的標準差	0.41		
4		期權執行價格	52.08		
5		到期時間（月）	6		
6		無風險年利率	4.00%		
7					
8		計算過程			
9		無風險單期利率	2.00%		
10		股價可能上升	33.33%		
11		上行乘數	1.33		
12		股價可能下降	25.00%		
13		下行乘數	0.75		
14		計算結果			
15		股價上升期權到期日價值	14.58	期權現行價格	6.62
16		股價下降期權到期日價值	0.00		

單期二元樹　兩期二元樹　多期二元樹

圖 9-52　單期二元樹模型

「**兩期二元樹**」工作表，如圖 9-53 所示。

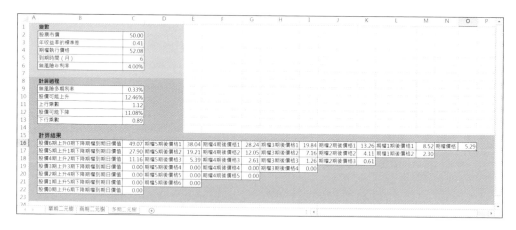

圖 9-53　兩期二元樹模型

「**多期二元樹**」工作表，如圖 9-54 所示。

圖 9-54　多期二元樹模型

操作說明

■ 在「單期二元樹」、「兩期二元樹」、「多期二元樹」等工作表中，輸入或修改「股票市價」、「年收益率的標準差」、「期權執行價格」、「到期時間」、「無風險年利率」等變數時，模型的計算結果將隨之變化。

9.4　布萊克－休斯期權模型

應用場景

CEO：在二元樹模型中，期權價值，就是股價上/下行乘數、股價上/下行的期權到期日價值、無風險利率這些變數的函數。當劃分為無限多的期間時，就得到了布萊克－休斯期權定價模型。在布萊克－休斯期權定價模型（Black-Scholes Model）中，期權價值仍是這些變數的函數嗎？

CFO：不是的。期權價值成為了股價、股價的標準差、利率、執行價格和到期時間的函數。具體推導過程，對數學要求極高。

CEO：難怪經濟學家一般也是數學家。布萊克－休斯期權定價模型，應用時有哪些前提條件呢？

CFO：布萊克－休斯期權定價模型，有以下 7 個假設：

1）在期權壽命期內，買方期權標的股票不發放股利，也不做其他分配。

2）股票或期權的買賣沒有交易成本。

3）短期的無風險利率是已知的，並且在期權壽命期內保持不變。

4）任何證券購買者都能以短期的無風險利率借得任何數量的資金。

5）允許賣空，賣空者將立即得到所賣空股票當天價格的資金。

6）看漲期權只能在到期日執行。

7）所有證券交易都是連續發生的，股票價格隨機遊走。

CEO：期權價值模型和融資需求預測模型、投資淨現值模型、成本數量模型一樣，受多個因素影響。如此說來，也可以做平衡分析了？

CFO：理論上可以。但因為布萊克－休斯期權定價模型對數學要求極高，將公式反過來寫，實作難度較大，所以直接做平衡分析比較困難。

CEO：那如果想知道為達到預期期權價值這一目標，應如何調整股價、股價的標準差、利率、執行價格和到期時間，怎麼辦？

CFO：可以透過 Excel 試算表的目標搜尋功能。

CEO：目標搜尋是什麼意思？

CFO：很簡單，其實就是平衡分析，但不用表格的方式表示。如圖 9-55，輸入目標儲存格和目標值，設定變數儲存格，就可以根據決策目標，反算決策變數了。

圖 9-55　目標搜尋

CEO：我們討論如此複雜的布萊克－休斯期權定價模型，對於不參與期權交易的公司，有什麼意義嗎？

CFO：滿有意義的。前面我們討論的資本預算模型，採用現金流量折現的方法。但現金流量折現的方法，並不能提供關於一個專案價值的全部資訊，有時可能會導致錯誤決策。

在應用現金流量折現法評估專案價值時，我們假設公司會按既定的方案執行，不會在執行過程中進行重要的修改。實際上，管理層會隨時關注各種變化，如果事態表明前景比當初設想得更好，就會加大投資力度，反之則會設法減少損失。這種未來可以採取某種行動的權利是有價值的，即實物期權。

例如，房地產公司建立土地儲備，根據市場需求再決定專案規模；醫藥公司為控制藥品專利，根據市場需求再決定是否推出新藥；工業企業推出新產品，搶先佔領市場，根據市場需求再決定是否擴充規模。從今天來看，投資淨現值可能是負的。但今天如果不投資，則會失去未來的機會。未來擴張的選取權，就是一項有價值的期權。考慮到這一期權的價值，即使是眼前淨現值為負的專案，也可能是值得投資的。

基本理論

布萊克－休斯期權定價模型

$C_0 = S_0[N(d1) - Xe^{-rct}[N(d2)]$

$d1 = \{\ln(s_0/X) + [r_c + (\sigma^2/2)]t\}/\sigma t^{1/2}$

$d2 = d1 - \sigma t^{1/2}$

C_0：看漲期權的目前價值。

S_0：標的股票的目前價格。

N（d）：標準常態分佈中離差小於 d 的機率。

X：期權的執行價格。

e：自然對數的底數，約等於 2.7183。

rc：連續複利的年度的無風險利率。

t：期權到期日前的時間。

$\ln(s_0/X)$: s_0/X 的自然對數。

σ^2：連續複利的以年計的股票回報率的變異數。

標準差

$$S = \sqrt{\frac{\sum_{i=1}^{n}(x_i - \bar{x})^2}{n-1}}$$

連續複利的年度無風險利率

連續複利的年度無風險利率＝ln（1＋複利的年度無風險利率）

模型建立

📁 ……\chapter09\04\布萊克－休斯期權模型.xlsx

輸入

在 Excel 新建活頁簿。活頁簿新增以下工作表：布萊克－休斯模型、股價相關分析、標準差相關分析、利率相關分析、執行價格相關分析、到期時間相關分析。

「布萊克－休斯模型」工作表

1）　在工作表中輸入資料及文字，然後進行格式化作業，如合併儲存格、調整列高欄寬、選取填滿色彩、設定字體字型大小等。

2）　分別在 D2~D6 插入微調按鈕。按一下「開發人員」標籤，選取「插入→表單控制項→微調按鈕」項，在對應的儲存格拖曳拉出適當大小的微調按鈕。接著對該微調按鈕按下滑鼠右鍵，選取「控制項格式」指令，對其屬性設定儲存格連結、目前值、最小值、最大值等。其他的詳細設定值可參考下載的本節 Excel 範例檔。

3）　在下列儲存格分別輸入公式。完成初步模型如圖 9-56 所示。
C4：=E4/10
C5：=E5/100
C6：=E6/10000

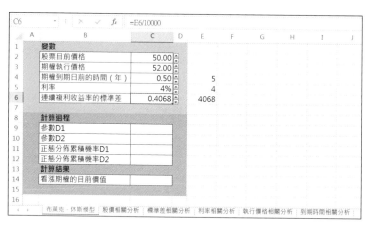

圖 9-56　完成初步的「布萊克－休斯模型」工作表

「股價相關分析」、「標準差相關分析」、「利率相關分析」、「執行價格相關分析」、「到期時間相關分析」工作表

1）　在各個工作表中輸入資料及文字，然後進行格式化作業，如合併儲存格、調整列高欄寬、選取填滿色彩、設定字體字型大小等。如圖 9-57 所示。

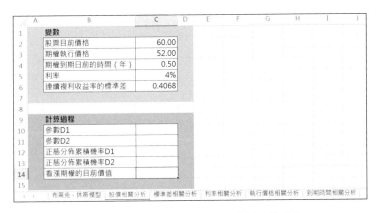

圖 9-57　在各個工作表中輸入資料及格式化

加工

在工作表儲存格中輸入公式：

「布萊克－休斯模型」工作表

M9：=(LN(N2/N3)+(LN(1+N5)+N6^2/2)*N4)/(N6*SQRT(N4))

M10：=N10-N6*SQRT(N4)

M11：=NORMSDIST(N10)

M12：=NORMSDIST(N11)

M14：=N2*N12-N3*EXP(-LN(1+N5)*N4)*N13

「股價相關分析」、「標準差相關分析」、「利率相關分析」、「執行價格相關分析」、「到期時間相關分析」工作表

C10：=(LN(C2/C3)+(LN(1+C5)+C6^2/2)*C4)/(C6*SQRT(C4))

C11：=C10-C6*SQRT(C4)

C12：=NORMSDIST(C10)

C13：=NORMSDIST(C11)

C14：=C2*C12-C3*EXP(-LN(1+C5)*C4)*C13

輸出

「布萊克－休斯模型」工作表，如圖 9-58 所示。

「股價相關分析」、「標準差相關分析」、「利率相關分析」、「執行價格相關分析」、「到期時間相關分析」工作表，則如圖 9-59 所示。

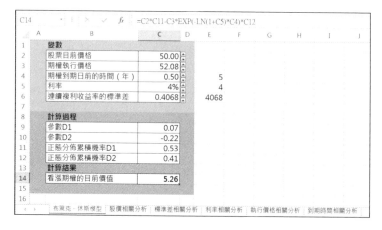

圖 9-58　布萊克－休斯模型

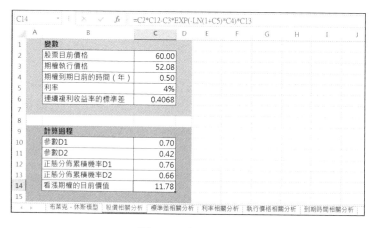

圖 9-59　相關分析

表格製作

輸入

在「股價相關分析」工作表中輸入資料，如圖 9-60 所示。

變數
股票目前價格 60.00
期權執行價格 52.08
期權到期日前的時間（年） 0.50
利率 4%
連續複利收益率的標準差 0.4068
計算過程
參數D1 0.70
參數D2 0.42
正態分佈累積機率D1 0.76
正態分佈累積機率D2 0.66
看漲期權的目前價值 11.78
股票價格
期權價值
布萊克 - 休斯模型
股價相關分析
標準差相關分析
利率相關分析
執行價格相關分析
到期時間相關分析

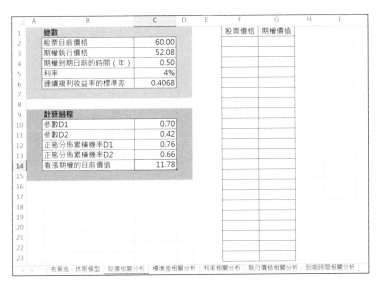

圖 9-60　在「股價相關分析」工作表中輸入資料

在「標準差相關分析」工作表中輸入資料，如圖 9-61 所示。

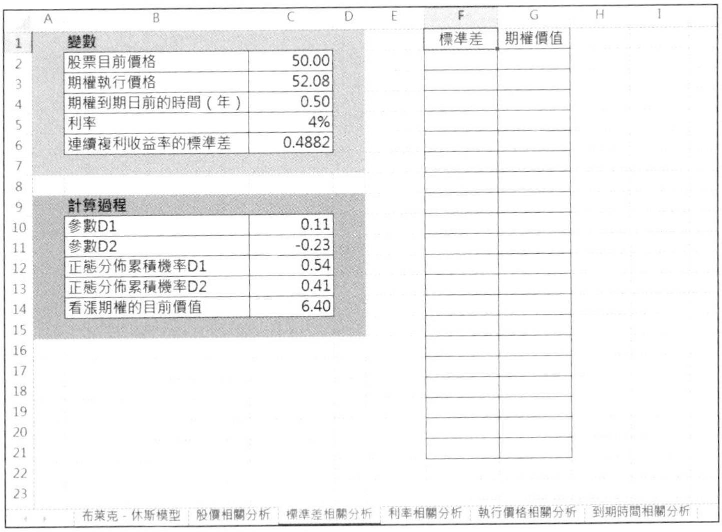

變數
股票目前價格 50.00
期權執行價格 52.08
期權到期日前的時間（年） 0.50
利率 4%
連續複利收益率的標準差 0.4882
計算過程
參數D1 0.11
參數D2 -0.23
正態分佈累積機率D1 0.54
正態分佈累積機率D2 0.41
看漲期權的目前價值 6.40
標準差
期權價值
布萊克 - 休斯模型
股價相關分析
標準差相關分析
利率相關分析
執行價格相關分析
到期時間相關分析

圖 9-61　在「標準差相關分析」工作表中輸入資料

在「利率相關分析」工作表中輸入資料，如圖 9-62 所示。

圖 9-62　在「利率相關分析」工作表中輸入資料

在「執行價格相關分析」工作表中輸入資料，如圖 9-63 所示。

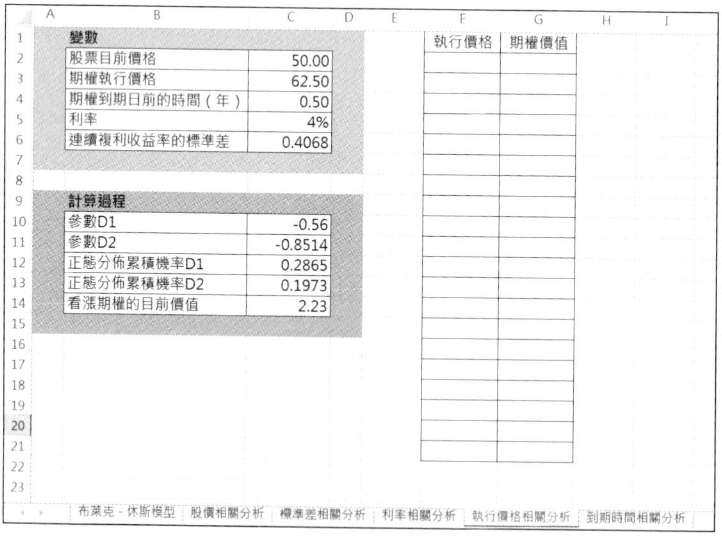

圖 9-63　在「執行價格相關分析」工作表中輸入資料

在「到期時間相關分析」工作表中輸入資料，如圖 9-64 所示。

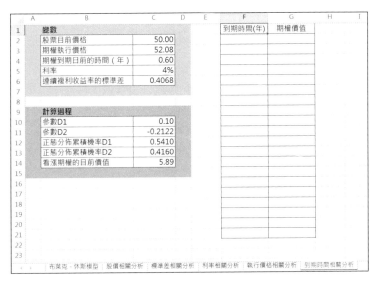

圖 9-64　在「到期時間相關分析」工作表中輸入資料

加工

在工作表儲存格中輸入公式:

「股價相關分析」工作表

F3:F23:分別輸入間隔為 5 的數值從 5~105。

G2:=C14

G3:G23 區域:選取 F2:G23 區域,按下「資料」標籤,再按下「模擬分析→運算列表」指令項打開對話方塊,輸入欄變數儲存格 C2,按一下「確定」。

「標準差相關分析」工作表

F3:F21:分別輸入間隔為 0.05 的數值從 0.05~0.95。

G2:=C14

G3:G21 區域:選取 F2:G23 區域,按下「資料」標籤,再按下「模擬分析→運算列表」指令項打開對話方塊,輸入欄變數儲存格 C6,按一下「確定」。

「利率相關分析」工作表

F3:F21:分別輸入間隔為 0.01 的數值從 0.01~0.19。

G2:=C14

G3:G21 區域:=選取 F2:G21 區域,按下「資料」標籤,再按下「模擬分析→運算列表」指令項打開對話方塊,輸入欄變數儲存格 C5,按一下「確定」。

「執行價格相關分析」工作表

F3：F21：分別輸入間隔為 5 的數值從 5~95。

G2：=C14

G3：G21 區域：選取 F2：G21 區域，按下「資料」標籤，再按下「模擬分析→運算列表」指令項打開對話方塊，輸入欄變數儲存格 C3，按一下「確定」。

「到期時間相關分析」工作表

F3：F21：分別輸入間隔為 0.1 的數值從 0.1~1.9。

G2：=C14

G3：G21 區域：=選取 F2：G21 區域，按下「資料」標籤，再按下「模擬分析→運算列表」指令項打開對話方塊，輸入欄變數儲存格 C4，按一下「確定」。

輸出

「股價相關分析」工作表，如圖 9-65 所示。

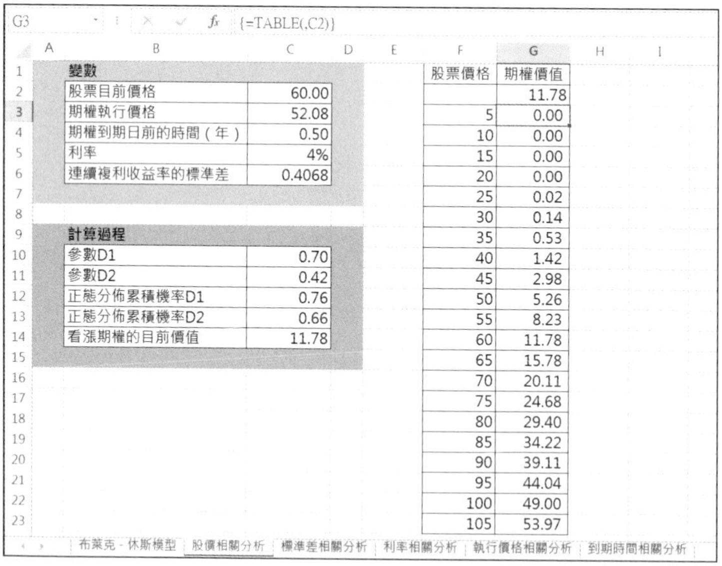

圖 9-65　股價相關分析

「標準差相關分析」工作表，如圖 9-66 所示。

G21　·　：　×　✓　fx　{=TABLE(,C6)}

	變數				標準差	期權價值
1	變數				標準差	期權價值
2	股票目前價格	50.00				6.40
3	期權執行價格	52.08			0.05	0.30
4	期權到期日前的時間（年）	0.50			0.10	0.95
5	利率	4%			0.15	1.65
6	連續複利收益率的標準差	0.4882			0.20	2.35
7					0.25	3.05
8					0.30	3.76
9	計算過程				0.35	4.46
10	參數D1	0.11			0.40	5.16
11	參數D2	-0.23			0.45	5.87
12	正態分佈累積機率D1	0.54			0.50	6.57
13	正態分佈累積機率D2	0.41			0.55	7.27
14	看漲期權的目前價值	6.40			0.60	7.97
15					0.65	8.66
16					0.70	9.35
17					0.75	10.04
18					0.80	10.73
19					0.85	11.41
20					0.90	12.09
21					0.95	12.76
22						
23						

布萊克 - 休斯模型　股價相關分析　標準差相關分析　利率相關分析　執行價格相關分析　到期時間相關分析

圖 9-66　標準差相關分析

「利率相關分析」工作表，如圖 9-67 所示。

G21　·　：　×　✓　fx　{=TABLE(,C5)}

	變數				利率	期權價值
1	變數				利率	期權價值
2	股票目前價格	50.00				5.33
3	期權執行價格	52.08			0.01	4.96
4	期權到期日前的時間（年）	0.50			0.02	5.06
5	利率	4.7065%			0.03	5.16
6	連續複利收益率的標準差	0.4068			0.04	5.26
7					0.05	5.36
8					0.06	5.46
9	計算過程				0.07	5.57
10	參數D1	0.08			0.08	5.67
11	參數D2	-0.2056			0.09	5.77
12	正態分佈累積機率D1	0.5327			0.10	5.87
13	正態分佈累積機率D2	0.4186			0.11	5.97
14	看漲期權的目前價值	5.33			0.12	6.08
15					0.13	6.18
16					0.14	6.28
17					0.15	6.38
18					0.16	6.48
19					0.17	6.59
20					0.18	6.69
21					0.19	6.79
22						
23						

布萊克 - 休斯模型　股價相關分析　標準差相關分析　利率相關分析　執行價格相關分析　到期時間相關分析

圖 9-67　利率相關分析

「執行價格相關分析」工作表，如圖 9-68 所示。

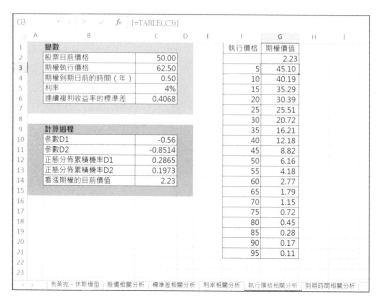

圖 9-68　執行價格相關分析

「到期時間相關分析」工作表，如圖 9-69 所示。

變數		
股票目前價格	50.00	
期權執行價格	52.08	
期權到期日前的時間（年）	0.60	
利率	4%	
連續複利收益率的標準差	0.4068	
計算過程		
參數D1	0.10	
參數D2	-0.2122	
正態分佈累積機率D1	0.5410	
正態分佈累積機率D2	0.4160	
看漲期權的目前價值	5.89	

到期時間(年)	期權價值
	5.89
0.10	1.78
0.20	2.91
0.30	3.80
0.40	4.57
0.50	5.26
0.60	5.89
0.70	6.47
0.80	7.02
0.90	7.54
1.00	8.03
1.10	8.50
1.20	8.95
1.30	9.38
1.40	9.80
1.50	10.20
1.60	10.59
1.70	10.98
1.80	11.35
1.90	11.71

布萊克 - 休斯模型　股價相關分析　標準差相關分析　利率相關分析　執行價格相關分析　到期時間相關分析

圖 9-69　到期時間相關分析

圖表生成

「股價相關分析」工作表

1) 選取 F3：G23 區域，按一下「插入」標籤，選取「圖表→插入 XY 散佈圖或泡泡圖→帶有平滑線的 XY 散佈圖」按鈕項，即可插入一個標準的 XY 散佈圖，可先將預設的「圖表標題」刪掉，調整圖表大小及移到適當的位置。

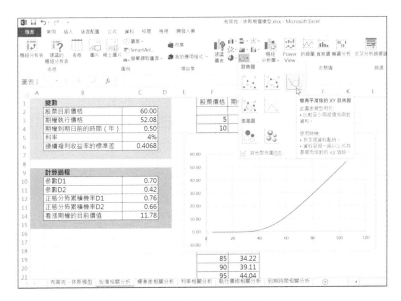

圖 9-70 圖表生成過程

2) 按下圖表右上角的「+」圖示鈕，在展開的功能表中先勾選「座標軸標題」，如圖 9-71 所示。

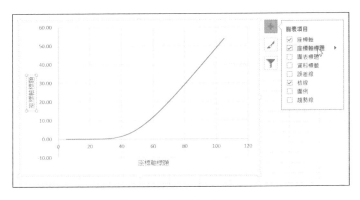

圖 9-71 圖表生成過程

3) 點選圖表區中的垂直格線，按下 Del 鍵刪除，再將水平軸改為「股票價格」；垂直的軸改為「期權價值」。使用者還可按自己的意願修改圖表。最後股價相關分析模型的介面如圖 9-72 所示。

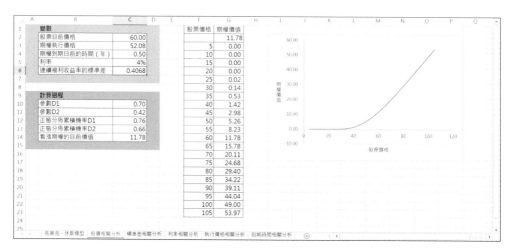

圖 9-72　BS 期權定價的股價相關分析模型

「標準差相關分析」工作表

圖表生成過程，本工作表與「股價相關分析」工作表相同。標準差相關分析模型的最終介面如圖 9-73 所示。

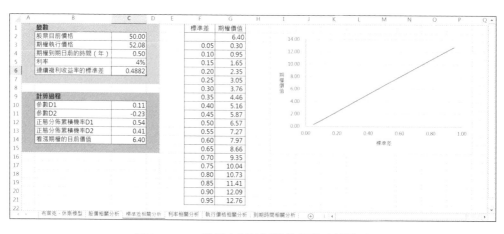

圖 9-73　BS 期權定價的標準差相關分析模型

「利率相關分析」工作表

圖表生成過程，本工作表與「股價相關分析」工作表相同。利率相關分析模型的最終介面如圖 9-74 所示。

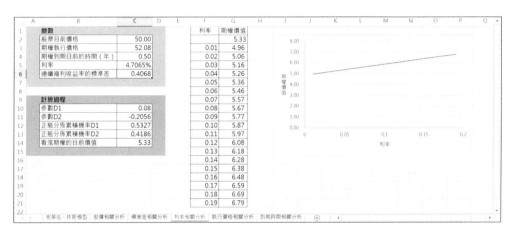

圖 9-74　BS 期權定價的利率相關分析模型

「執行價格相關分析」工作表

圖表生成過程，本工作表與「股價相關分析」工作表相同。執行價格相關分析模型的最終介面如圖 9-75 所示。

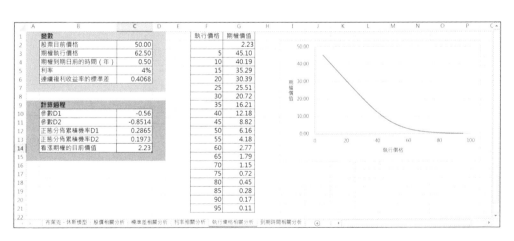

圖 9-75　BS 期權定價的執行價格相關分析模型

「到期時間相關分析」工作表

圖表生成過程，本工作表與「股價相關分析」工作表相同。到期時間相關分析模型的最終介面如圖 9-76 所示。

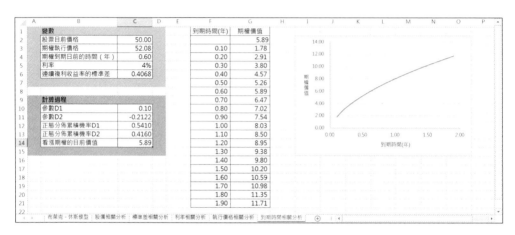

圖 9-76　BS 期權定價的到期時間相關分析模型

操作說明

■ 在「布萊克 - 休斯模型」工作表中使用者可輸入各期間的股價，以計算連續複利收益率和連續複利收益率的標準差。本模型支援輸入最多 11 個期間的股價。

■ 在「布萊克 - 休斯模型」工作表中，調整「股票目前價格」、「期權執行價格」、「期權到期日前的時間」、「利率」、「連續複利收益率的標準差」等變數的微調按鈕時，模型的計算結果將隨之變化。

■ 在「股價相關分析」、「執行價格相關分析」、「標準差相關分析」、「利率相關分析」、「到期時間相關分析」等工作表中，輸入或修改「股票目前價格」、「期權執行價格」、「期權到期日前的時間」、「利率」、「連續複利收益率的標準差」等變數時，模型的計算結果將隨之變化，表格將隨之變化，圖表將隨之變化。

9.5　期權價值敏感分析模型

應用場景

CEO：德國有名婦產科醫生，名叫恩斯梯·格拉齊拍（Ernst Gräfenberg），發現了女性的一個高度敏感區。這個敏感區在受到外界刺激時，很容易產生性高潮。為了紀念這名醫生，人們以他的名字的第一個字母命名這個區域：G 點。這給我們很大啟發。

CFO：是的。在這之前，很多文人騷客寫下了很美的文字。

張愛玲說，那是心靈的通道；普希金說，那是上帝的臉；西門慶有沒有說什麼，好像沒有記載。不過這些認識，都停留在感性層面，只知道能帶來快感，卻不知道快感的產生原因。也就是說，之前的人們，在進行人類自身的生產過程中，沒有理論的指引，進行著盲目的實踐，獲得了感官的快樂，享受了莫名的高潮，卻從沒有上升到知性或理性層面。

恩斯梯·格拉齊拍，由於職業原因，當然離不開個人的聰明才智和艱苦探索，終於找到了快樂的源泉，從而使人類對性體驗有了新認知，性活動有了新指引。另外，可喜的是，關於男性的 G 點，有一位叫皮爾沙爾的博士，透過臨床敏感分析，也找到了。

CEO：人和人的差別就是大呀。同樣面對心靈通道，西門慶在洩欲，普希金在抒情；朱熹在進行哲學思考，恩斯梯在探索生理學奧妙。聽說 Google 的工程師，計畫利用基因大資料，解開性之謎，讓曇花一現的快感成為永恆。

CFO：不管怎麼說，無論男性還是女性，要獲得高潮，就要找到 G 點；要找到 G 點，就要進行敏感分析。敏感分析，就是分析某個因素發生變化，而引起目標發生變化的敏感程度。

CEO：我在想，如何透過敏感分析為我們的財務管理或生產經營服務。例如，如何找到期權價值的 G 點。股價、股價的標準差、利率、執行價格和到期時間，都會影響期權價值。影響期權價值的這 5 個因素，我們如何判斷哪個是 G 點，哪個是次 G 點呢？

CFO：在期權價值定價模型中，各因素變化都會引起期權價值的變化，但影響程度各不相同。有的因素發生微小變化，就會使期權價值發生很大地變化，期權價值對這類因素的變化反應十分敏感，稱這類因素為敏感因素。與此相反，有些因素發生很大變化，只會使期權價值發生很小的變化，期權價值對這類因素的變化反應十分遲鈍，稱這類因素為不敏感因素。

透過敏感分析，才能發現規律；發現了規律，才能掌握技巧。

CEO：因素是否為敏感因素，因素的敏感程度如何，只能用定性的方式衡量嗎？

CFO：我們透過計算敏感係數，識別敏感因素和不敏感因素，對敏感程度進行定量衡量。敏感係數，就是各因素變動百分比與期權價值變動百分比之間的比率。

CEO：敏感係數讓我們知道，某因素變動百分之幾，期權價值將變動百分之幾。能不能直接告訴我們，某因素變動百分之幾，期權價值將變成多少？即，直接顯示變化後期權價值的數值，這樣的展現方式，更直觀簡潔。

CFO：可以透過編制敏感分析表，列示各因素變動百分率及相應的期權價值。

CEO：列示各因素變動百分率，只能是列舉而不可能窮盡。如何連續表示各因素與決策目標之間的關係呢？

CFO：可以透過編制敏感分析圖，直觀顯示各因素的敏感係數，以及連續表示各因素與決策目標之間的關係。

CEO：期權價值的敏感分析，與融資需求預測的敏感分析、投資因素敏感分析、成本數量敏感分析，有什麼不同嗎？

CFO：原理是一樣的。但股價、股價的標準差、利率、執行價格和到期時間這 5 個因素，與期權價值的關係，都是非線性相關的。其中標準差和利率，表面看上去是線性相關，實際也是非線性相關的。當這些因素變化時，期權價值不同步變化，造成敏感係數變化。而融資需求預測的敏感分析、投資因素敏感分析、成本數量敏感分析，當影響因素變化時，目標值同步變化，造成敏感係數不變。

這就要求我們在衡量期權價值的敏感因素時，需要明確目前狀態。即：在目前狀態下，哪個因素是敏感的，哪個因素是不敏感的。目前狀態如果變化了，因素的敏感性也會發生變化。

CEO：目前狀態如果變化了，不管是做什麼的敏感分析，因素的敏感性當然會有變化。這有什麼區別？

CFO：有區別。例如：對成本數量敏感分析來說，當其他因素變化時，某因素的敏感係數肯定是變化的；但其他因素不變，只是某因素自身在變時，不管某因素自身如何變，其敏感係數不變。對期權價值敏感分析來說，當其他因素變化時，某因素的敏感係數肯定是變化的；而其他因素不變，只是某因素自身在變時，只要某因素自身一變，其敏感係數就變。

也就是說，期權價值的敏感分析，與其他敏感分析的不同之處，就是敏感係數不僅受其他因素影響，還受自身因素影響。

基本理論

敏感係數

是反映敏感程度的指標。

敏感係數＝目標值變動百分比÷參量值變動百分比

各變數的敏感分析

股票目前價格敏感係數＝期權價值變動百分比÷股票目前價格變動百分比

期權執行價格敏感係數＝期權價值變動百分比÷期權執行價格變動百分比

到期時間敏感係數＝期權價值變動百分比÷到期時間變動百分比

利率敏感係數＝期權價值變動百分比÷利率變動百分比

標準差敏感係數＝期權價值變動百分比÷標準差變動百分比

期權價值變動百分比＝（變動後期權價值－變動前期權價值）÷變動前期權價值

布萊克－休斯期權定價模型

見前面「期權估價模型→布萊克－休斯期權模型→基本理論」的相關介紹。

模型建立

📁 ……\chapter09\05\期權價值敏感分析模型.xlsx

輸入

在 Excel 新建活頁簿。活頁簿新增以下工作表：股票目前價格敏感分析、期權執行價格敏感分析、到期時間敏感分析、利率敏感分析、標準差敏感分析。

「股票目前價格敏感分析」工作表

1） 在工作表中輸入資料及文字，然後進行格式化作業，如合併儲存格、調整列高欄寬、選取填滿色彩、設定字體字型大小等。

2） 分別在 D2 插入微調按鈕。按一下「開發人員」標籤，選取「插入→表單控制項→微調按鈕」項，在對應的儲存格拖曳拉出適當大小的微調按鈕。接著對該微調按鈕按下滑鼠右鍵，選取「控制項格式」指令，對其屬性設定儲存格連結為$I$2；目前值、最小值、最大值等其他的詳細設定值可參考下載的本節 Excel 範例檔。

3） 在下列儲存格分別輸入公式。完成初步模型如圖 9-77 所示。

D2：=I2/100

C2：=B2*(1+D2)

C2 fx =B2*(1+D2)

專案	變化前	變化後	專案變化率	變化前期權	變化後期權價值	期權價值變化率	敏感係數	
股票目前價格	50.00	60.00	20%					20
期權執行價格	52.08	52.08	0%					
期權到期日前的時間（年）	0.50	0.50	0%					
利率	4%	4%	0%					
連續複利收益率的標準差	0.4068	0.4068	0%					

	變化前	變化後
參數D1		
參數D2		
常態分佈累積機率D1		
常態分佈累積機率D2		
看漲期權的目前價值		

股票目前價格敏感分析

圖 9-77 在「股票目前價格敏感分析」工作表輸入資料、插入微調按鈕、格式化

「期權執行價格敏感分析」、「到期時間敏感分析」、「利率敏感分析」、「標準差敏感分析」工作表

參照「股票目前價格敏感分析」工作表，僅在插入微調按鈕的位置和設定有差異，其他都相同，詳細內容可參考下載的本節 Excel 範例檔。

加工

「股票目前價格敏感分析」工作表

在工作表儲存格中輸入公式：

B11：=(LN(B2/B3)+(LN(1+B5)+B6^2/2)*B4)/(B6*SQRT(B4))

B12：=B11-B6*SQRT(B4)

B13：=NORMSDIST(B11)

B14：=NORMSDIST(B12)

B15：=B2*B13-B3*EXP(-LN(1+B5)*B4)*B14

選取 B11：B15 區域，按住選取區右下角的控點向右拖曳填滿至 C11：C15 區域。

E2：=B15

F2：=C15

G2：=(F2-E2)/E2

H2：=G2/D2

「期權執行價格敏感分析」、「到期時間敏感分析」、「利率敏感分析」、「標準差敏感分析」工作表

參照「股票目前價格敏感分析」工作表，公式都一樣，僅 H2 敏感係數的除數儲存格要隨著更改，詳細內容可參考下載的本節 Excel 範例檔。

輸出

「股票目前價格敏感分析」工作表，如圖 9-78 所示。

「期權執行價格敏感分析」、「到期時間敏感分析」、「利率敏感分析」、「標準差敏感分析」工作表

參照「股票目前價格敏感分析」工作表，詳細內容可參考下載的本節 Excel 範例檔。

G2 =(F2-E2)/E2

專案	變化前	變化後	專案變化率	變化前期權	變化後期權價值	期權價值變化率	敏感係數	
股票目前價格	50.00	60.00	20%	5.26	11.78	123.92%	6.196	20
期權執行價格	52.08	52.08	0%					
期權到期日前的時間（年）	0.50	0.50	0%					
利率	4%	4%	0%					
連續複利收益率的標準差	0.4068	0.4068	0%					

	變化前	變化後
參數D1	0.070	0.704
參數D2	-0.217	0.416
常態分佈累積機率D1	0.5280	0.7593
常態分佈累積機率D2	0.4140	0.6615
看漲期權的目前價值	5.26	11.78

股票目前價格敏感分析 | 期權執行價格敏感分析 | 到期時間敏感分析 | 利率敏感分析 | 標準差敏感分析

圖 9-78　股票目前價格敏感分析

表格製作

輸入

新建「敏感分析表」工作表

1） 在工作表中輸入資料及文字，然後進行格式化作業，如合併儲存格、調整列高欄寬、選取填滿色彩、設定字體字型大小等，如圖 9-79 所示，詳細內容可參考下載的本節 Excel 範例檔。

變動百分比 / 期權價值 / 專案	-20%	-15%	-10%	-5%	0%	5%	10%	15%	20%
股票目前價格									
期權執行價格									
期權到期時間（年）									
利率									
複利收益率標準差									

專案	變化前	變化百分比								
		-20%	-15%	-10%	-5%	0%	5%	10%	15%	20%
股票目前價格	50.00									
期權執行價格	52.08									
期權到期時間（年）	0.50									
利率	4%									
複利收益率標準差	0.4068									
股票目前價格變化的期權價值計算過程										
參數D1	0.0703									
參數D2	-0.2173									
常態分佈累積機率D1	0.5280									
常態分佈累積機率D2	0.4140									
看漲期權的目前價值	5.2604									
期權執行價格變化的期權價值計算過程										
參數D1	0.0703									
參數D2	-0.2173									

股票目前價格敏感分析 | 期權執行價格敏感分析 | 到期時間敏感分析 | 利率敏感分析 | 標準差敏感分析 | 敏感分析表

圖 9-79　在「敏感分析表」工作表中輸入資料

加工

在工作表儲存格中輸入公式：

C12：=$B$12*(1+C11)

C13：=$B$13*(1+C11)

C14：=$B$14*(1+C11)

C15：=$B$15*(1+C11)

C16：=$B$16*(1+C11)

選取 C12：C16 區域，按住控點向右拖曳填滿至 K2：K16 區域。

C18：=(LN(C12/$B$13)+(LN(1+$B$15)+$B$16^2/2)*$B$14)/($B$16*SQRT($B$14))

C19：=C18-$B$16*SQRT($B$14)

C20：=NORMSDIST(C18)

C21：=NORMSDIST(C19)

C22：=C12*C20-$B$13*EXP(-LN(1+$B$15)*$B$14)*C21

選取 C18：C22 區域，按住控點向右拖曳填滿至 K18：K22 區域。

C24：=(LN($B$12/C13)+(LN(1+$B$15)+$B$16^2/2)*$B$14)/($B$16*SQRT($B$14))

C25：=C24-$B$16*SQRT($B$14)

C26：=NORMSDIST(C24)

C27：=NORMSDIST(C25)

C28：=$B$12*C26-C13*EXP(-LN(1+$B$15)*$B$14)*C27

選取 C24：C28 區域，按住控點向右拖曳填滿至 K24：K28 區域。

C30：=(LN($B$12/$B$13)+(LN(1+$B$15)+$B$16^2/2)*C14)/($B$16*SQRT(C14))

C31：=C30-$B$16*SQRT(C14)

C32：=NORMSDIST(C30)

C33：=NORMSDIST(C31)

C34：=$B$12*C32-$B$13*EXP(-LN(1+$B$15)*C14)*C33

選取 C30：C34 區域，向右填滿至 K30：K34 區域。

C36：=(LN($B$12/$B$13)+(LN(1+C15)+$B$16^2/2)*$B$14)/($B$16*SQRT($B$14))

C37：=C36-$B$16*SQRT($B$14)

C38：=NORMSDIST(C36)

C39：=NORMSDIST(C37)

C40：=$B$12*C38-$B$13*EXP(-LN(1+C15)*$B$14)*C39

選取 C36：C40 區域，按住控點向右拖曳填滿至 K36：K40 區域。

C42：=(LN($B$12/$B$13)+(LN(1+$B$15)+C16^2/2)*$B$14)/(C16*SQRT($B$14))

C43：=C42-C16*SQRT($B$14)

C44：=NORMSDIST(C42)

C45：=NORMSDIST(C43)

C46：=$B$12*C44-$B$13*EXP(-LN(1+$B$15)*$B$14)*C45

選取 C42：C46 區域，按住控點向右拖曳填滿至 K42：K46 區域。

C4：K4 陣列：=C22:K22

C5：K5 陣列：=C28:K28

C6：K6 陣列：=C34:K34

C7：K7 陣列：=C40:K40

C8：K8 陣列：=C46:K46

輸出

此時，工作表如圖 9-80 所示。

C5　{=C28:K28}

變動百分比 / 期權價值 / 專案	-20%	-15%	-10%	-5%	0%	5%	10%	15%	20%
股票目前價格	1.4228	2.1101	2.9774	4.0284	5.2604	6.6650	8.2298	9.9398	11.7791
期權執行價格	10.9849	9.2637	7.7380	6.4063	5.2604	4.2872	3.4703	2.7919	2.2337
期權到期時間（年）	4.5727	4.7512	4.9251	5.0947	5.2604	5.4224	5.5810	5.7365	5.8889
利率	5.1791	5.1994	5.2197	5.2401	5.2604	5.2807	5.3010	5.3214	5.3417
複利收益率標準差	4.1142	4.4010	4.6876	4.9741	5.2604	5.5464	5.8323	6.1178	6.4031

專案	變化前	變化百分比								
		-20%	-15%	-10%	-5%	0%	5%	10%	15%	20%
股票目前價格	50.00	40.00	42.50	45.00	47.50	50.00	52.50	55.00	57.50	60.00
期權執行價格	52.08	41.6640	44.2680	46.8720	49.4760	52.0800	54.6840	57.2880	59.8920	62.4960
期權到期時間（年）	0.50	0.4000	0.4250	0.4500	0.4750	0.5000	0.5250	0.5500	0.5750	0.6000
利率	4%	0.0320	0.0340	0.0360	0.0380	0.0400	0.0420	0.0440	0.0460	0.0480
複利收益率標準差	0.4068	0.3254	0.3458	0.3661	0.3865	0.4068	0.4271	0.4475	0.4678	0.4882
股票目前價格變化的期權價值計算過程										
參數D1	0.0703	-0.7054	-0.4947	-0.2960	-0.1080	0.0703	0.2399	0.4016	0.5562	0.7041
參數D2	-0.2173	-0.9931	-0.7823	-0.5836	-0.3957	-0.2173	-0.0477	0.1140	0.2685	0.4165
常態分佈累積機率D1	0.5280	0.2403	0.3104	0.3836	0.4570	0.5280	0.5948	0.6560	0.7110	0.7593
常態分佈累積機率D2	0.4140	0.1603	0.2170	0.2797	0.3462	0.4140	0.4810	0.5454	0.6059	0.6615
看漲期權的目前價值	5.2604	1.4228	2.1101	2.9774	4.0284	5.2604	6.6650	8.2298	9.9398	11.7791
期權執行價格變化的期權價值計算過程										
參數D1	0.0703	0.8461	0.6353	0.4366	0.2486	0.0703	-0.0993	-0.2610	-0.4156	-0.5635
參數D2	-0.2173	0.5584	0.3476	0.1489	-0.0390	-0.2173	-0.3870	-0.5487	-0.7032	-0.8512

股票目前價格敏感分析　期權執行價格敏感分析　到期時間敏感分析　利率敏感分析　標準差敏感分析　敏感分析表

圖 9-80　期權價值敏感分析表

圖表生成

1） 新建一「敏感分析圖」工作表，在 L3~O8 儲存格用來放置生成圖表所需的敏感係數的資料，來源用到「敏感分析表」工作表，公式如下，如圖 9-81 所示。

M4：=-(敏感分析表!I4-敏感分析表!G4)/敏感分析表!G4/0.1
選取 M4 儲存格，按住控點向下拖曳滿到 M8。

O4：=(敏感分析表!I4-敏感分析表!G4)/敏感分析表!G4/0.1
選取 O4 儲存格，按住控點向下拖曳滿到 O8。

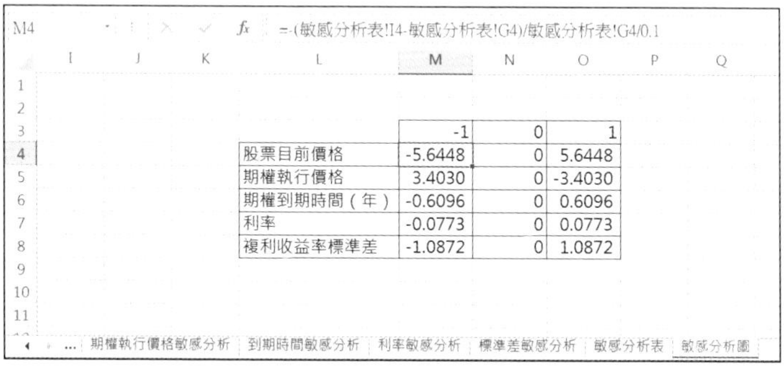

M4
=-(敏感分析表!I4-敏感分析表!G4)/敏感分析表!G4/0.1
	M	N	O
	-1	0	1
股票目前價格	-5.6448	0	5.6448
期權執行價格	3.4030	0	-3.4030
期權到期時間（年）	-0.6096	0	0.6096
利率	-0.0773	0	0.0773
複利收益率標準差	-1.0872	0	1.0872
期權執行價格敏感分析
到期時間敏感分析
利率敏感分析
標準差敏感分析
敏感分析表
敏感分析圖

圖 9-81　敏感分析圖工作表中 L3~O8 儲存格的製作資料

2）　選取 L3：O8 區域，按一下「插入」標籤，選取「圖表→插入折線圖→其他折線圖…」指令項，打開對話方塊，選取右側的折線圖樣式，如圖 9-82 所示，如此即可插入一個標準的折線圖。

插入圖表
建議的圖表
所有圖表
最近
範本
直條圖
折線圖
圓形圖
橫條圖
區域圖
XY 散佈圖
股票圖
曲面圖
雷達圖
組合式
折線圖
確定
取消

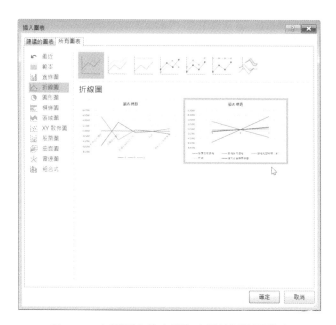

圖 9-82　在對話方塊中選取右側的折線圖樣式

3）　可先將預設的「圖表標題」和圖例都刪掉，調整圖表大小及移到適當的位置。
　　　然後按下圖表右上角的「＋」圖示鈕，在展開的功能表中勾選座標軸標題。

4）　顯示後將水平軸改為「參數變動百分比」；垂直軸改為「期權價值變動百分
　　　比」，並將垂直軸標題的文字方向改成「垂直」，如圖 9-83 所示。

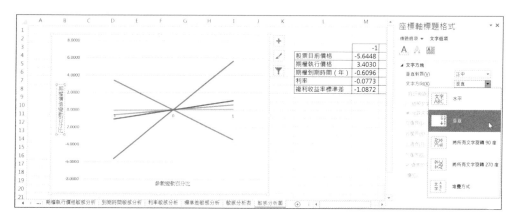

圖 9-83　修改座標軸標題的文字

5）　使用者還可按自己的意願修改圖表。例如，利用文字方塊對每條數列加入文字
　　　說明，最後敏感分析模型即完成，如圖 9-84 所示。

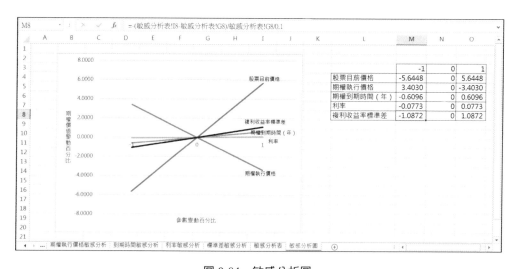

圖 9-84　敏感分析圖

操作說明

- 本模型中「利率」的敏感分析，是指的年複利利率而不是連續複利利率。

- 在「股票目前價格敏感分析」工作表，調整「專案變化率」的微調按鈕，變化後股票目前價格將隨之變化，變化後期權價值將隨之變化，期權價值變化率將隨之變化，敏感係數將隨之變化。

- 在「期權執行價格敏感分析」工作表，調整「專案變化率」的微調按鈕，變化後期權執行價格將隨之變化，變化後期權價值將隨之變化，期權價值變化率將隨之變化，敏感係數將隨之變化。

- 在「到期時間敏感分析」工作表，調整「專案變化率」的微調按鈕，變化後期權到期時間將隨之變化，變化後期權價值將隨之變化，期權價值變化率將隨之變化，敏感係數將隨之變化。

- 在「利率敏感分析」工作表，調整「專案變化率」的微調按鈕，變化後利率將隨之變化，變化後期權價值將隨之變化，期權價值變化率將隨之變化，敏感係數將隨之變化。

- 在「標準差敏感分析」工作表，調整「專案變化率」的微調按鈕，變化後標準差將隨之變化，變化後期權價值將隨之變化，期權價值變化率將隨之變化，敏感係數將隨之變化。

- 在「敏感分析表」工作表，使用者輸入或修改變化前「股票目前價格」、「期權執行價格」、「期權到期時間」、「利率」、「複利收益率的標準差」等變數時，「敏感分析表」工作表的表格將隨之變化，「敏感分析圖」工作表的圖表將隨之變化。

附錄 A
Excel 相關函數介紹

介紹本書模型應用的 Excel 函數，以英文字母順序排列。

關於 Address 函數

功能：按照給定的列號和欄名，建立文字類型的儲存格位址。

語法：Address(row_num,column_num,abs_num,a1,sheet_text)

參數：

row_num：在儲存格引用中使用的列號。

column_num：在儲存格引用中使用的欄名。

abs_num：指定返回的參考類型。

a1：用以指定 a1 或 r1c1 引用樣式的邏輯值。

sheet_text：為一文字，指定作為外部引用的工作表的名稱。

關於 And 函數

功能：所有參數的邏輯值為真時，返回 True；只要一個參數的邏輯值為假，即返回 False。

語法：And(logical1,logical2,...)

參數：

logical1,logical2,...：表示待檢測的條件值，各條件值可為 true 或 false。

關於 Average 函數

功能：返回參數的平均值（算術平均值）。

語法：Average(number1,number2,...)

參數：

number1,number2,...：為需要計算平均值的 1~30 個參數。

關於 Cell 函數

功能：返回某一引用區域左上角儲存格的格式、位置或內容等資訊。

語法：Cell(info_type,reference)

參數：

info_type：為一個文字值，指定所需要的儲存格資訊的類型。
下面列出 info_type 的可能值及相對應的結果。

reference：表示要獲取其有關資訊的儲存格。

關於 Column 函數

功能：返回給定引用的欄名。

語法：Column(reference)

參數：

　　reference：為需要得到其欄名的儲存格或儲存格區域。

關於 Correl 函數

功能：返回儲存格區域 array1 和 array2 之間的相關係數。

語法：Correl(array1,array2)

參數：

　　array1：第一組數值儲存格區域。

　　array2：第二組數值儲存格區域。

關於 Exp 函數

功能：返回 e 的 n 次冪。常數 e 等於 2.71828182845904，是自然對數的底數。Exp 函數是 Ln 函數的反函數。

語法：Exp(number)

參數：

　　number：為底數 e 的指數。

關於 Frequency 函數

功能：以一列垂直陣列返回某個區域中資料的頻率分佈。

語法：Frequency(data_array,bins_array)

參數：

　　data_array：為一陣列或對一組數值的引用，用來計算頻率。

　　bins_array：為間隔的陣列或對間隔的引用，該間隔用於對 data_array 中的數值進行分組。

關於 Fv 函數

功能：以固定利率及等額分期付款方式為基礎，返回某項投資的未來值。

語法：Fv(rate,nper,pmt,pv,type)

參數：

　　rate：為各期利率。

　　nper：為總投資期，即該項投資的付款期總數。

　　pmt：為各期所應支付的金額，其數值在整個年金期間保持不變。

　　pv：為現值，即從該項投資開始計算時已經入帳的款項。

　　type：數位 0 或 1，用以指定各期的付款時間是在期初還是期末。

關於 If 函數

功能：執行真假值判斷，根據邏輯計算的真假值，返回不同結果。

語法：If(logical_test,value_if_true,value_if_false)

參數：

　　logical_test：表示計算結果為 true 或 false 的任意值或運算式。

　　value_if_true：logical_test 為 true 時返回的值。

　　value_if_false：logical_test 為 false 時返回的值。

關於 Index 函數

功能 1：返回陣列中指定儲存格或儲存格陣列的數值。

語法 1：Index(array,row_num,column_num)

參數 1：

　　array：為儲存格區域或陣列常量。

row_num：陣列中某列的列序號，函數從該行返回數值。

column_num：陣列中某欄的欄序號，函數從該列返回數值。

功能 2：返回引用中指定儲存格區域的引用。

語法 2：Index(reference,row_num,column_num,area_num)

參數 2：

reference：對一個或多個儲存格區域的引用。

row_num：引用中某列的列序號，函數從該行返回一個引用。

column_num：引用中某欄的欄序號，函數從該列返回一個引用。

area_num：選取引用中的一個區域，並返回該區域中 row_num 和 column_num 的交叉區域。

關於 Indirect 函數

功能：返回由文字字串指定的引用。此函數立即對引用進行計算，並顯示其內容。

語法：Indirect(ref_text,a1)

參數：

ref_text：為對儲存格的引用。

a1：為一邏輯值，指明包含在儲存格 ref_text 中引用的類型。

關於 Intercept 函數

功能：利用現有的 x 值與 y 值計算直線與 y 軸的截距。

語法：Intercept(known_y's,known_x's)

參數：

known_y's：為因變的觀察值或資料集合。

known_x's：為自變的觀察值或資料集合。

關於 Ipmt 函數

功能：以固定利率及等額分期付款方式為基礎，返回給定期數內對投資的利息償還金額。

語法：Ipmt(rate,per,nper,pv,fv,type)

參數：

rate：為各期利率。

per：用於計算其利息數額的期數，必須在 1~nper 之間。

nper：為總投資期，即該項投資的付款期總數。

pv：為現值，即從該項投資開始計算時已經入帳的款項。

fv：為未來值，或在最後一次付款後希望得到的現金餘額。

type：數位 0 或 1，用以指定各期的付款時間是在期初還是期末。

關於 Irr 函數

功能：返回由數值代表的一組現金流的內部收益率。

語法：Irr(values,guess)

參數：

values：為陣列或儲存格的引用，包含用來計算返回的內部收益率的數字。

guess：為對函數 irr 計算結果的估計值。

關於 Linest 函數

功能：使用最小平方法對已知數據進行最佳直線擬合，並返回描述此直線的陣列。

語法：Linest(known_y's,known_x's,const,stats)

參數：

known_y's：是關聯運算式 y=mx+b 中已知的 y 值集合。

known_x's：是關聯運算式 y=mx+b 中已知的可選 x 值集合。

const：為一邏輯值，用於指定是否將常量 b 強制設為 0。

stats：為一邏輯值，指定是否返回附加迴歸統計值。

關於 Ln 函數

功能：返回一個數的自然對數。自然對數以常數項 e (2.71828182845904) 為底。Ln 函數是 Exp 函數的反函數。

語法：Ln(number)

參數：

number：是用於計算其自然對數的正實數。

關於 Match 函數

功能：返回在指定方式下與指定數值匹配的陣列中元素的相對應位置。

語法：Match(lookup_value,lookup_array,match_type)

參數：

lookup_value：為需要在資料表中查找的數值。

lookup_array：可能包含所要查找數值的連續儲存格區域。

match_type：為數字-1、0 或 1。

關於 Max 函數

功能：返回一組值中的最大值。

語法：Max(number1,number2,...)

參數：

number1，number2，...：是要從中找出最大值的數字參數。

關於 Min 函數

功能：返回一組值中的最小值。

語法：Min(number1,number2,...)

參數：

number1，number2，...：是要從中找出最小值的數字參數。

關於 Mmult 函數

功能：返回兩陣列的矩陣乘積。結果矩陣的列數與 array1 的列數相同，矩陣的欄數與 array2 的欄數相同。

語法：Mmult(array1,array2)

參數：

array1，array2：是要進行矩陣乘法運算的兩個陣列。

關於 Normdist 函數

功能：返回指定平均值和標準差的常態分佈函數。

語法：Normdist(x,mean,standard_dev,cumulative)

參數：

x：為需要計算其分佈的數值。

mean：分佈的算術平均值。

standard_dev：分佈的標準差。

cumulative：為一邏輯值，指明函數的形式。

關於 Normsdist 函數

功能：返回標準正態累積分佈函數，該分佈的平均值為 0，標準差為 1。可以使用該函數代替標準正態曲線面積表。

語法：Normsdist(z)

參數：

　　z：為需要計算其分佈的數值。

關於 Nper 函數

功能：基於固定利率及等額分期付款方式，返回某項投資的總期數。

語法：Nper(rate,pmt,pv,fv,type)

參數：

　　rate：為各期利率，是一固定值。

　　pmt：為各期所應支付的金額，其數值在整個年金期間保持不變。

　　pv：為現值，即從該項投資開始計算時已經入帳的款項。

　　fv：為未來值，或在最後一次付款後希望得到的現金餘額。

　　type：數字 0 或 1，用以指定各期的付款時間是在期初還是期末。

關於 Npv 函數

功能：透過使用貼現率以及一系列未來支出（負值）和收入（正值），返回一項投資的淨現值。

語法：Npv(rate,value1,value2,...)

參數：

　　rate：為某一期間的貼現率，是一固定值。

　　value1,value2,...：為參數，代表支出及收入。

關於 Or 函數

功能：在其參數組中，任何一個參數邏輯值為 True，即返回 True；任何一個參數的邏輯值為 False，即返回 False。

語法：Or(logical1,logical2,...)

參數：

　　logical1,logical2,...：為需要進行檢驗的條件。

關於 Pmt 函數

功能：以固定利率及等額分期付款方式為基礎，返回貸款的每期付款額。

語法：Pmt(rate,nper,pv,fv,type)

參數：

　　rate：貸款利率。

　　nper：該項貸款的付款期數。

　　pv：現值，或一系列未來付款的目前值的累積和，也稱為本金。

　　fv：為未來值，或在最後一次付款後希望得到的現金餘額。

　　type：數字 0 或 1，用以指定各期的付款時間是在期初還是期末。

關於 Price 函數

功能：返回定期付息的面值為$100 的有價證券的價格。

語法：Price(settlement，maturity，rate，yld，redemption，frequency，basis)

參數：

　　settlement：是證券的成交日。即在發行日之後，證券賣給購買者的日期。

　　maturity：為有價證券的到期日。到期日是有價證券有效期截止時的日期。

rate：為有價證券的年息票利率。

yld：為有價證券的年收益率。

redemption：為面值為$100 的有價證券的清償價值。

frequency：為年付息次數

basis：日計數基準類型。

關於 Pv 函數

功能：返回投資的現值。現值為一系列未來付款的目前值的累積和。

語法：Pv(rate,nper,pmt,fv,type)

參數：

rate：為各期利率。

nper：為總投資（或貸款）期，即該項投資（或貸款）的付款期總數。

pmt：為各期所應支付的金額，其數值在整個年金期間保持不變。

fv：為未來值，或在最後一次支付後希望得到的現金餘額。

type：數位 0 或 1，用以指定各期的付款時間是在期初還是期末。

關於 Rand 函數

功能：返回大於等於 0 及小於 1 的均勻分佈亂數，每次計算工作表時都將返回一個新的數值。

語法：Rand()

參數：若要生成 a 與 b 之間的隨機實數，使用 Rand()*(b-a)+a

關於 Rate 函數

功能：返回年金的各期利率。

語法：Rate(nper,pmt,pv,fv,type,guess)

參數：

nper：為總投資期，即該項投資的付款期總數。

pmt：為各期付款額，其數值在整個投資期內保持不變。

pv：為現值，即從該項投資開始計算時已經入帳的款項。

fv：為未來值，或在最後一次付款後希望得到的現金餘額。

type：數字 0 或 1，用以指定各期的付款時間是在期初還是期末。

guess：為預期利率。

關於 Round 函數

功能：返回某個數字按指定位數取整後的數字。

語法：Round(number,num_digits)

參數：

number：需要進行四捨五入的數字。

num_digits：指定的位數，按此位數進行四捨五入。

關於 Sln 函數

功能：返回某項資產在一個期間中的線性折舊值。

語法：Sln(cost,salvage,life)

參數：

cost：為資產原值。

salvage：為資產在折舊期末的價值（也稱為資產殘值）。

life：為折舊期限（有時也稱作資產的使用壽命）。

關於 Sqrt 函數

功能：返回正平方根。

語法：Sqrt(number)

參數：

　　number：要計算平方根的數。

關於 Stdev 函數

功能：估算樣本的標準差。

語法：Stdev(number1,number2,...)

參數：

　　number1,number2,...：為對應於總體樣本的參數。

關於 Sum 函數

功能：返回某一儲存格區域中所有數位之和。

語法：Sum(number1,number2,...)

參數：

　　number1,number2,...：為需要求和的參數。

關於 Sumproduct 函數

功能：在給定的幾組陣列中，將陣列間對應的元素相乘，並返回乘積之和。

語法：Sumproduct(array1,array2,array3,...)

參數：

　　array1，array2，array3，...：為陣列，其相應元素需要進行相乘並求和。

關於 Vlookup 函數

功能：在表格或數值陣列的首欄查找指定的數值，並由此返回表格或陣列目前列中指定欄處的數值。

語法：Vlookup(lookup_value,table_array,col_index_num,range_lookup)

參數：

> lookup_value：為需要在陣列第一欄中查找的數值。
>
> table_array：為需要在其中查找資料的資料表。
>
> col_index_num：為 table_array 中待返回的匹配值的欄序號。
>
> range_lookup：為一個邏輯值，指明函數 vlookup 返回時是用精確匹配還是近似匹配。

關於 Yield 函數

功能：返回定期付息有價證券的收益率。

語法：Yield(settlement,maturity,rate,pr,redemption,frequency,basis)

參數：

> settlement：是證券的成交日。即在發行日之後，證券賣給購買者的日期。
>
> maturity：為有價證券的到期日。到期日是有價證券有效期截止時的日期。
>
> rate：為有價證券的年息票利率。
>
> pr：為面值為$100 的有價證券的價格。
>
> redemption：為面值為$100 的有價證券的清償價值。
>
> frequency：為年付息次數。
>
> basis：日計數基準類型。

後記

本書出版，要感謝清華大學出版社的王金柱先生。2014 年 7 月，王金柱先生在論壇裡留言，建議本人將部落格整理出版。這之前，我在暢享網的專業部落格點擊量已超過百萬，其中關於財務模型的文章點擊量已超過 50 萬，並被百度文庫、新浪愛問、豆丁網、CSDN.Net、人大經濟論壇和 ExcelHome 論壇等數十家網站轉載。這些部落格就是現有成果的奠基石。在逐步形成和陸續發表期間，得到了天南地北、素不相識的網友的幫助和鼓勵，讓我在思維的遠征中不至於放棄或偏離。

《財務管理與投資分析－Excel 建模活用範例集》這套書脫胎於網際網路，它將財務理論的千人一面的格式化宣教，變成了千人千面的個性化交流；將枯燥生澀的財務理論，變成了生動活潑的應用場景。這也符合本書的目的：讓模型從精英走向大眾，讓決策從理想的殿堂走向現實的沙場。

模型無處不在。我們的人生，就是基於目前的生存模型，在變數限制條件下反覆運算，尋求未來發展路徑的最優解。有的人，手握好牌卻打得爛；有的人，手握爛牌卻打得好。建模是否周全，演算法是否適當，演繹著人生悲歡，主導著命運浮沉。許多美麗的傳說我們代代相續，許多動人的故事我們口耳相傳。建好自己的人生模型，優化自己的人生演算法，就可以開啟自己的發展之門，締造自己的不朽傳奇。

這本書，記錄了一位探索者在前行中的喃喃自語，一位思考者在徘徊時的內心獨白；記錄了峽谷中呼喚的回音，沙漠裡追尋的腳印。它源於對資訊化歷程的反思，對財務現狀的批判，對未來發展的憧憬。所有這些，經大力裁剪、反覆聚焦，形成了絢麗的鐳射，直射在混沌的思維空間，不斷地熔煉、壓鑄、打磨，最終形成了大家看到的這套書－《財務管理與投資分析－Excel 建模活用範例集》。

資料採擷思維，貫穿於《財務管理與投資分析－Excel 建模活用範例集》套書的始終，二本書可用相關、平衡、敏感、模擬和規劃五大工具為綱，對全部內容進行再組織和重分類。反觀市面上的財務管理軟體和目前的財務管理實務，生吞財務管理的概念，活剝財務管理的思考方式，披著一副空洞的皮囊，穿行於大街小巷。《財務管理與投資分析－Excel 建模活用範例集》，召喚著被放逐於曠野的思維孤魂，讓它不再遊蕩。讓魂歸故里，讓夢再啟航。

財務決策模型，當大資料的洪流滾滾而來，它可能會潛伏，但絕不會消失；當資訊化的列車疾駛而去，它可能會遲到，但絕不會缺席。

財務管理與投資分析--Excel 建模活用範例集

作　　　者：程翔
譯　　　者：H&C
企劃編輯：蔡彤孟
文字編輯：江雅鈴
設計裝幀：張寶莉
發 行 人：廖文良

發 行 所：碁峰資訊股份有限公司
地　　　址：台北市南港區三重路 66 號 7 樓之 6
電　　　話：(02)2788-2408
傳　　　真：(02)8192-4433
網　　　站：www.gotop.com.tw
書　　　號：ACI027600
版　　　次：2016 年 02 月初版
建議售價：NT$450

國家圖書館出版品預行編目資料

> 財務管理與投資分析：Excel 建模活用範例集 / 程翔原著；H&C
> 　譯. -- 初版. -- 臺北市：碁峰資訊, 2016.02
> 　　面；　公分
> 　ISBN 978-986-347-908-6(平裝)
> 　1.EXCEL 2013(電腦程式)　2.財務管理
> 312.49E9　　　　　　　　　　　　　　104028801

讀者服務

- 感謝您購買碁峰圖書，如果您對本書的內容或表達上有不清楚的地方或其他建議，請至碁峰網站：「聯絡我們」\「圖書問題」留下您所購買之書籍及問題。(請註明購買書籍之書號及書名，以及問題頁數，以便能儘快為您處理) http://www.gotop.com.tw

- 售後服務僅限書籍本身內容，若是軟、硬體問題，請您直接與軟體廠商聯絡。

- 若於購買書籍後發現有破損、缺頁、裝訂錯誤之問題，請直接將書寄回更換，並註明您的姓名、連絡電話及地址，將有專人與您連絡補寄商品。

- 歡迎至碁峰購物網 http://shopping.gotop.com.tw 選購所需產品。